데이터
과학을 위한
R 시리즈
VIII

Multiple Comparison &
Multiple Testing

R 다중비교와 다중검정

나종화 지음

자유아카데미

머리말

데이터 과학을 위한 R 시리즈의 Ⅷ권 「R 다중비교와 다중검정」을 출간하게 되었다. 다중비교와 다중검정은 일련의 통계적 추론을 동시에 고려하는 유사한 문제를 다루며, 특히 여러 그룹 간의 비교(검정)를 동시에 수행할 때 전체 실험에서 제1종 오류가 커지는 문제(이를 다중성 문제라고 함)에 대한 해결책을 다룬다. 이 책은 총 2부로 구성되었으며, 1부 다중비교에서는 주로 1950~60년대에 개발된 고전적인 접근법을 다루고, 2부 다중검정에서는 상대적으로 최근에 개발된 방법을 소개한다. 이 책에서 소개되는 다양한 방법들은 서로 장단점을 가지며, 자료의 형태나 연구의 목적에 따라 잘 선택하여 사용되어야 할 것이다. 특히, 각 방법에 따라 통제되는 오류의 종류가 다르다는 점에 유의해야 한다.

이 책의 특징은 다음과 같다. 첫째, 이론 전개가 비교적 복잡한 고전적인 방법들을 개념과 차이점을 중심으로 쉽게 설명하였으며, 다양한 다중비교 방법의 비교와 선택 전략도 함께 제시하였다. 둘째, 다중검정의 최근 이론과 방법론을 자세히 소개하고 관련 R 패키지를 광범위하게 소개하였다(Bioconductor 제공 패키지 포함). 셋째, 책에서 소개된 방대한 방법론이 실무에 잘 활용될 수 있도록 R 예제를 풍부하게 수록하였다. 여기에는 마이크로어레이 자료에 대한 분석도 포함된다.

이 책은 먼저 출간된 「R 비모수통계와 검정력분석」과 함께 「R 통계적 방법론」으로 합본을 계획하였으나, 집필 과정에서 내용이 방대해져 분권하여 출간하게 되었다. 그러나 그 내용이 서로 연관되는 부분이 많으므로 학부 또는 대학원 교재로 사용할 경우 두 권의 주제를 혼합하여 선택적으로 다루면 좋을 것이다. 예를 들어, 비모수통계의 확장으로 다중비교가 함께 다루어질 수 있으며, 다중검정의 경우 비모수통계에서 다루어진 붓스트랩 및 순열검정의 개념이 필요하다. 본문 가운데 * 표시된 장, 절 또는 예제는 건너뛰어도 무방하므로 관심 있는 독자만 읽기 바란다.

좋은 책을 위해 최선을 다했지만 미흡한 부분이 있을 수 있다. 이 점은 양해를 바라며, 출간 후에라도 수정사항이 있을 경우에는 자유아카데미 홈페이지(www.freeaca.com) 자료실에 제공할 예정이다.

마지막으로 이 책의 출간을 위해 큰 노고를 아끼지 않은 자유아카데미 관계자분들께 감사의 마음을 전하고 싶다.

2023년 1월

나 종 화

cherin@chungbuk.ac.kr

들어가며

이 책에서 다루는 주요 내용은 다중비교와 다중검정이다. 다중비교(multiple comparison)와 다중검정(multiple testing)은 여러 그룹을 동시에 비교(또는 검정)하는 유사한 문제를 다루므로 구분 없이 사용될 수 있다. 단, 본서에서는 이와 관련된 방법론이 매우 방대할 뿐 아니라 오랜 시간에 걸쳐 새로운 방법의 개발과 함께 활용되는 목적에도 다소간 차이가 있어 편의상 다음과 같이 구분하였다(물론 본문에서는 두 용어를 혼용하게 될 것이다).

1부의 다중비교에서는 주로 1950~60년대에 개발된 전통적인 방법을 중심으로 다룬다. 여기에는 Tukey, Scheffe 등의 다양한 모수적 방법과 함께 이에 대응하는 비모수적 방법들을 다루고 있다. 이 방법들은 다중비교의 목적에 따라 MCA, MCC, MCB 방법으로 구분되며, 아울러 여러 그룹 간의 비교(또는 검정)를 동시에 수행하는 데서 발생하는 제1종 오류의 인플레이션을 전체적으로 관리하기 위한 다양한 방법(동시신뢰구간 또는 단계별 검정)을 제시하고 있다. 이때 전체 실험(또는 검정)에서 발생하는 제1종 오류의 확률을 실험별 오류율이라고 한다. 고전적인 다중검정에서는 각 방법별로 임곗값 결정을 위한 수표가 필요하다. 이들 수표는 R을 이용할 경우 불필요하지만, 간혹 원시자료 없이 그룹별로 요약된 정보만 이용하거나 수작업이 필요한 경우가 있어 이들 수표를 부록에 제시하였다.

2부의 다중검정에서는 상대적으로 최근에 개발된 방법을 중심으로 소개한다. 여러 개의 검정을 동시에 수행하는 점에서는 고전적인 방법과 동일하나, 전체 유의수준을 통제하는 방법이 다르며 대규모의 검정에 보다 효과적이다. 전통적인 방법은 전체 유의수준이 미리 정해진 기준값 이하이도록 검정법이 만들어지는 반면(이론이 복잡함), 최근의 다중검정 방법은 각 가설에 대해 개별적인 검정($t-$ 또는 ANOVA 검정 등)을 수행한 뒤, 구해진 $p-$값으로부터 조정된 $p-$값을 제시하거나 조정된 $p-$값을 기준과 비교하여 검정을 수행하게 된다. 이때 사용되는 기준이 바로 전체 실험에서 통제하고자 하는 제1종 오류율로 FWER과 FDR이 대표적이다. 다만 그룹 간의 비교검정을 서로 독립인 가정하에서 수행하므로 검정(통계량) 간의 상관을 고려하지 못하는 단점을 가지나(고전적 방법에 비해), 검정의 수가 수백~수백만(예: 유전체 자료)에 이르는 대규모의 검정에서는 활용성이 뛰어나다(연구의 방향을 잡을 수 있는 초기 연구 등). 최근에는 붓스트랩 또는 순열검정을 이용하여 검정(통계량) 간의 상관을 고려하거나, 공변량을 활용하여 검정력을 증가시키는 다양한 방법들이 개발되어 있다.

차례 • Contents

[1부] 다중비교

3장 모수적 방법 Ⅱ – 기타 오류 통제 방법

4장 다중비교 요약 - 모수적 방법

5장 R을 이용한 다중비교 - 모수적 방법

6장 비모수적 방법 Ⅰ

16장* 재표본-기반 다중검정

17장* 다중검정의 최근 이론

1부

다중비교

1장
서론

1.1 기초 개념

1.1.1 데이터 스누핑과 다중비교

데이터를 분석할 때마다 자료를 살펴본 후 흥미롭게 보이는 비교만을 분석하려고 한다. 이 관행은 때때로 데이터 준설(data dredging) 또는 데이터 스누핑(data snooping)이라고 하며, 이 경우 단일 비교에 대한 신뢰계수는 비교의 사후(after-the-fact) 특성(: 데이터를 관찰한 이후의 특성)을 반영하지 않는다. 예를 들어, 두 모집단 평균 간의 차이에 대한 구간추정에서 다음의 공식

$$(\bar{y}_1 - \bar{y}_2) \pm t_{\alpha/2}\, s_p \sqrt{\frac{1}{n_1} + \frac{1}{n_2}}$$

은 신뢰수준이 $(1-\alpha)$임을 사전 연구로부터 알고 있다고 하자. 6개 모집단에 대한 다음 가설

$$H_0 : \mu_1 = \mu_2 = \mu_3 = \mu_4 = \mu_5 = \mu_6$$

에 대한 검정을 위해 분산분석을 실시하였으나, 여기에서 가장 큰 표본평균이 $\bar{y}_1$이고 가장 작은 표본평균이 $\bar{y}_2$라는 사실만을 확인한 뒤, μ_1과 μ_2에 대한 신뢰구간을 구하기로 했다면, 이러한 상황에서 신뢰계수는 원래 생각했던 $(1-\alpha)$가 되지는 않을 것이다. 이 값은 자료를 보기 전에 계획한 미리 계획된 비교에만 적용된다.

자료를 관찰한 후 데이터 스누핑을 허용하는 한 가지 방법은 표본 자료를 관찰한 후, 수행할 수 있는 모든 비교를 포함하는 신뢰계수를 가지는 다중비교 절차를 수행하는 것이다. 이 책의 1부에서는 이들 절차를 다룬다.

다른 가능성은 데이터 스누핑 비교를 향후 검정에서 확인해야 하는 가설을 생성하기 위한 기초로 사용하는 것이다. 여기에서 데이터 스누핑 비교는 탐색적 또는 가설 생성의 역할을 하며, 데이터 스누핑을 기반으로 추론이 이루어지지는 않으며, 데이터 스눕에서 생성된 가설을 채택(또는 기각)하기 위해서 추가 검정이 수행된다.

1.1.2 선형대비

일원배치모형에서 r개 모평균 $\mu_1, \mu_2, \cdots, \mu_r$ 간의 비교를 생각하자. 이들 r개 모평균 간의 비교는 다음의 형태로 표현될 수 있다.

$$l = a_1\mu_1 + a_2\mu_2 + \cdots + a_r\mu_r = \sum_{i=1}^{r} a_i\mu_i$$

여기서 a_i들은 $\sum_{i=1}^{r} a_i = 0$을 만족하는 상수이다. 예를 들어, μ_1과 μ_2 간의 비교를 원한다면,

$$l = \mu_1 - \mu_2$$

를 고려할 것이다. 이때 $a_1 = 1$, $a_2 = -1$, $a_3 = a_4 = \cdots = a_r = 0$이고, $\sum_{i=1}^{r} a_i = 0$이다. 유사하게, μ_1을 μ_2와 μ_3의 평균과 비교하고자 한다면 l의 형태는 다음과 같을 것이다.

$$l = \mu_1 - \frac{(\mu_2 + \mu_3)}{2}.$$

여기서 $a_1 = 1$, $a_2 = a_3 = -\frac{1}{2}$, $a_4 = a_5 = \cdots = a_r = 0$이고, $\sum_{i=1}^{r} a_i = 0$이다.

용어 선형대비

$\hat{l} = a_1\bar{y}_{1\cdot} + a_2\bar{y}_{2\cdot} + \cdots + a_r\bar{y}_{r\cdot}$은 r개 표본평균 간의 선형대비(linear contrast)로 불리며, $l = \sum_{i=1}^{r} a_i\mu_i$의 추정량으로 사용될 수 있다. 이때 a_i들은 $\sum_{i=1}^{r} a_i = 0$을 만족하는 상수이다.

선형대비 $\hat{l}$의 분산은 다음과 같이 추정될 수 있다.

$$\widehat{Var}(l) = \hat{\sigma}^2 \sum_{i=1}^{r} \frac{a_i^2}{n_i}, \quad \hat{\sigma}^2 = MSE.$$

용어 직교대비

두 대비 $\hat{l}_1 = \sum_i a_i\bar{y}_{i\cdot}$와 $\hat{l}_2 = \sum_i b_i\bar{y}_{i\cdot}$가 조건 $\sum_i a_i b_i = 0$을 만족하면 직교(orthogonal)한다고 한다(이때, 표본의 크기는 같아야 함). 또한, 대비들의 집합에서 모든 대비들의 쌍이 직교하면 대비 집합이 상호 직교(mutually orthogonal)한다고 한다.

선형대비 간 직교의 개념은 다중비교 연구에서 중요하다. 일원배치모형에서 각 표본평균이 처리별로 동일한 크기의 표본에 기초하는 경우, r개의 표본평균을 사용하여 $(r-1)$개의 직교대비를 구성할 수 있음을 보일 수 있다. 이들 $(r-1)$개의 대비들은 서로 직교하는 대비 집합을 형성한다(이때 $(r-1)$은 처리제곱합의 자유도와 동일함). 또한, $(r-1)$개 대비들의 제곱의 합은 처리제곱합과 같음을 보일 수 있다([예제 1.1] 참고). 상호 직교성(mutual orthogonality)은 직교대비와 연관된 $(r-1)$개의 제곱합들 간의 독립성으로 이어지기 때문에 요구되는 성질이다.

1부 다중비교에서는 표본평균 간의 비직교대비(nonorthogonal contrasts)에 대한 처리 방법을 다룬다. 이러한 방법은 실험자가 r개의 처리평균 간의 모든 쌍별 비교를 수행할 때 특히 적절하다.

예제 1.1 **가설검정의 원리: 모수적 모형**

다음 표는 여러 종류의 잡초제의 효과를 비교하기 위한 실험 결과(에이커 당 수확량)를 요약한 결과이다. 5개의 처리는 대조군(None), 2개의 생물학적 작용제(Bio1 및 Bio2) 및 2개의 화학 작용제(Chem1, Chem2)로 구성되었다.

처리	1 None	2 Bio1	3 Bio2	4 Chem1	5 Chem2
$\bar{y}_{i\cdot}$	1.175	1.293	1.328	1.415	1.500
s_i	.1204	.1269	.1196	.1249	.1265
n_i	6	6	6	6	6

이 자료에 대해 분산분석을 실시한 결과가 아래와 같이 주어졌다.

요인	자유도	제곱합	평균제곱	F	p-값
처리	4	.3648	.0912	5.96	.0016
오차	25	.3825	.0153		
계	29	.7472			

이제 관심 있는 비교로, 서로 직교하는 4개의 대비를 구성하고 각 대비에 대한 제곱합(SSC_i)을 계산한다. [표 1.1]은 이 과정을 보여준다.

[표 1.1] **4개의 직교대비와 직교대비에 대한 제곱합**

처리	1 (Ctrl)	2 (Bio1)	3 (Bio2)	4 (Chem1)	5 (Chem2)			
대비	a_1	a_2	a_3	a_4	a_5	$\sum a_i^2$	$\hat{l}$	SSC
l_1	4	−1	−1	−1	−1	20	−.836	.2097
l_2	0	1	1	−1	−1	4	−.294	.1297
l_4	0	1	−1	0	0	2	−.035	.0037
l_4	0	0	0	1	−1	2	−.085	.0217
$\bar{y}_{i\cdot}$	1.175	1.293	1.328	1.415	1.500			.3648

[표 1.1]에서 사용된 계산의 예는 다음과 같다.

- $\hat{l}_1 = (4)(1.175) + (-1)(1.293) + (-1)(1.328) + (-1)(1.415) + (-1)(1.500) = -.836.$
- $SSC_1 = \frac{(\hat{l}_1)^2}{\sum_{i=1}^{5}(a_i^2/n_i)} = \frac{n(\hat{l}_1)^2}{\sum_{i=1}^{5} a_i^2} = \frac{6(-.836)^2}{20} = .2097.$
- $SSC_1 + SSC_2 + SSC_3 + SSC_4 = .2097 + .1297 + .0037 + .0217 = .3648 (= SS_t).$

위의 결과로부터 서로 직교하는 4개 대비에 대한 제곱합의 합($\sum_{i=1}^{4} SSC_i$)은 분산분석표에서의 처리제곱합(SS_t)과 같음을 확인할 수 있다. 즉, 처리제곱합은 자유도가 1인 $(r-1)$개의 선형독립인 처리대비 제곱합으로 분해될 수 있다.

[예제 1.1]은 처리평균의 차이를 처리평균의 다양한 비교를 나타내는 개별 대비로 분해하는 방법을 보여준다. 대비를 정의하고 추정치와 제곱합을 얻은 후에는 대비 중 어느 것이 0과 크게 다른지를 결정해야 한다. 대비 값이 0이면 대비가 나타내는 평균의 차이가 존재하지 않음을 나타낸다. 예를 들어, 대비1(대조군 vs 기타)이 0으로 결정되면 대조군의 평균 수율이 기타 처리들의 평균 수율과 같다고 결론지을 수 있다. 이제 우리는 대비 $l = \sum_{i=1}^{r} a_i \mu_i$가 0과 다르다는 가설 검정을 제시한다. 이 검정은 분산분석의 F-검정의 변형이다. 대비와 관련된 제곱합의 자유도가 1이므로 평균제곱은 제곱합과 동일하다. 검정통계량은 다음과 같다.

$$F = \frac{SSC/1}{MSE} = \frac{SSC}{\widehat{\sigma^2}}.$$

대비에 대한 F-검정을 요약하면 다음과 같다.

요약 대비에 대한 F-검정

$$H_0 : l = a_1\mu_1 + a_2\mu_2 + \cdots + a_r\mu_r = 0$$
$$\text{vs} \quad H_1 : l = a_1\mu_1 + a_2\mu_2 + \cdots + a_r\mu_r \neq 0$$

- 검정통계량: $F = \frac{SSC}{MSE}.$
- 유의수준 α의 기각역: $F > F_\alpha(1, N-r).$

유의 위의 F-검정은 아래의 t-검정으로 대체될 수 있다.

- 검정통계량: $t=\dfrac{\hat{l}}{\sqrt{\widehat{Var}(\hat{l})}}=\dfrac{\hat{l}}{\hat{\sigma}\sqrt{\sum_i a_i^2/n_i}}$, $\hat{\sigma}=\sqrt{MSE}$.
- 유의수준 α의 기각역: $|t|>t_{\alpha/2}(N-r)$.

예제 1.2 [예제 1.1]의 계속

[예제 1.1]에서 4가지 대비에 대한 검정을 각각 수행하면 다음과 같다. 검정통계량은

$$F_1=\frac{.2097}{.0153}=13.17,\ F_2=\frac{.1297}{.0153}=8.48,$$
$$F_3=\frac{.0037}{.0153}=0.24,\ F_4=\frac{.0217}{.0153}=1.42$$

이다. $F_{0.05}(1,25)=4.24$이므로, 유의수준 5%에서 l_1과 l_2만 유의하고 l_3와 l_4는 유의하지 않다고 말할 수 있다.

연구를 위해 대비를 선택할 때 우리의 목표는 처리제곱합을 $(r-1)$개 성분으로 분해하는 일련의 직교대비를 얻는 것이 아니라, 연구자에게 가장 유익한 처리평균의 차이 패턴에 대한 명확한 설명을 이끌어낼 처리평균의 대비를 얻는 것이다. 대비의 상호직교성은 선택 과정의 부수적인 이점이다. 예를 들어, 위의 예제에서 우리는 대조처리(control treatment)를 두 생물학적 작용제의 평균과 비교하는 데에도 관심이 있을 수도 있다. 이 대비는 우리가 이미 설계한 여러 대비와 직교하지 않을 것이다. 그러나 여전히 이 대비를 사용할 수 있으며, 실험 데이터를 사용하여 그 중요성을 검정할 수 있다. 평가할 대비의 선택은 직교성이 아니라 실험자의 전반적인 목표에 따라 결정되어야 한다.

다중비교에서는 여러 대비를 검정할 때 접하게 되는 한 가지 문제를 다룬다. 즉, 제1종 오류율이 각각 α인 여러 대비를 검정했을 때, 여러 검정 중에 하나 이상의 제1종 오류가 발생할 확률은 α보다 다소 커진다. 다음 절에서 우리는 이 어려움을 간단히 살펴보기로 한다.

1.2 다중비교와 통제 오류

(a) 다중비교에서의 오류 통제

실험자는 m개의 대비를 사용하여 r개의 모집단(처리) 평균을 비교하려고 한다. m개의 대비 각각은 앞 절에서 소개한 F-검정을 사용하여 검정할 수 있다. 만약 각 비교가 동일한 α값에서 수행되고, $\widehat{\sigma^2}$이 ∞의 자유도를 가진다면(이로 인해 검정이 독립이라면), 모든 귀무가설이 참일 때 적어도 한 개의 검정에서 H_0를 잘못 기각할 확률은 $1-(1-\alpha)^m$이 된다. 이 값은 때로 m개 비교에 대한 전체 오류율(overall error rate) 또는 실험별 오류율(experiment-wise error rate)로 불린다. 즉, m개의 독립인 검정에서 실험별 제1종 오류율(α_E)과 개별 검정의 제1종 오류율(α_I) 간에 다음 관계식이 성립한다.

$$\alpha_E = 1-(1-\alpha_I)^m.$$

다음의 [표 1.2]로부터, 주어진 α에 대해 m이 커질수록 적어도 한 개의 검정에서 H_0을 잘못 기각할 확률이 상당히 커짐을 알 수 있다. 따라서 실험자가 $r=20$인 모집단 평균을 $m=10$의 직교대비를 이용하여 비교하고자 한다면, 각 개별 검정이 $\alpha=0.05$에서 수행될 때, 적어도 한 개의 검정에서 H_0를 잘못 기각할 확률이 0.401만큼 커질 수 있다.

[표 1.2] r개 표본평균 중 $m(<r)$개 독립대비에 대한 전체오류율 비교

m(대비의 수)	α(개별 검정에서 제1종 오류의 확률)		
	0.10	0.05	0.01
1	0.100	0.050	0.010
2	0.190	0.097	0.020
3	0.271	0.143	0.030
4	0.344	0.185	0.039
5	0.410	0.226	0.049
…	…	…	…
10	0.651	0.401	0.096

[표 1.2]로부터 개별 검정에 대한 오류율(제1종 오류) 대신 전체 오류율을 통제하는 문제를 생각하자. 가령 $r = 20$ 모집단 평균 중 $m = 10$에 대한 전체 오류율이 0.10이기를 원할 때, 이를 달성하기 위해서는 개별 검정의 오류율(α_I)을 얼마로 해야 하는가? $\widehat{\sigma}^2$의 자유도가 큰 값을 가진다고 할 때, 이 문제는 다음 식을 만족하는 값(α)으로 결정될 수 있다.

$$1-(1-\alpha_I)^{10} = 0.10.$$

위 식의 해는 쉽게 구해지나(지금은 중요하지 않음), 여기서는 [표 1.2]로부터 10개 검정에 대해 $\alpha = 0.01$을 사용할 때 전체 오류율은 약 0.10이 됨을 확인할 수 있다.

실제 문제에서 MSE의 자유도는 무한하지 않으므로 검정이 독립적이지 않다. 따라서 α_E와 α_I 사이의 관계는 일반적으로 앞에서 설명된 것과 같지 않다. 독립적이지 않은 검정으로 이루어진 비교에 대해 $\alpha_E = 1-(1-\alpha_I)^m$에 해당하는 표현을 얻는 것은 어렵다. 그러나 우리가 모집단 평균 사이에서 만들 대부분의 비교 유형에 대해, 실험별 오류율의 상한이 다음과 같이 주어짐을 보일 수 있다.

$$\alpha_E \leq 1-(1-\alpha_I)^m.$$

따라서 개별 검정 각각에 대해 α_I 값을 설정할 때 α_E에 대해 가능한 가장 큰 값을 알 수 있다. 예를 들어, $r = 20$ 모집단 평균 간의 $m = 8$ 대비에 대한 실험별 오류율이 최대 0.05이기를 원한다고 할 때, $\alpha_E = 0.05$의 전체 오류율을 달성하기 위해 m개의 검정에서 α_I의 어떤 값을 사용해야 하는가? 위의 상한 식을 사용하면 다음 값

$$\alpha_I = 1-(1-\alpha_E)^{1/m} = 1-(1-0.05)^{1/8} = 0.0064$$

를 선택하면 $\alpha_E \leq 0.05$가 된다. 한 가지 문제는 이 절차가 실험별 오류율과 관련하여 매우 보수적일 수 있으므로 제2종 오류의 확률이 부풀려질 수 있다는 것이다.

직교대비를 이용한 비교에 대한 전체 오류율의 통제는 매우 간단하지만, 이 책의 1부(다중비교)에서는 전체 오류율의 통제가 쉽지 않은 비직교대비의 문제를 다룰 것이다. 예를 들어, $r = 4$

모집단 평균 중 모든 쌍별 비교를 원한다고 하자. 이전 결과는 $r-1=3$ 직교(독립)대비를 만들 수 있음을 나타내지만, 모집단 평균 간에 6개의 가능한 쌍별 비교가 있다(1과 2, 1과 3, 1과 4, 2와 3, 2와 4, 3과 4). 6개의 각 비교가 $\alpha=0.05$에서 검정으로 수행될 때, 전체 오류율은 얼마인가? Pearson과 Hartley(1942, 1943)와 Harter(1957)는 비독립인 대비에 대해 적어도 한 개의 검정에서 H_0를 잘못 기각할 확률을 결정하는 문제를 다루었다. 그러나 그 해는 쉽지 않다. 이 책에서 비독립적인 여러 처리평균 간의 비교를 다룰 것이다. 이러한 비교는 흔히 다중비교로 불리며, 다양한 방법들이 소개될 것이다. 다만, 다양한 다중비교 절차 간의 가장 큰 차이점은 각 절차가 통제하는 오류율의 유형임을 명심하기 바란다.

(b) 통제 오류의 종류

다중비교(multiple comparisons)는 여러 개의 통계적 추론을 동시에 실시하는 통계적 방법이다. 예를 들어, 여러 처리들 간의 모평균에 대한 쌍별 비교(pairwise comparison)를 수행하거나, 특정 대조(control) 그룹과의 비교를 수행할 수 있다. 추론의 수가 많아질수록 잘못된 추론이 발생할 가능성이 높아진다. 이를 방지하기 위해 개발된 여러 다중비교 방법들은 수행되는 추론 횟수에 대한 대가로, 개별 비교에 대해 보다 엄격한 유의 임계값(즉, 보다 작은 제1종 오류)을 요구한다.

다중비교에서는 어떤 오류를 통제하느냐에 따라 여러 가지 방법이 개발되어 왔다. 통제 오류에는 비교별 오류율과 실험별 오류율이 있다. 두 종류의 오류 모두 제1종 오류(type Ⅰ error)의 일종이다.

- 비교별 오류율(comparison-wise error rate): 다중비교에서 개별 비교(검정)에서의 제1종 오류를 범할 확률을 의미한다. 예를 들어, 5개 그룹에서 쌍별 비교의 경우 10개의 가능한 쌍 각각에 대해 한 개씩 있다.

- 실험별 오류율(experiment-wise error rate)[1]: 다중비교에서 전체 가설 집합(연구)에서 하나 이상의 제1종 오류를 범할 확률을 의미한다. 예를 들어, $100\alpha\%$ 실험별 오류율을 이용하여 다중비교를 시행한다고 함은 H_0가 모두 사실일 때, 하나 이상의 잘못 결정을 내릴 확률을 $100\alpha\%$ 이내로, 혹은 모두 옳은 결정을 내릴 확률이 $100(1-\alpha)\%$ 이상이 되도록 관리함을 의미한다.

1) 실험별 오류율은 전체 오류율(overall error rate) 또는 전체 유의수준(overall significance level)으로도 불린다.

Tukey는 실험별 오류율을 실험당 오류율(error rate per-experiment)로 명명하였으며('실험 단위 오류율'의 표현도 적절해 보임), 종종 연구별 오류율(study-wise error rate)로도 부른다. 보다 대규모의 비교를 다루는 다중검정(2부)에서는 실험별 오류율과 동일한 의미로 가족별 오류율(family-wise error rate, 이하 FWER)이라는 용어를 주로 사용한다. 이때 가족(family)은 '비교를 위해 구성한 짝들의 집합'을 의미한다.

1.3 다중비교 소개

다중비교(multiple comparison)는 여러 개의 검정(또는 구간추정)을 동시에 수행하는 것이다. 가령, 처리의 수가 5개인 일원배치 ANOVA에서 F-검정의 결과가 유의하게 나왔다고 하자. 이는 단순히 '모든 처리 간에 차이가 없다는 귀무가설을 기각'할 수 있다는 사실 만을 의미하므로, 보다 구체적으로 어떤 처리 간에 차이가 있고 없는지를 알아볼 필요가 있다. 이를 위해 모든 처리 간의 조합(10개)에 대해 모평균의 차이를 동시에 검정할 필요가 있다. 이때 모든 검정이 유의수준 5%에서 독립적으로 수행된다고 하자(실제에서는 그렇지 않음). 모든 귀무가설이 참인 경우, 이를 올바르게 판단할 확률은 $(1-0.05)^{10} \approx 0.599$(약 60%)이다. 이는 잘못 판단할 확률(제1종 오류에 해당)이 $1-(1-0.05)^{10} \approx 40\%$나 됨을 의미한다. 이 사실은 유의수준 5%인 검정을 여러 개 동시에 수행할 경우, 이 가운데 잘못된 검정의 비율이 매우 커짐을 의미한다. 이는 처리의 수가 늘어날수록 더욱 심각해진다. [그림 1.3]은 가설의 수에 따라 제1종 오류를 범할 확률을 나타내는 그림이다.

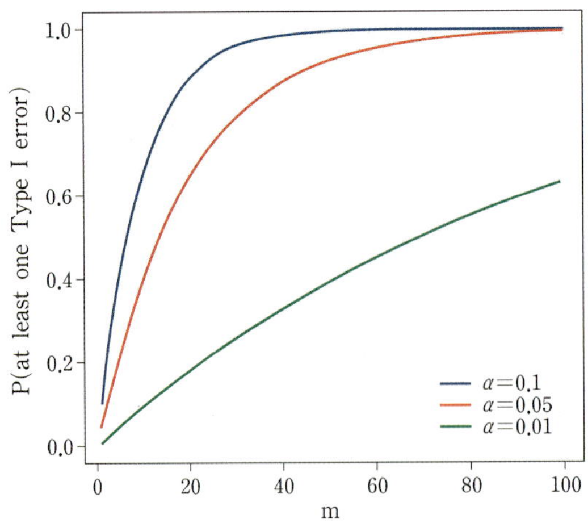

[그림 1.3] 가설의 수(m)에 따른 최소 1번의 제1종 오류를 범할 확률

[그림 1.3]은 수행되는 가설검정의 수에 따라 한 개 또는 그 이상의 거짓양성 결과가 관측될 가능성이 증가하는 것을 보여주며, 이 결과는 왜 다중검정의 절차에서 제1종 오류에 대한 통제가 필요한지를 말해주고 있다.

따라서 여러 개의 검정을 동시에 수행하되 전체 검정에서의 오류율(즉, 유의수준)을 α 또는 그 이하로 유지하기 위해서는 어떻게 해야 하는가? 이에 대한 해답은 개별 검정의 유의수준을 낮추어 보다 엄격한 검정을 수행하면 될 것이다. 수행해야 할 개별 검정의 수를 m이라 할 때, Bonferroni는 개별 검정의 유의수준으로 α/m를 제안하였고(이를 'α-분할(α-splitting)'이라고 함), Sidak은 $1-(1-\alpha)^{1/m}$을 제안하였다($\alpha = 0.05$이고 $m = 10$인 경우, 두 값은 각각 0.0050과 0.0051이며, 이는 Bonferroni가 좀 더 보수적인 검정임을 암시한다). 두 방법은 모두 검정통계량이 서로 독립이라는 가정하에서 전체 유의수준을 α 이하로 통제한다. 그러나 실제 상황에서는 검정이 서로 독립적이지 않으므로 실험 전체에 대한 유의수준의 관리가 어려워지는 것이다. 다중비교(또는 다중검정)에서는 주로 이러한 문제를 해결하는 방안을 제시한다.

참고 그룹 간 비교의 수

[그림 1.4]는 그룹의 수에 따라 수행될 수 있는 가능한 쌍별 비교의 수를 보여준다. 그룹의 수가 r인 경우, 최대 가능한 쌍별 비교의 수는 $m = r(r-1)/2$이다. 분석자는 데이터를 얻기 이전, 즉 연구의 설계 단계에서 비교의 수를 미리 지정(계획)해야 한다.

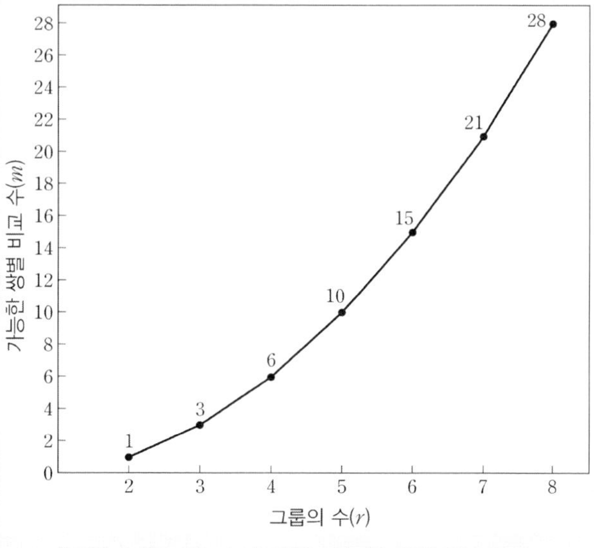

[그림 1.4] 그룹 수에 따른 가능한 쌍별 비교의 수

다중비교는 흔히 사후검정(post-hoc tests)이라고도 불리는데, 이는 분산분석(ANOVA)에서 그 결과가 유의한 경우에 한해 추가적으로 실시되는 분석임을 의미한다. 그러나 많은 다중비교 방법들은 분산분석과는 독립적으로 개발된 방법이므로, 분산분석의 결과와는 무관하게 사용될 수 있음에 주목하기 바란다. 예를 들어, 분산분석의 F-검정 결과가 유의하지 않은 경우에도 다중비교에서 두 그룹 간에 유의한 결과가 나올 수 있다.

1.4 다중비교의 유형과 추론 수준

(a) 다중비교의 유형

다중비교는 그 목적에 따라 여러 가지 유형으로 나누어진다. 일원배치법을 기준으로 다음과 같이 구분된다.

① 모든 쌍별 다중비교(All Pairwise Multiple Comparison, 이하 MCA): 모든 가능한 처리 쌍을 동시에 비교하는 다중비교 방법이다.

② 대조 그룹과의 다중비교(Multiple Comparison with a Control, 이하 MCC): 여러 그룹(또는 처리)을 대조(control) 그룹과 동시에 비교하는 다중비교 방법이다.

③ 최상 그룹과의 다중비교(Multiple Comparison with the Best, 이하 MCB): 각 처리를 다른 처리의 최상(best)과 동시에 비교하는 다중비교 방법이다.

다중비교 방법은 각 유형별로 다양한 모수적 및 비모수적 방법이 존재하므로 실제의 자료 분석에서는 여러 가지 방법을 적용한 뒤, 방법 간의 장단점 및 통제 오류 등을 종합적으로 고려하여 결론을 내리는 것이 바람직하다. 다중비교 방법 간의 비교와 올바른 선택 전략에 대해서는 4장과 9장을 참고하기 바란다.

(b) 다중비교 방법의 추론 수준

다중비교 방법을 추론의 수준에 따라 구분하면 [표 1.4]와 같다. 추론 수준이 높을수록 제1종 오류의 통제가 엄격하며, 이로 인해 유의성(검정력) 확보에는 불리함을 감안해야 한다. 각 추론의 수준에 대한 설명은 다음과 같다.

- Level 3 추론: 모든 관심 모수에 대한 동시신뢰구간을 제시한다.
- Level 2 추론: 부등식의 방향을 주장하지 않고 처리의 하위 집합 내에서 이질성(heterogeneity)을 주장한다.
- Level 1 추론: r개 처리의 이질성을 주장한다($H_0 : \mu_1 = \mu_2 = \cdots = \mu_r$을 기각함).
- Level 0 추론: 어떤 오류도 통제하지 못한다.

[표 1.4] 다중비교 방법의 추론 수준(모수적 방법)

추론 수준	MCA	MCC	MCB
Level 3	Tukey, Scheffe 등	Dunnett	Hsu
Level 2	REGW		
Level 1	SNK, 보호된 LSD		
Level 0	Duncan, 비보호된 LSD		

* 통계적 유의성 확보에 유리한 Level 0와 Level 1 방법이 선호됨

표기법 이 책에서 사용되는 몇 가지 표기법은 다음과 같다.

- 처리(또는 그룹 또는 모집단)의 수: r과 k를 혼용함.
- 처리평균: $\overline{Y}_i$와 $\overline{Y}_{i.}$를 혼용함.
- 분포의 상위 α 분위수: $t_\nu^\alpha (= t_\alpha(\nu))$, $F_{r_1, r_2}^\alpha (= F_\alpha(r_1, r_2))$, $\cdots$

2장

모수적 방법 Ⅰ – 실험별 오류율 통제 방법

2장과 3장에서는 다중비교 또는 사후검정의 방법으로 모수적 방법을 소개한다. 모수적인 방법에서는 주로 관측 자료에 대해 정규성(normality)과 독립성(independence)을 가정한다. 또한, 다중비교의 방법에 따라 분산의 동일성(equal variance) 또는 동일한 크기의 표본(equal sample size)이 요구되기도 한다. 2장에서는 동시신뢰구간을 제시하는 다중비교 방법을 소개하고, 3장에서는 단계별 검정 등의 통계적 검정에 기초한 다중비교 방법을 소개한다. 각 방법별로 통제되는 제1종 오류가 다를 수 있음에 유의하기 바란다.

2.1 들어가며

2.1.1 서론

이 장에서는 동시신뢰구간을 제시하는 방법으로 다중비교를 수행하는 방법을 소개한다. 신뢰수준 $(1-\alpha)$인 동시신뢰구간은 다중검정의 관점에서 실험별 오류율을 α로 통제하는 방법으로 이해될 수 있다. 이러한 방법으로 (1) Tukey의 스튜던트화 범위, (2) Scheffe, (3) Bonferroni, (4) 스튜던트화 최대절댓값, (5) Dunnett 방법 등을 소개한다.

2.1.2 동시신뢰구간과 다중비교

정의 동시신뢰구간

주어진 모수 집단 $(\theta_1, \theta_2, \cdots, \theta_k)$에 대한 $100(1-\alpha)\%$ 동시신뢰구간은 아래 식

$$P(L_i \le \theta_i \le U_i \quad \text{for } all\ i) = 1-\alpha$$

를 만족하는 구간 집단 $\{(L_1, U_1), (L_2, U_2), \cdots, (L_k, U_k)\}$이다. 여기서 L_i와 U_i들은 자료에 의존하는 확률변수이다. 이때 구간 중 하나 이상이 모수를 포함하지 못할 확률은 $100\alpha\%$ 가 된다.

[주의] 위 식에서 등호(=) 대신 부등호(≥)를 사용하여 정의하기도 한다.

많은 다중비교는 그 결과로 동시신뢰구간(simultaneous confidence interval)을 제시하는 방법을 사용하고 있다. 동시신뢰구간과 함께 제시되는 신뢰수준은 다중검정의 관점에서 통제되는 제1종 오류의 크기와 관련된다. 예를 들어, 신뢰수준 $(1-\alpha)$인 동시신뢰구간은 대응되는 다중검정에서 실험별 오류율을 α로 통제함을 의미한다. [표 2.1]에서는 이표본 문제를 중심으로 동시신뢰구간과 다중비교 간의 관계를 보여준다. 비교를 위해 단일검정의 결과도 함께 제시하였다.

[표 2.1] 동시신뢰구간과 다중검정과의 관계(이표본 문제)

단일검정	신뢰수준 $(1-\alpha)$인 신뢰구간	$P\left\{\mu_1-\mu_2 \in \overline{Y}_1-\overline{Y}_2 \pm t_\nu^{\alpha/2} S_p\sqrt{\frac{1}{n_1}+\frac{1}{n_2}}\right\}$ $=1-\alpha$ (여기서, $\nu=n_1+n_2-1$)	
	유의수준 α인 검정법	$\lvert\overline{Y}_1-\overline{Y}_2\rvert > t_\nu^{\alpha/2} S_p\sqrt{\frac{1}{n_1}+\frac{1}{n_2}}$ 이면 $H_0:\mu_1=\mu_2$를 기각	H_0가 참일 때, 잘못 기각할 확률이 α임
다중검정 (다중비교)	신뢰수준 $(1-\alpha)$인 동시신뢰구간	$P\left\{\mu_i-\mu_j \in \overline{Y}_i-\overline{Y}_j \pm q\,\hat{\sigma}\sqrt{\frac{1}{n_i}+\frac{1}{n_j}}\right.$ $\left.\text{for } all\ i,j(i<j)\right\}=1-\alpha$	
	실험별 오류율이 α인 검정법	$\lvert\overline{Y}_i-\overline{Y}_j\rvert > q\,\hat{\sigma}\sqrt{\frac{1}{n_i}+\frac{1}{n_j}}$ 이면 $H_{0(ij)}:\mu_i=\mu_j$를 기각	$H_{0(ij)}$가 모두 참일 때, 최소 1개 이상 잘못 기각할 확률이 α임
	* $q=q(\alpha,k,n_i,n_j)$는 임곗값으로 다중비교의 방법에 따라 달라진다.		

2.2 Tukey의 방법

2.2.1 Tukey의 스튜던트화 범위

다음의 일원배치모형을 가정하자.

$$Y_{ij}=\mu_i+\epsilon_{ij},\quad \epsilon_{ij}\sim i.i.d.\,N(0,\sigma^2),$$
$$i=1,\cdots,r;\ j=1,\cdots,n.$$

Tukey의 방법은 (평균의 차이 분포를 이용하는 대신) 스튜던트화 범위 통계량을 이용하는 방법으로, 그 절차를 소개하면 다음과 같다.

반복이 동일한 일원배치모형에서, 다음의 관계식이 성립한다.

$$P_{\mu,\sigma^2}\left\{\left|\overline{Y}_i. - \overline{Y}_j. - (\mu_i - \mu_j)\right| \le d_T\hat{\sigma}\sqrt{\frac{2}{n}} \quad \text{for all } i,j(i<j)\right\}$$

$$= P_{\mu,\sigma^2}\left\{\frac{\left|(\overline{Y}_i. - \mu_i) - (\overline{Y}_j. - \mu_j)\right|}{\hat{\sigma}/\sqrt{n}} \le \sqrt{2}d_T \quad \text{for all } i,j(i<j)\right\}$$

$$= P_{0,1}\left\{\left|\frac{Z_i - Z_j}{\sqrt{V/r}}\right| \le \sqrt{2}d_T \quad \text{for all } i,j(i<j)\right\},$$

$$Z_i = \frac{\overline{Y}_i. - \overline{Y}_j.}{\sigma/\sqrt{n}} \overset{d}{\sim} i.i.d.\ N(0,1) \quad \& \quad V = \frac{\nu\widehat{\sigma^2}}{\sigma^2} \overset{d}{\sim} \chi^2(\nu)$$

$$= P_{0,1}\left\{\frac{\max Z_i - \min Z_i}{\sqrt{V/\nu}} \le \sqrt{2}d_T\right\}.$$

여기서 $Z_i(i=1,\cdots,r) \sim i.i.d.\ N(0,1), V \sim \chi^2(\nu)(\nu = r(n-1))$이고, Z_i와 V는 서로 독립이다. 마지막 식에서 부등호의 좌변은 스튜던트화 범위(studentized range) 통계량으로 불리며, $q^{\alpha}_{r,\nu}$는 이 분포의 상위 α 분위수이다(부록의 [표 3] 참고). 위 식이 $(1-\alpha)$인 경우 $\sqrt{2}d_T = q^{\alpha}_{r,\nu}$이다. 또한 $\widehat{\sigma^2}$은 일원배치모형에서 오차분산에 대한 추정량으로 $\widehat{\sigma^2}(=S^2 = MSE) = \sum_{i=1}^{r}\sum_{j=1}^{n}(Y_{ij} - \overline{Y}_i.)^2/r(n-1)$이다.

즉, Tukey의 $(\mu_i - \mu_j)$에 대한 동시신뢰구간은 $(1-\alpha)$의 확률로[2] 다음과 같이 주어진다.

$$\mu_i - \mu_j \in \overline{Y}_i. - \overline{Y}_j. \pm d_T\hat{\sigma}\sqrt{\frac{2}{n}} \quad \text{for all } i,j(i<j)$$

또는

$$\mu_i - \mu_j \in \overline{Y}_i. - \overline{Y}_j. \pm q^{\alpha}_{r,\nu}\frac{\hat{\sigma}}{\sqrt{n}} \quad \text{for all } i,j(i<j).$$

■ 제시된 $(\mu_i - \mu_j)$에 대한 동시신뢰구간을 검정의 관점에서 이해하면 다음과 같다. 위의 식

$$1-\alpha = P\left\{\mu_i - \mu_j \in \overline{Y}_i. - \overline{Y}_j. \pm d_T\hat{\sigma}\sqrt{\frac{2}{n}} \quad \text{for all } i,j(i<j)\right\}$$

2) 여기서 $(1-\alpha)$는 동시신뢰구간의 신뢰수준을 의미한다.

는 모든 $i, j(i<j)$에 대해

$$`\left|\frac{\overline{Y}_{i.}-\overline{Y}_{j.}}{\hat{\sigma}\sqrt{2/n}}\right| > d_T \text{이면 } H_0: \mu_i=\mu_j \text{를 기각함}'$$

을 의미한다. 이 방식으로 $k=\binom{r}{2}$개의 전체 귀무가설에 대한 검정을 실시할 때 실험별 오류율은 α가 된다. 따라서 이 장에서 제시되는 다양한 동시신뢰구간은 검정의 관점에서 실험별 오류율을 통제하는 다중비교(검정) 방법으로 이해될 수 있다.

- Tukey 방법은 검정의 관점에서 다음의 관계

$$|T| = \frac{|\overline{Y}_i. - \overline{Y}_j.|}{\hat{\sigma}\sqrt{2/n}} \le \frac{\max\overline{Y}_i. - \min\overline{Y}_i.}{\hat{\sigma}\sqrt{2/n}} = \frac{q}{\sqrt{2}}$$

를 이용하여 검정을 수행하는 것이다. 여기서 $q=\dfrac{\max\overline{Y}_i. - \min\overline{Y}_i.}{\hat{\sigma}/\sqrt{n}}$는 스튜던트화 범위 통계량이다.

- 이 방법은 실험별 오류율을 확실히 통제하나 불필요하게 보수적이므로 귀무가설을 잘 기각하지 못한다. 즉, 모든 쌍별 비교에 차이의 최댓값에 기초한 임곗값을 사용하므로 검정력이 떨어진다.

- 이 방법은 대비 또는 선형결합으로의 확장이 이론적으로 정확하나, 다른 경쟁 방법(Scheffe 또는 Bonferroni 방법)이 더 짧은 신뢰구간을 제공하므로 유용하지 않다.

2.2.2 Tukey-Kramer 방법

Tukey의 방법은 원래 반복이 동일한 일원배치모형 하에서 개발된 방법이다. Tukey-Kramer는 이를 반복이 다른 경우로 확장하였다. 아래의 반복이 다른 일원배치모형

$$Y_{ij} = \mu_i + \epsilon_{ij}, \quad \epsilon_{ij} \sim i.i.d.\, N(0, \sigma^2),$$
$$i = 1, \cdots, r;\ j = 1, \cdots, n_i$$

에서 $(\mu_i - \mu_j)$에 대한 동시신뢰구간은 $(1-\alpha)$ 이상의 확률로 다음과 같이 주어진다.

$$\mu_i - \mu_j \in \overline{Y}_{i\cdot} - \overline{Y}_{j\cdot} \pm d_T \hat{\sigma} \sqrt{\frac{1}{n_i} + \frac{1}{n_j}} \quad \text{for all } i, j (i < j).$$

여기서 $d_T = \frac{1}{\sqrt{2}} q^{\alpha}_{r,\nu} (\nu = \sum_i^r n_i - r)$ 이다.

- Tukey-Kramer 방법은 균형 계획의 경우 실험별 오류율을 정확히 α로 통제하며, 불균형 계획의 경우에는 근사적으로 통제한다.

용어 Tukey의 정직유의차(HSD)

스튜던트화 범위를 이용하는 Tukey의 방법(Tukey-Kramer 방법 포함)은 Tukey의 정직유의차(Honestly Significant Difference, 이하 HSD) 방법으로도 알려져 있다. 여기서 HSD는 원래 WSD(Wholly Significant Difference)로 불리어졌으며, 이 용어는 (임곗값을 초과하는 경우) 어떤 차이(한 개 또는 $\binom{r}{2}$개의 평균 차이 가족의 일원)에 대해서도 유의함을 보장하는 임곗값을 사용한다는 것에 유래한다.

반면, 3장에서 소개될 Fisher의 최소유의차(Least Significant Difference, 이하 LSD) 방법은 단계별 검정의 2단계에서 t-분포의 상위 $\alpha/2$ 분위수($t_\nu^{\alpha/2}$)를 임곗값으로 사용한다. 이 값은 차이가 유의하기 위한 가장 작은 값(least value)으로, 이는 한 개의 차이만을 고려할 때 적절한 방법이다. 차이가 비교 가족의 일원인 경우에는 임곗값이 커지거나 이전 검정 단계가 개입될 가능성이 높다(3.5절 참고).

예제 2.1 과일 칵테일 통조림의 제조원 비교

과일 칵테일 통조림을 생산하는 5개의 제조원(①~⑤)이 있다.

①, ②: 전국 규모의 회사, ③: 지방 규모 회사, ④, ⑤: 개인 가정

각 제조원별로 16온즈(oz) 통조림 9개에 대해 실제 과일의 무게를 조사한 결과는

$$\bar{y}_1 = 14.5,\ \bar{y}_2 = 13.8,\ \bar{y}_3 = 13.3,\ \bar{y}_4 = 14.3,\ \bar{y}_5 = 13.1$$

이고, 분산분석의 결과는 다음과 같이 주어졌다.

요인	자유도	제곱합	평균제곱	F
처리	4	13.32	3.33	37.83
오차	40	3.52	0.088	
합	44	16.85		

Tukey의 방법을 통해 다중비교를 수행하는 절차는 다음과 같다.

(i) $w = \sqrt{\frac{2}{n}}\, d_T S = \frac{q^\alpha}{\sqrt{n}} S$의 계산($\alpha = 0.05$): $4.039\sqrt{0.088/9} \approx 0.4$. 여기서 스튜던트화 범위의 상위 α 분위수는 부록의 [표 3]을 이용하거나($q^\alpha = q^\alpha_{r,\nu} = q^{0.05}_{5,40} = 4.039$), 다음과 같이 qtukey() 함수를 이용할 수 있다.

```
> qtukey(.95, 5, df = 40)
[1] 4.039123
```

(ii) 표본평균을 순서대로 배열: ⑤ ③ ② ④ ①

(iii) 차이가 0.4보다 작으면 밑줄을 그어 표시:

⑤	③	②	④	①
13.1	13.3	13.8	14.3	14.5

(⑤, ③ 밑줄 / ④, ① 밑줄)

(해석) ④, ① 제조원은 ②보다 크며, ② 제조원은 ⑤, ③보다 크다.

예제 2.2 **수면 시간에 대한 에탄올 영향**

20마리 쥐에 대해 눈동자의 활동을 24시간 동안 기록한 결과가 다음과 같다.

i	에탄올의 양(gr/kg)	$\bar{y}_i$
①	0	79.28
②	1	61.54
③	2	47.92
④	4	32.76

분산분석의 결과는 다음과 같이 주어졌다.

요인	자유도	제곱합	평균제곱	F
처리	3	5882.4	1960.8	21.09
오차	16	1487.4	93.0	
합	19	7369.8		

Tukey의 방법을 통해 다중비교를 수행하는 절차는 다음과 같다.

(i) $w=\sqrt{\frac{2}{n}}d_T S=\frac{q^\alpha}{\sqrt{n}}S$의 계산($\alpha=0.05$): $4.046\sqrt{93.0/5}\approx 17.47$. 여기서 $q^\alpha=q^{0.05}_{4,16}$는 다음과 같이 계산된다(부록의 [표 3] 참고).

```
> qtukey(.95, 4, df = 16)
[1] 4.046093
```

(ii) 표본평균을 순서대로 배열: ④ ③ ② ①
(iii) 차이가 17.47보다 작으면 밑줄을 그어 표시:

④	③	②	①
32.76	47.92	61.54	79.28

(④–③ 밑줄, ③–② 밑줄)

(해석) ②와 ④는 다르고, ②와 ④는 각각 ③과는 차이가 없으며, ①은 다른 것과 차이가 있다.

주목 많은 다중비교 방법의 결점으로 이행성(移行性, transitivity)의 결여를 들 수 있다. 즉, [예제 2.2]의 결과에서 ②와 ③, ③과 ④는 차이가 없으나 ②와 ④는 차이가 있는 것으로 나타나는 현상을 말한다. 표본의 수를 늘리면, 두 그룹의 차이를 탐지하는 검정력이 증가하게 되어, 이행성 결여의 문제를 완화할 수 있다.

2.2.3 Games-Howell 방법

Games-Howell 검정은 Tukey-Kramer 방법의 확장으로 분산이 다른 경우에 적용된다. 이때 표준오차는 $\hat{\sigma}\sqrt{\frac{1}{n_i}+\frac{1}{n_j}}$ 대신

$$S.E. = \sqrt{\frac{1}{2}\left(\frac{S_i^2}{n_i} + \frac{S_j^2}{n_j}\right)}$$

을 사용한다. 즉, 두 그룹 간의 비교 시 일원배치법에서의 공통분산인 $\widehat{\sigma^2}(= S^2 = MSE)$ 대신 비교 쌍별로 다른 분산을 사용한다(두 그룹으로부터 구해진 분산의 평균을 사용함에 유의). 이때 각 쌍별 비교 검정의 기각역은

$$\frac{|\overline{Y}_i. - \overline{Y}_j.|}{S.E.} > q'$$

이다. 여기서 q'은 Welch의 자유도(df')를 가지는 스튜던트화 범위 통계량 분포의 상위 α 분위수이다. Welch(또는 Welch–Satterthwaite)의 자유도는 다음과 같다.

$$df' = \frac{\left(\frac{S_i^2}{n_i} + \frac{S_j^2}{n_j}\right)^2}{\left(\frac{S_i^2}{n_i}\right)^2/(n_i - 1) + \left(\frac{S_j^2}{n_j}\right)^2/(n_j - 1)}.$$

2.3 Scheffe의 방법

2.3.1 일원배치모형

이 방법은 원래 분산분석에서 (쌍별 평균비교보다 더 일반화된 형태인) 대비(contrasts)를 다루기 위한 방법으로 제안된 방법이다. 일원배치모형에서 F–검정에 기초한 이 방법을 이용하여 $(\mu_i - \mu_j)$에 대한 동시신뢰구간을 구하면 $(1-\alpha)$보다 큰 확률로 다음과 같이 주어진다.

$$\mu_i - \mu_j \in \overline{Y}_i. - \overline{Y}_j. \pm d_S\,\hat{\sigma}\sqrt{\frac{2}{n}} \quad \text{for all } i,j(i<j).$$

여기서 $d_S = \sqrt{(r-1)F_{r-1,\nu}^{\alpha}}$ 이고(부록의 [표 2] 참고), ν는 $\widehat{\sigma^2}(= S^2 = MSE)$의 자유도로 $\nu = r(n-1)$이다.

- **(Tukey 방법과의 비교: 쌍별 비교의 경우)** $d_S = \sqrt{(r-1)F^{\alpha}_{r-1,\nu}}$ 와 $d_T = q^{\alpha}_{r,\nu}/\sqrt{2}$ 를 비교하면, $\nu = r(n-1) = 20$ 일 때, 다음과 같이 주어진다.

$$r = 4 \;:\; d_S = 3.0495 \;>\; d_T = 2.7987.$$
$$r = 6 \;:\; d_S = 3.3882 \;>\; d_T = 2.9924.$$
$$r = 4 \;:\; d_S = 4.6378 \;>\; d_T = 3.5411.$$

즉, d_S가 d_T보다 항상 크므로, Scheffe 방법이 Tukey 방법보다 더 보수적임을 알 수 있다.

- Scheffe의 방법은 일반적인 대비에 유용하며 항상 적용 가능하다는 장점을 가진다. 예를 들어, 일원배치에서 보다 일반화된 대비 $\sum_{i=1}^{r} c_i\mu_i (\sum c_i = 0)$에 대한 동시신뢰구간은 $(1-\alpha)$보다 큰 확률로 다음과 같이 주어진다.

$$\sum_{i=1}^{r} c_i\mu_i \in \sum_{i=1}^{r} c_i \overline{Y}_{i.} \pm d_S \hat{\sigma} \sqrt{\frac{\sum_{i=1}^{r} c_i^2}{n}} \quad \text{for all } \underline{c}: \sum_{i=1}^{r} c_i = 0.$$

- 일반화에 대한 손실로 특정 목적(쌍별 평균비교 등)에서는 이 절에서 소개되는 다른 방법들에 비해 성능이 떨어진다.

- Scheffe(1953, 1959)는 Tukey의 방법과의 비교를 제시하였다. [표 2.2]는 $r = 6$, $\nu = \infty$, $\alpha = 0.05$ 인 경우, 대비 형태에 따른 두 방법 간의 비교 결과를 보여준다. 여기서 R은 구간의 제곱길이의 비를 나타낸다. 대비의 형태의 기호는 다음을 의미한다: 예를 들어, [1, 1]은 '$\mu_1 - \mu_2$ 형', [1, 2]는 '$\mu_1 - (\mu_2 + \mu_3)/2$ 형'의 동시신뢰구간을 나타낸다.

[표 2.2] Tukey와 Scheffe 방법 간의 비교(Scheffe, 1953)

대비(contrast) 형태	$1/R$	R	비고
[1, 1]	0.73		Tukey가 우수
[1, 2]	0.98		대등함
[1, 3]		0.91	Scheffe가 우수
[1, 4]		0.85	Scheffe가 우수
…	…	…	
[2, 3]		0.57	Scheffe가 우수
[2, 4]		0.51	Scheffe가 우수
[3, 3]		0.45	Scheffe가 우수

위의 결과를 요약하면 다음과 같다(제한적 실험 결과임에 유의).

(i) 쌍별비교의 경우, Tukey의 구간이 우수하다.

(ii) [1, 2]형 대비의 경우, 두 방법이 대등하다($1/R$=0.98≈1).

(iii) [1, 3]~[3, 3]형 대비의 경우, Scheffe의 구간이 우수하다.

■ (반복이 다른 일원배치의 경우) 아래의 반복이 다른 일원배치모형

$$Y_{ij} = \mu_i + \epsilon_{ij}, \quad \epsilon_{ij} \sim i.i.d.\, N(0, \sigma^2),$$
$$i = 1, \cdots, r;\ j = 1, \cdots, n_i$$

에서 $\sum_{i=1}^{r} c_i\mu_i (\sum c_i = 0)$에 대한 동시신뢰구간은 $(1-\alpha)$보다 큰 확률로 다음과 같이 주어진다.

$$\sum_{i=1}^{r} c_i\mu_i \in \sum_{i=1}^{r} c_i \overline{Y}_{i\cdot} \pm d_S \hat{\sigma} \sqrt{\sum_{i=1}^{r} \frac{c_i^2}{n_i}} \quad \text{for all } \underline{c}:\ \sum_{i=1}^{r} c_i = 0.$$

여기서 $d_S = \sqrt{(r-1)F^{\alpha}_{r-1,\nu}}$, $\nu = \sum_{i=1}^{r}(n_i - 1)$이다.

비교 하나의 고정된 c에 대한 신뢰구간을 제시하면 다음과 같다.

$$\sum_{i=1}^{r} c_i\mu_i \in \sum_{i=1}^{r} c_i\overline{Y}_i. \pm d\hat{\sigma}\sqrt{\sum_{i=1}^{r}\frac{c_i^2}{n_i}} \quad \text{for fixed } \underline{c}.$$

여기서 $d = t_\nu^{\alpha/2} = \sqrt{F_{1,\nu}^{\alpha}}$ 이다.

예제 2.3 [예제 2.1]의 계속

Scheffe의 방법을 통해 다중비교를 수행한 결과는 다음과 같다. 자료로부터 $n=9,\ r=5,\ \widehat{\sigma^2}=0.088$이다.

(i) $\sqrt{2}\,d_S = \sqrt{2}\,\sqrt{4F_{4,40}} = 4.569(\alpha = 0.05)$으로부터 $w = \sqrt{\frac{2}{n}}\,d_S\hat{\sigma} = 0.4518$. 여기서 $F_{4,40}^{0.05}$는 부록의 [표 2]를 이용하거나 아래와 같이 계산된다.

```
> qf(0.05, 4, 40, lower.tail=FALSE)
[1] 2.605975
```

(ii) 표본평균을 순서대로 배열 : ⑤ ③ ② ④ ①

(iii) 차이가 0.4518보다 작으면 밑줄을 그어 표시(아래 그림의 실선):

⑤	③	②	④	①
13.1	13.3	13.8	14.3	14.5

(실선: ⑤–③, ④–①; 점선: ⑤–③, ④–①)

(해석) Tukey의 결과(위의 그림에서 점선)와 동일하다.

예제 2.4 [예제 2.2]의 계속

Scheffe의 방법을 통해 다중비교를 수행하는 절차는 다음과 같다. 자료로부터 $n=5,\ r=4,\ \widehat{\sigma^2}=93.0$이다.

(i) $\sqrt{2}\,d_S = \sqrt{2}\,\sqrt{3F_{3,16}} = 4.4090(\alpha = 0.05)$으로부터 $w = \sqrt{\frac{2}{n}}\,d_S\hat{\sigma} = 19.01$.

(ii) 표본평균을 순서대로 배열: ④ ③ ② ①

(iii) 차이가 19.01보다 작으면 밑줄을 그어 표시:

④	③	②	①
32.76	47.92	61.54	79.28

(해석) ②와 ④는 다르고, ②와 ④는 각각 ③과는 차이가 없으며, ①은 ③, ④와는 다르다. 이 는 Tukey(위의 그림에서 점선)와는 다소 다른 결과로, ①과 ②의 차이를 탐지해내는 Tukey가 보다 유용(useful)하다고 할 수 있다.

예제 2.5 [예제 1.1]의 계속

1장의 [예제 1.1]의 자료에 대해 Scheffe의 방법을 적용하고, 그 결과를 비교한다. [표 2.3]은 Scheffe 방법의 적용에 사용된 계산 절차를 소개한 것이다.

[표 2.3] Scheffe 방법에 대한 계산 절차

처리	1 (Ctrl)	2 (Bio1)	3 (Bio2)	4 (Chem1)	5 (Chem2)				
대비	a_1	a_2	a_3	a_4	a_5	$\sum a_i^2/n_i$	$\hat{l}$	$d_S\hat{\sigma}\sqrt{\sum a_i^2/n_i}$	결론
l_1	4	−1	−1	−1	−1	20/6	−.836	0.750	S
l_2	0	1	1	−1	−1	4/6	−.294	0.336	NS
l_4	0	1	−1	0	0	2/6	−.035	0.237	NS
l_4	0	0	0	1	−1	2/6	−.085	0.237	NS
$\bar{y}_i.$	1.175	1.293	1.328	1.415	1.500				

[표 2.3]에서 사용된 계산은 다음과 같다.

- $\hat{\sigma} = \sqrt{MSE} = \sqrt{0.0153} = 0.124.$
- $d_S = \sqrt{(r-1)F^{\alpha}_{r-1,N-r}} = \sqrt{4 \cdot F^{0.05}_{4,25}} = \sqrt{4 \cdot 2.76} = 3.323.$
- $d_S\hat{\sigma} = (3.3227)(0.1237) = 0.411.$

Sheffe 검정의 결과 4개의 대비 중 $\hat{l}_3$만 유의하게 나타났다. 이 결과는 [예제 1.1]의 결과와 다르다. 그 이유는 Scheffe 절차가 실험별 제1종 오류율을 수준 0.05에서 제어하는 반면, [예제 1.1]에서는 수준 0.05에서 개별 비교에서의 오류율(즉, 비교별 오류율)만 제어하기 때문이다.

Scheffe의 방법은 r개의 처리평균을 사용하여 가능한 모든(반드시 쌍을 이루는 것은 아님) 대비에 대한 동시신뢰구간을 구성하는데 사용할 수도 있다. 특히, $\sum a_i = 0$인 경우 $l = \sum a_i \mu_i$ 형태의 모든 가능한 비교가 아래 형태의 구간에 포함될 확률이 $(1-\alpha)$이다.

$$\hat{l} - d_S \hat{\sigma} \sqrt{\sum a_i^2 / n_i} < l < \hat{l} + d_S \hat{\sigma} \sqrt{\sum a_i^2 / n_i}.$$

2.3.2* Sheffe 방법의 이론

일반선형모형($Y = X\beta + \epsilon$)에서 다음 가설

$$H_0 : L\beta = 0$$
$$(L : d \times p,\ rank(L) = d)$$

에 대한 유의수준 α인 F−검정의 기각역은 다음과 같다.

$$(L\hat{\beta})'[L(X'X)^{-1}L']^{-1}(L\hat{\beta})/(d\widehat{\sigma^2}) \geq F^{\alpha}_{d,n-p}.$$

F−검정에 대응하는 신뢰 타원체(confidence ellipsoid)는 다음과 같다.

$$C(\underline{Y}) = \left\{\beta : (L\beta - L\hat{\beta})'[L(X'X)L']^{-1}(L\beta - L\hat{\beta}) \leq dF^{\alpha}_{d,n-p}\widehat{\sigma^2}\right\}$$
$$\& \ P_{\mu,\sigma^2}\{\beta \in C(\underline{Y})\} = 1 - \alpha.$$

여기서

$$(L\beta - L\hat{\beta})'[L(X'X)L']^{-1}(L\beta - L\hat{\beta}) \leq dF\widehat{\sigma^2}, \quad F = F^{\alpha}_{d,n-p}$$
$$\Leftrightarrow |\lambda'(L\beta - L\hat{\beta})| \leq [\lambda' L(X'X)^{-1}L'\lambda]^{1/2}\sqrt{dF}\hat{\sigma} \quad \text{for all } \lambda \neq 0$$
$$\Leftrightarrow |l'(\beta - \hat{\beta})| \leq [l'(X'X)^{-1}l]^{1/2}\sqrt{dF}\hat{\sigma}$$
$$\text{for all } l \in \{L'\lambda : \lambda \neq 0\} = \left\{\lambda_1 L_1' + \lambda_2 L_2' + \cdots + \lambda_d L_d' : \lambda \neq 0\right\}$$

이므로, $l'\beta$에 대한 신뢰수준 $(1-\alpha)$인 동시신뢰구간은 다음과 같이 주어진다.

$$
\begin{aligned}
&P_{\beta,\sigma^2}\left\{(L\beta-L\hat{\beta})'[L(X'X)L']^{-1}(L\beta-L\hat{\beta}) \le dF^{\alpha}_{d,n-p}\widehat{\sigma^2}\right\} \\
&= P_{\beta,\sigma^2}\left\{ l'\beta \in l'\hat{\beta} \pm [l'(X'X)^{-1}l]^{1/2} d_S \hat{\sigma} \quad \text{for all } l \in L_d \right\},\ L_d : d\text{-차원의 부공간} \\
&= 1-\alpha
\end{aligned}
$$

이다(참고로, 위 식은 $l'\beta \in l'\beta \pm \sqrt{\widehat{Var}(l'\hat{\beta})}\, d_S$에 해당한다). 여기서 $d_S = \sqrt{dF^{\alpha}_{d,n-p}}$ 이다.

2.3.3* 기타 모형

Scheffe의 방법을 일원배치 이외의 기타 모형에 적용한 결과를 소개하면 다음과 같다.

(a) 이원배치모형

반복수가 동일한 아래의 이원배치모형은 다음과 같다.

$$
\begin{gathered}
Y_{ijk} = \mu + \alpha_i + \beta_j + (\alpha\beta)_{ij} + \epsilon_{ijk},\ \ \epsilon_{ijk} \sim i.i.d.\ N(0, \sigma^2), \\
i = 1, \cdots, r;\ j = 1, \cdots, c;\ \ k = 1, \cdots, m, \\
0 = \sum_i \alpha_i = \sum_j \beta_j = \sum_i (\alpha\beta)_{ij} = \sum_j (\alpha\beta)_{ij}.
\end{gathered}
$$

이때 $\sum_{i=1}^{r} c_i \alpha_i (\sum_{i=1}^{r} c_i = 0)$에 대한 $100(1-\alpha)\%$ 동시신뢰구간은 다음과 같이 주어진다.

$$
\sum_{i=1}^{r} c_i \alpha_i \in \sum_{i=1}^{r} c_i \hat{\alpha}_i \pm d_S \hat{\sigma} \sqrt{\frac{1}{cm} \sum_{i=1}^{r} c_i^2} \quad \text{for all } \underset{\sim}{c}:\ \sum_{i=1}^{r} c_i = 0.
$$

특히, $(\alpha_i - \alpha_j)$에 대한 $100(1-\alpha)\%$ 동시신뢰구간은

$$
\alpha_i - \alpha_j \in \hat{\alpha}_i - \hat{\alpha}_j \pm d_S \hat{\sigma} \sqrt{\frac{2}{cm}} \quad \text{for all } i < j.
$$

이다. 여기서 $\hat{\alpha}_i = \overline{Y}_{i..} - \overline{Y}_{...}(i=1,\cdots,r)$이고, $d_S = \sqrt{(r-1)F^{\alpha}_{r-1,\nu}}$, $\nu = rc(m-1)$이다.

유사한 방법으로, $\sum_{i=1}^{c} c_i\beta_i(\sum_{i=1}^{c} c_i = 0)$와 $(\beta_i - \beta_j)$에 대한 동시신뢰구간을 구할 수 있다.

(b) 단순선형회귀모형

단순선형회귀모형은 다음과 같다.

$$Y_i = \alpha + \beta x_i + \epsilon_i,\ \ \epsilon_i \sim i.i.d.\ N(0,\sigma^2),$$
$$i = 1,\cdots,n.$$

이때 $(l_1\alpha + l_2\beta)$에 대한 $100(1-\alpha)\%$ 동시신뢰구간은 다음과 같이 주어진다.

$$l_1\alpha + l_2\beta \in l_1\hat{\alpha} + l_2\hat{\beta} \pm d_S\hat{\sigma}\left(\frac{l_1^2}{n} + \frac{(l_2 - l_1\overline{x})^2}{S_{xx}}\right) \quad \text{for all} \quad l_1 \ \& \ l_2.$$

여기서 $\hat{\alpha}$와 $\hat{\beta}$는 α와 β에 대한 최소제곱추정량이며, $\widehat{\sigma^2}$은 $MSE = SSE/(n-2)$이고(위 식에서 $l_1\hat{\alpha} + l_2\hat{\beta} = l_1\overline{Y} + (l_2 - l_1\overline{x})\hat{\beta}$ 이고, $Cov(\overline{Y}, \hat{\beta}) = 0$ 임에 유의하기 바란다), $d_S = (dF^{\alpha}_{d,\nu})^{1/2}$, $d = 2$, $\nu = n-2$ 이다.

특히, $(\alpha + \beta x)$에 대한 $100(1-\alpha)\%$ 동시신뢰구간은

$$\alpha + \beta x \in \hat{\alpha} + \hat{\beta}x \pm d_S\hat{\sigma}\left(\frac{1}{n} + \frac{(x - \overline{x})^2}{S_{xx}}\right) \quad \text{for all } x(-\infty < x < \infty)$$

이다.

비교 고정된 x에서, $\alpha+\beta x$에 대한 $100(1-\alpha)\%$ 신뢰구간은

$$\alpha+\beta x \in \hat{\alpha}+\hat{\beta}x \pm d\hat{\sigma}\left(\frac{1}{n}+\frac{(x-\bar{x})^2}{S_{xx}}\right) \quad \text{for fixed } x$$

으로 주어진다. 여기서 $d=t_{n-2}^{\alpha/2}=\sqrt{F_{1,n-2}^{\alpha}}$ 이며, 이 값은 동시신뢰구간에서의 $d_S=\sqrt{2F_{2,n-2}^{\alpha}}$ 보다 작은 값이다.

(c) 공분산분석모형

공분산분석모형은 다음과 같다.

$$Y_{ij}=\mu_i+\beta x_{ij}+\epsilon_{ij},\ \ x_{ij}:\text{fixed} \ \&\ \epsilon_{ij} \sim i.i.d.\ N(0,\sigma^2),$$
$$i=1,\cdots,r;\ \ j=1,\cdots,n_i.$$

이때 $\sum_{i=1}^{r}c_i\mu_i(\sum_{i=1}^{r}c_i=0)$에 대한 $100(1-\alpha)\%$ 동시신뢰구간은 다음과 같이 주어진다.

$$\sum_{i=1}^{r}c_i\mu_i \in \sum_{i=1}^{r}c_i\hat{\mu}_i \pm d_S\hat{\sigma}\sqrt{\sum_{i=1}^{r}\frac{c_i^2}{n_i}+\frac{(\sum_{i=1}^{r}c_i\bar{x}_{i.})^2}{S_{xx}}} \quad \text{for all } \underline{c}:\ \sum_{i=1}^{r}c_i=0.$$

여기서 $d_S=\sqrt{(r-1)F_{r-1,\nu}^{\alpha}}$ 이고 $S_{xx}=\sum_{i=1}^{r}\sum_{j=1}^{n_i}(x_{ij}-\bar{x}_{i.})^2$이다. 여기서 $\hat{\mu}_i(i=1,\cdots,r)$은 μ_i에 대한 최소제곱추정량이고 $\widehat{\sigma^2}$은 오차분산에 대한 추정량이다(자세한 정의는 생략함).

특히, $(\mu_i-\mu_j)$에 대한 $100(1-\alpha)\%$ 동시신뢰구간은

$$\mu_i-\mu_j \in \hat{\mu}_i-\hat{\mu}_j \pm d_S\hat{\sigma}\sqrt{\frac{1}{n_i}+\frac{1}{n_j}+\frac{(\bar{x}_{i.}-\bar{x}_{j.})^2}{S_{xx}}} \quad \text{for all } i<j$$

이다.

2.4 Bonferroni t-통계량

이 방법은 Bonferroni 부등식에 기초한 고전적인 방법이다.

Bonferroni 부등식

- Boole의 부등식

$$P(\bigcup_{i=1}^{k} A_i) \le \sum_{i=1}^{k} P(A_i).$$

- Bonferroni 부등식

$$P(\bigcap_{i=1}^{k} A_i) = 1 - P(\bigcup_{i=1}^{k} A_i^c) \quad (\text{드모르간 법칙: } \bigcap_{i=1}^{k} A_i = (\bigcup_{i=1}^{k} A_i^c)^c\ )$$

$$\ge 1 - \sum_{i=1}^{k} P(A_i^c).$$

먼저, $Y_i\,(i=1,\cdots,k)$가 서로 독립이며 각각 $N(\mu_i,\ \sigma_i^2)$을 따른다고 하자(실제 독립이 아니어도 무방). 이때

$$P\left\{\left|\frac{Y_i-\mu_i}{\hat{\sigma}_i}\right| \le t_{\nu_i}^{\alpha/2k}\right\} = 1-\frac{\alpha}{k},\quad i=1,\cdots,k$$

이므로, Bonferroni 부등식을 적용하면

$$P\left\{\bigcap_{i=1}^{k}\left|\frac{Y_i-\mu_i}{\hat{\sigma}_i}\right| \le t_{\nu_i}^{\alpha/2k}\right\} \ge 1-k\cdot\frac{\alpha}{k} = 1-\alpha$$

가 성립한다. 따라서 $\mu_i\,(i=1,\cdots,k)$에 대한 동시신뢰구간은 $(1-\alpha)$ 이상의 확률로 다음과 같이 주어진다.

$$\mu_i \in Y_i \pm t_{\nu_i}^{\alpha/2k}\hat{\sigma}_i,\quad i=1,\cdots,k.$$

여기서 $t_{\nu}^{\alpha/2k}$는 Bonferroni t-통계량 분포의 상위 $\alpha/2k$ 분위수이다(부록의 [표 4] 참고).

■ Bonferroni 방법은 분산이 다른(heterogeneous) 경우를 비롯하여 일반화가 매우 쉬워 모든 문제에 적용할 수 있다. 예를 들어, 이 방법의 확장으로 $\sum_{i=1}^{k} c_i \mu_i$ $(\sum_{i=1}^{k} c_i = 0)$에 대한 동시 신뢰구간은 $(1-\alpha)$ 이상의 확률로 다음과 같이 주어진다.

$$\sum_{i=1}^{k} c_{hi}\mu_i \in \sum_{i=1}^{k} c_{hi}\overline{Y}_i \pm t_{\nu_i}^{\alpha/2m} \sqrt{\sum_{i=1}^{k} c_{hi}^2 \cdot \widehat{\sigma_i^2}}, \quad h=1,\cdots,m \ \& \ \sum_{i=1}^{k} c_{hi} = 0 \text{ for all } h.$$

여기서 m은 비교(대비) 수이다.

■ Bonferroni t−통계량을 사용하는 모든 방법은 동시신뢰구간의 신뢰수준이 $(1-\alpha)$ 이상이므로 정확히 $(1-\alpha)$인 방법보다는 낭비적(wasteful)이다. 검정의 관점에서는 좀 더 엄격한 검정이 된다(실험별 오류율이 α 이하가 되므로).

■ (Tukey & Scheffe 방법과의 비교) r을 처리의 수라고 하자.

- Tukey: $d_T = d_T(r)$.
- Bonferroni: $t^{\alpha/2r}$ (r의 변화에 따라 값의 변화가 크지 않음).
- Scheffe: $d_S = \sqrt{(r-1)F_{r-1,\nu}^{\alpha}}$ ($(r-1)$은 r에 따라 변화가 큼).

Scheffe의 경우 특정 대비에 대해서는 매우 보수적임에 유의할 것.

2.5 스튜던트화 최대절댓값

이 방법은 Tukey(1952, 1953)와 Roy와 Bose(1953)에 의해 소개된 방법이다.

먼저, $Y_i\,(i=1, \cdots, k)$가 서로 독립이며 각각 $N(\mu_i, d_i\sigma^2)$을 따른다고 하자(반드시 독립이어야 함). 여기서 $d_1,\cdots,d_k$는 기지(known)이고, μ와 σ^2은 미지(unknown)이다. $\mu_i\,(i=1,\cdots,k)$에 대한 동시신뢰구간은 $(1-\alpha)$의 확률로 다음과 같이 주어진다.

$$\mu_i \in Y_i \pm |m|^{\alpha}_{k,\nu} \sqrt{d_i}\, S, \quad i = 1, \cdots, k.$$

여기서 $|m|^{\alpha}_{k,\nu}$는 다음과 같이 정의되는 스튜던트화 최대절댓값(studentized maximum modulus) 분포의 상위 α 분위수이다(부록의 [표 5] 참고).

$$\max_{1 \le i \le k} \left\{ \frac{|Y_i - \mu_i| / \sqrt{d_i}}{S} \right\}.$$

위의 통계량에서 (분자/σ)는 최대절댓값(maximum modulus) $|M_k|$로 서로 독립인 k개의 표준정규변량의 최대절댓값이고, (분모/σ)=(S/σ)는 $\sqrt{\chi^2_\nu/\nu}$ 이다.

- 이 방법은 위의 통계량에서 분자들 간에 독립성이 만족되는 경우에만 적용할 수 있다.
- 다음과 같이 평균에 대한 임의의 선형결합에 대한 동시신뢰구간으로 쉽게 확장된다.

$$\sum_1^k l_i \mu_i \in \sum_1^k l_i Y_i \pm |m|^{\alpha}_{k,\nu} \left(\sum_1^k l_i \sqrt{d_i}\right) S \quad \text{for all } l = (l_1, \cdots, l_k).$$

특별히 $(\mu_i - \mu_j)$에 대한 $100(1-\alpha)\%$ 동시신뢰구간은 다음과 같다.

$$\mu_i - \mu_j \in Y_i - Y_j \pm |m|^{\alpha}_{k,\nu} \left(\sqrt{d_i} + \sqrt{d_j}\right) S \quad \text{for all } i, j (i < j).$$

2.6 Dunnett의 다대일 t-통계량

이 방법은 모든 쌍별 비교를 수행하는 다른 방법(MCA)과는 달리 대조(control) 그룹과의 비교를 수행한다(MCC). 대조 그룹의 모평균을 μ_0라 할 때, $\mu_i - \mu_0 \ (i = 1, \cdots, k)$에 대한 동시신뢰구간은 $(1-\alpha)$의 확률로 다음과 같이 주어진다(대조 그룹을 포함한 모든 처리들 간에 서로 독립을 가정함).

$$\mu_i - \mu_0 \in \overline{Y}_i. - \overline{Y}_0. \pm |d|^{\alpha}_{k,(k+1)(n-1)} S\sqrt{\frac{2}{n}}, \quad i = 1, \cdots, k.$$

여기서 $|d|^{\alpha}_{k,(k+1)(n-1)}$은 아래 통계량 분포의 상위 α 분위수이며(부록의 [표 6] 참고), n은 각 처리(k개) 내에서의 표본 수이다(편의상, 대조 그룹의 표본 수도 동일한 것으로 가정한다).

$$\frac{\max\limits_{1 \le i \le k}\{|Y_i - Y_0|/\sqrt{2}\}}{\sqrt{V/\nu}}, \quad \nu = (k+1)(n-1).$$

$(Y_0, Y_1, \cdots, Y_k \sim i.i.d.\ N(0,1),\ V \sim \chi^2_\nu$ 이고 Y들과는 서로 독립임.)

- Dunnett은 (명칭 부여가 적절하지 않은) 위 통계량에 기반하며, 통계량의 분포는 다변량 t-분포로부터 구해진다. 위의 통계량을 편의상 '다대일(many-to-one) t-통계량'으로 부르기로 한다.

- Dunnett 방법은 다른 다중비교법과는 달리 양측 뿐 아니라 단측검정에 대해서도 적용이 가능하다. 예를 들어, 신약의 효과가 기존의 약보다 효과가 좋은지를 확인하고자 할 때는 단측검정이 필요하다. 이 경우 Dunnett의 단측 동시신뢰구간은 $(1-\alpha)$의 확률로 다음과 같이 주어진다.

$$\mu_i - \mu_0 \in \overline{Y}_i. - \overline{Y}_0. - d^{\alpha}_{k,(k+1)(n-1)} S\sqrt{\frac{2}{n}}, \quad i = 1, \cdots, k.$$

여기서 $d^{\alpha}_{k,(k+1)(n-1)}$는 Dunnett의 다대일 t-통계량의 상위 α 단측 분위수로 부록의 [표 6]을 참고하기 바란다.

- Dunnett의 방법은 다음과 같이 $\mu_i(i = 1, \cdots, k)$의 가중 평균과 μ_0와의 비교로도 쉽게 확장된다. 즉, 임의의 $w = (w_1, \cdots, w_k)$에 대해($w_i \ge 0, \sum_1^k w_i = 1$), 동시신뢰구간은 $(1-\alpha)$의 확률로 다음과 같이 주어진다.

$$(\sum_1^k w_i\mu_i) - \mu_0 \in (\sum_1^k w_i\overline{Y}_i.) - \overline{Y}_0. \pm |d|^{\alpha}_{k,(k+1)(n-1)} S\sqrt{\frac{2}{n}}.$$

표기법 다대일 검정

Dunnett의 다대일 검정에서 그룹의 표기로 0(대조 또는 통제), $1 \sim k$(사례 또는 실험)를 사용하였으나, 책에 따라 1(대조), $2 \sim k$(사례) 또는 $1 \sim k-1$(사례), k(대조)를 사용하기도 한다.

2.7* Hsu의 MCB

2.7.1 MCB의 개념

Hsu(1996)의 MCB(Multiple Comparisons with the Best)는 각 표본평균을 다른 모든 평균들의 '최상(best)'과 비교한다. 여기서 최상은 가장 크거나 작은 것을 의미한다. 본질적으로 이 방법은 Dunnett의 방법의 수정으로, 어떤 그룹을 다른 모든 그룹과 비교해야 하는지를 미리 알지 못할 때 적용할 수 있다. MCB의 목적은 그 이름에서 알 수 있듯이 어떤 그룹(들)이 최상(best)인지를 선택하는 것이다: 서로 간에 유의하게 다른지가 아니라, 다른 것보다 유의하게 나은 것을 찾는 것이다.

Hsu의 MCB 방법은 각 그룹 평균과 나머지 그룹 평균 중 최상 간의 차이에 대한 신뢰구간을 제공한다. 구간의 끝점이 0이면 해당 평균 간에 통계적으로 유의한 차이가 있다. 구체적인 해석은 [표 2.4]와 같다.

[표 2.4] MCB 신뢰구간의 해석

	가장 큰 값이 최상인 경우	가장 작은 값이 최상인 경우
신뢰구간이 0을 포함	차이가 없음	차이가 없음
신뢰구간이 완전히 0보다 큼	유의하게 좋음	유의하게 나쁨
신뢰구간이 완전히 0보다 작음	유의하게 나쁨	유의하게 좋음

- **(장단점)** Hsu의 방법은 모든 쌍별 비교를 수행하도록 설계된 방법(Tukey 등)보다 비교 횟수가 적기 때문에 개별 유의수준을 크게 줄일 필요가 없으므로 더 강력하다. 반대로 Dunnett보다 더 많이 비교하므로 덜 강력하다. 따라서 목적이 진정으로 부합할 때 사용될 수 있는 최상의 방법이다.

예제 2.6

메모리칩 제조업체는 4개의 생산 라인에서 무작위로 표본을 추출하여 응답 시간이 가장 빠른 칩을 생산하는 라인을 결정하고자 한다. 각 생산 라인의 평균 응답 시간은 다음 표와 같다.

생산 라인	평균 응답 시간	표본 수
1	4.85	20
2	10.05	20
3	7.45	20
4	1.20	20

분석가는 '최상'을 가장 낮은(가장 빠른) 평균 응답 시간인 라인 4로 정의하고, Hsu의 MCB 방법을 사용하여 최상과 유의하게 다른 생산 라인을 식별하고자 한다. 각 라인별로 [해당 라인 - 남은 라인 중 최상]에 대한 신뢰구간을 구한 결과가 다음과 같이 주어졌다고 하자.

생산 라인(최상과 비교될)	신뢰하한	중심	신뢰상한
1	−1.2	3.65	8.5
2	0	8.85	13.3
3	0	6.25	10.2
4	−8.5	−3.65	1.2

신뢰구간을 기반으로 분석가는 라인 2와 3의 신뢰구간이 완전히 0보다 높기 때문에 라인 4보다 훨씬 느리게(평균이 더 높은) 칩을 생산하고 있다고 결론지었다. 그러나 신뢰구간이 0(차이 없음)을 포함하기 때문에 라인 1과 4 사이에 유의미한 차이가 있음을 나타내는 증거는 없다. 라인 2와 라인 3의 공정을 더 주의 깊게 조사할 수 있다.

검정 라인이 비교 라인보다 유의하게 더 좋거나 나쁠 때 Hsu의 MCB 방법은 얼마나 더 좋고/나쁜지에 대한 신뢰하한을 제공하지 않는다.

2.7.2 MCB 이론

최고 평균을 사용할지 최저 평균을 사용할지 여부는 분석을 시작하기 전, 즉 이상적으로는 데이터를 수집하기 전에 미리 결정해야 한다.

먼저, D를 다음과 같이 정의하자.

$$D = d_{crit}\sqrt{\frac{2 \cdot MSE}{n}}.$$

여기서 d_{crit}는 한쪽-꼬리 Dunnett의 임곗값으로, α, k(그룹의 수)와 df(SSE의 자유도)에 의해 결정된다.

각 그룹 i에 대해, 최상을 가장 큰 평균으로 할 때, 구간 $[L_i, U_i]$를 다음과 같이 정의하자.

$$L_i = \min\left\{0, \bar{y}_i - \max_{j \neq i} \bar{y}_j - D\right\},$$
$$U_i = \max\left\{0, \bar{y}_i - \max_{j \neq i} \bar{y}_j + D\right\}.$$

만약, 최상이 가장 작은 평균이라면 다음과 같이 정의한다.

$$L_i = \min\left\{0, \bar{y}_i - \min_{j \neq i} \bar{y}_j - D\right\},$$
$$U_i = \max\left\{0, \bar{y}_i - \min_{j \neq i} \bar{y}_j + D\right\}.$$

또한 중심값(center value) C_i를 다음과 같이 정의할 수 있다.

$$C_i = \begin{cases} L_i + D, & L_i < 0 \\ U_i - D, & L_i = 0. \end{cases}$$

대안적으로, C_i를 다음과 같이 정의할 수 있다.

$$C_i = \begin{cases} \bar{y}_i - \max_{j \neq i} \bar{y}_j, & \text{if } best = highest\ mean \\ \\ \bar{y}_i - \min_{j \neq i} \bar{y}_j, & \text{if } best = lowest\ mean. \end{cases}$$

- Hsu의 방법은 제1종 오류의 최댓값을 α로 통제한다.

■ 그룹의 크기가 다를 때, 통계량 D는 다음과 같이 정의될 수 있다.

$$D = d_{crit}\sqrt{MS_W\left(\frac{1}{n_j}+\frac{1}{n_0}\right)}.$$

위 식에서 d_{crit}의 값은 동일한 그룹 크기에 기초하기 때문에 위의 공식은 그룹 크기가 너무 다르지 않은 경우에만 정확하다.

2.8* 다중비교에서 표본크기 결정

다중비교에서 표본의 크기를 결정하는 방법을 소개한다. 여기서는 MCA와 MCC의 대표적인 경우로 Tukey와 Dunnett 방법을 중심으로 소개한다. 일원배치에서 균형 자료인 경우를 가정한다. 불균형 자료의 경우 및 기타 표본크기 결정에 대한 자세한 내용은 Hsu(1996)를 참고하기 바란다.

2.8.1 다중비교에서의 검정력

기술적인 이유로 다중비교의 경우 검정력의 정의는 일반적인 정의와 다르다. Hsu(1996)는 검정력을 다음과 같이 정의하였다. 즉, 신뢰수준 $(1-\alpha)$인 동시신뢰구간 다중비교 방법을 사용할 때 검정력을 "신뢰구간이 실제 모수 값을 포함하면서 충분히 좁을 확률"로 정의하였다. 검정력은 여전히 $(1-\beta)$로 정의된다($1-\beta < 1-\alpha$ 임에 유의). 여기서 좁다는 것은 신뢰구간의 폭을 의미한다. 정의에 따르면 신뢰구간은 여전히 실제 모수 값을 포함하면서 가능한 한 좁아야 한다. 이 정의는 동시신구간이 정확하고 유용할 확률로 다시 말할 수 있다. 모수 w는 동시신뢰구간 집합에서 개별 신뢰구간의 최대 너비를 나타낸다. 따라서 w는 신뢰구간의 좁음을 지정하는 데 사용된다.

2.8.2 MCA의 경우

Tukey의 신뢰수준 $(1-\alpha)$인 양측 동시신뢰구간은 다음 식을 만족한다(표본의 크기가 같은 경우).

$$P\left\{\mu_i-\mu_j \in \hat{\mu}_i-\hat{\mu}_j \pm d_T\hat{\sigma}\sqrt{2/n}\ \text{ for } all\ i\neq j\right\}=1-\alpha.$$

위 식에서 $d_T = q^{\alpha}_{r,\nu} / \sqrt{2}$ 이고, $q^{\alpha}_{r,\nu}$는 스튜던트화 범위 통계량 분포의 상위 α 분위수이다.

다중비교에서의 검정력 정의를 이용하여, 표본의 크기는 다음 식을 만족하는 n으로 결정한다.

$$
\begin{aligned}
&P\{(simultaneous\ \ coverage)\ \text{and}\ (narrow)\} \\
&= P\left\{\mu_i - \mu_j \in \hat{\mu}_i - \hat{\mu}_j \pm d_T \hat{\sigma}\sqrt{2/n}\ \text{ for all } i \neq j \text{ and } d_T \hat{\sigma}\sqrt{2/n} < w/2\right\} \quad (A) \\
&= r\int_0^u \int_{-\infty}^{\infty} \left[\Phi(z) - \Phi(z - \sqrt{2}\, d_T s)\right]^{r-1} d\Phi(z)\gamma(s)ds \quad (B) \\
&\geq 1 - \beta .
\end{aligned}
$$

여기서 $u = \dfrac{w/2}{\sigma d_T \sqrt{2/n}}$ 이고, γ는 $\hat{\sigma}/\sigma$의 밀도함수이며, k는 그룹 수이다.

위 식의 해(n)는 반복 계산을 통해 구해지며, 이 계산 과정에서 유의수준 α와 함께 탐지하려는 $(\mu_i - \mu_j)$의 최솟값 w와 검정력 $(1-\beta)$ 및 그룹-내 표준편차 σ를 지정해야 한다.

식 (A)에서 식 (B)의 과정은 다음과 같다.

$$
\begin{aligned}
(A) &= \sum_{i=1}^{r} P\Big\{-d_T\hat{\sigma}\sqrt{2/n} < \hat{\mu}_i - \hat{\mu}_j - (\mu_i - \mu_j) < d_T\hat{\sigma}\sqrt{2/n} \ \text{ for all } j, j \neq i \\
&\qquad \text{and } \hat{\mu}_i - \mu_i = \max_{j=1,\cdots,k}(\hat{\mu}_j - \mu_j) \text{ and } d_T\hat{\sigma}\sqrt{2/n} < w/2\Big\} \\
&= \sum_{i=1}^{r} P\Big\{0 < \hat{\mu}_i - \hat{\mu}_j - (\mu_i - \mu_j) < d_T\hat{\sigma}\sqrt{2/n} \ \text{ for all } j, j \neq i \\
&\qquad \text{and } d_T\hat{\sigma}\sqrt{2/n} < w/2\Big\} \\
&= \sum_{i-1}^{r} P\Big\{0 < \sqrt{n}(\hat{\mu}_i - \mu_i)/\sigma - \sqrt{n}(\hat{\mu}_j - \mu_j)/\sigma < \sqrt{2}\, d_T\hat{\sigma}/\sigma \ \text{ for all } j, j \neq i \\
&\qquad \text{and } d_T(\hat{\sigma}/\sigma)\sqrt{2/n} < (w/2)/\sigma\Big\} \\
&= r \cdot P\Big\{0 < \sqrt{n}(\hat{\mu}_1 - \mu_1)/\sigma - \sqrt{n}(\hat{\mu}_j - \mu_j)/\sigma < \sqrt{2}\, d_T\hat{\sigma}/\sigma \ \text{ for } j = 2,\cdots,k \\
&\qquad \text{and } d_T(\hat{\sigma}/\sigma)\sqrt{2/n} < (w/2)/\sigma\Big\} = (B)
\end{aligned}
$$

참고

위 식의 유도 과정을 통해 Tukey 방법의 임곗값 d_T는 다음 식의 해로 구해질 수 있음을 알 수 있다.

$$\begin{aligned} 1-\alpha &= P(simultaneous\ \ coverage) \\ &= k\int_0^{\infty}\int_{-\infty}^{\infty}\left[\Phi(z)-\Phi(z-\sqrt{2}\,d_T\,s)\right]^{r-1}d\Phi(z)\gamma(s)ds). \end{aligned}$$

2.8.3 MCC의 경우

Dunnett의 신뢰수준 $(1-\alpha)$인 양측 동시신뢰구간은 다음 식을 만족한다(표본의 크기가 같은 경우).

$$P\left\{\mu_i-\mu_0\in\hat{\mu}_i-\hat{\mu}_0\pm|d|\hat{\sigma}\sqrt{2/n}\ \text{ for }\ i=1,\cdots,k\right\}\geq 1-\alpha.$$

위 식에서 $|d|$는 Dunnett의 $t-$통계량 분포의 상위 α 분위수이다.

참고

양측 Dunnett 방법에서의 임곗값 $|d|$는 다음 식을 만족하는 해와 동일하다.

$$\begin{aligned} 1-\alpha &= P(si\mu ltaneous\ \ coverage) \\ &= P\{\sqrt{n}(\hat{\mu}_i-\mu_i)/\sigma-|d|(\hat{\sigma}/\sigma)\sqrt{2}<\sqrt{n}(\hat{\mu}_0-\mu_0)/\sigma \\ &\qquad <\sqrt{n}(\hat{\mu}_i-\mu_i)/\sigma+|d|(\hat{\sigma}/\sigma)\sqrt{2}\ \text{ for }\ i=1,\cdots,k\} \\ &= \int_0^{\infty}\int_{-\infty}^{\infty}\left[\Phi(z+\sqrt{2}|d|s)-\Phi(z-\sqrt{2}|d|s)\right]^k d\Phi(z)\gamma(s)ds. \end{aligned}$$

여기서 $\Phi(z)$는 표준 정규분포함수이고, γ는 $\hat{\sigma}/\sigma$의 밀도함수이다. 또한, 위의 마지막 식은 $(Z_1/S,\cdots,Z_k/S)$가 다변량 $t-$분포를 따르를 때

$$P(|Z_1/S|\leq|d|,\ \cdots,|Z_k/S|\leq|d|)$$

와 동등함이 밝혀져 있다(증명 생략). 이때 $Z_1,\cdots,Z_k$는 동일한 상관을 가지는$(\rho=1/2)$ 표준정규 확률변수이며 νS^2은 $\chi^2(\nu)$를 따른다.

다중비교에서의 검정력 정의를 이용하여, 다음 식을 만족하는 n으로 표본의 크기를 결정한다.

$$
\begin{aligned}
&P\{(simultaneous\ \ coverage)\ \text{and}\ (narrow)\} \\
&= P\left\{\mu_i - \mu_0 \in \hat{\mu}_i - \hat{\mu}_0 \pm |d|\hat{\sigma}\sqrt{2/n}\ \ \text{for}\ \ i = 1, \cdots, k\ \ \text{and}\ \ |d|\hat{\sigma}\sqrt{2/n} < w/2\right\} \\
&= P\left\{\sqrt{n}(\hat{\mu}_i - \mu_i)/\sigma - |d|(\hat{\sigma}/\sigma)\sqrt{2} < \sqrt{n}(\hat{\mu}_0 - \mu_0)/\sigma < \sqrt{n}(\hat{\mu}_i - \mu_i)/\sigma + |d|(\hat{\sigma}/\sigma)\sqrt{2}\right. \\
&\qquad \left.\text{for}\ \ i = 1, \cdots, k\ \ \text{and}\ \ |d|(\hat{\sigma}/\sigma)\sqrt{2/n} < (w/2)/\sigma\right\} \\
&= \int_0^u \int_{-\infty}^{\infty} [\Phi(z + \sqrt{2}|d|s) - \Phi(z - \sqrt{2}|d|s)]^k d\Phi(z)\gamma(s)ds \\
&\geq 1 - \beta\,.
\end{aligned}
$$

여기서 $u = \dfrac{w/2}{\sigma|d|\sqrt{2/n}}$이고, γ는 $\hat{\sigma}/\sigma$의 밀도함수이며, k는 그룹 수(대조 그룹은 제외)이다.

위 식의 해(n)는 반복 계산을 통해 구해지며, 이 계산 과정에서 유의수준 α와 함께 탐지하려는 $(\mu_i - \mu_0)$의 최솟값 w와 검정력 $(1-\beta)$ 및 그룹-내 표준편차 σ를 지정해야 한다.

2.8.4 MCB의 경우

Hsu의 MCB는 $\theta_i = \mu_i - \max_{j \neq i} \mu_j (i = 1, \cdots, k)$에 대한 신뢰수준 $(1-\alpha)$인 동시신뢰구간을 제공한다(2.7절 참고).

다중비교에서의 검정력 정의를 이용하여, 다음 식을 만족하는 n으로 표본의 크기를 결정한다.

$$
\begin{aligned}
&P\{(simultaneous\ \ coverage)\ \text{and}\ (narrow)\} \\
&= P\left\{-\min(0, \hat{\mu}_i - \max_{j \neq i}\hat{\mu}_j - d\hat{\sigma}\sqrt{2/n}) \leq \mu_i - \max_{j \neq i}\mu_j\right. \\
&\qquad \leq \max(0, \hat{\mu}_i - \max_{j \neq i}\hat{\mu}_j + d\hat{\sigma}\sqrt{2/n})\ \ \text{for}\ \ i = 1, \cdots, k \\
&\qquad \left.\text{and}\ \ (d\hat{\sigma}\sqrt{2/n} < w/2)\right\} \\
&\geq P\left\{\hat{\mu}_{(k)} - \mu_{(k)} > \hat{\mu}_i - \mu_i - d\hat{\sigma}\sqrt{2/n}\ \ \text{for all}\ \ i, i \neq (k)\right. \\
&\qquad \left.\text{and}\ \ d\hat{\sigma}\sqrt{2/n} < w/2\right\},\ \ \mu_{(k)} = \max_{i = 1, \cdots, k}\mu_i
\end{aligned}
$$

$$= P\{\sqrt{n}(\hat{\mu}_{(k)} - \mu_{(k)})/\sigma > \sqrt{n}(\hat{\mu}_i - \mu_i)/\sigma - d(\hat{\sigma}/\sigma)\sqrt{2}$$

$$\text{for all } i, i \neq (k) \text{ and } d(\hat{\sigma}/\sigma)\sqrt{2/n} < (w/2)/\sigma\}$$

$$= \int_0^u \int_{-\infty}^{\infty} [\Phi(z + \sqrt{2}ds)]^{k-1} d\Phi(z)\gamma(s)ds$$

$$\geq 1 - \beta .$$

여기서 $u = \dfrac{w/2}{\sigma d\sqrt{2/n}}$ 이고, γ는 $\hat{\sigma}/\sigma$의 밀도함수이며, k는 그룹 수이다.

위 식의 해(n)는 반복 계산을 통해 구해지며, 이 계산 과정에서 유의수준 α와 함께 탐지하려는 $(\mu_i - \max_{j \neq i} \mu_j)$의 최솟값 w와 검정력 $(1-\beta)$ 및 그룹-내 표준편차 σ를 지정해야 한다.

2.8.5 R을 이용한 표본크기 결정

다중비교에서의 표본의 크기 결정을 위한 유료 프로그램에는 PASS가 유용하다 (https://www.ncss.com/software/pass/). 관련된 R 패키지로는 {MKpower}, {rPowerSampleSize} 등이 있으며, 전자는 Hsu의 t-검정을, 후자는 gFWER(16장)의 개념을 이용한다.

3장

모수적 방법 II – 기타 오류 통제 방법

3.1 서론

앞 장(2장)에서는 공동신뢰구간의 제시를 통해 실험별 오류율을 통제하는 다중비교를 다루었다. 3장에서는 검정의 측면에서 개발된 다중비교 방법을 소개한다. 먼저 단계별 검정(또는 step-down 절차[3]))을 통한 방법으로 (1) Students–Newman–Keuls와 (2) Duncan의 방법을 소개하고(이 방법은 모두 다중범위검정(Multiple Range Tests, 이하 MRT)으로도 알려져 있음), t–검정에 기초한 (3) Fisher의 LSD 방법 등을 소개한다. 이 방법들은 실험별 오류율이나 비교별 오류율을 통제하지 못하거나, 어떤 형태의 오류도 통제하지 못할 수도 있음에 유의하기 바란다.

3) 하향식(step–down)은 단계별로 검정이 진행되는 과정에서 검정통계량의 값이 점점 작아지는 것을 의미한다.

3.2 Students-Newman-Keuls(SNK) 방법

아래의 일원배치모형을 가정하자.

$$Y_{ij} = \mu_i + \epsilon_{ij}, \quad \epsilon_{ij} \sim i.i.d. \ N(0, \sigma^2),$$
$$i = 1, \cdots, r; \ j = 1, \cdots, n.$$

이 방법의 목적은, 적절한 오류율의 통제하에, 아래의 가설($1+4+6=11$개)을 검정하는 것이다($r=4$의 가정하에서).

$$H_0 : \mu_1 = \mu_2 = \mu_3 = \mu_4$$

$$H_0 : \mu_1 = \mu_2 = \mu_3$$
$$H_0 : \mu_1 = \mu_2 = \mu_4$$
$$H_0 : \mu_1 = \mu_3 = \mu_4$$
$$H_0 : \mu_2 = \mu_3 = \mu_4$$

$$H_0 : \mu_1 = \mu_2$$
$$H_0 : \mu_1 = \mu_3$$
$$H_0 : \mu_1 = \mu_4$$
$$H_0 : \mu_2 = \mu_3$$
$$H_0 : \mu_2 = \mu_4$$
$$H_0 : \mu_3 = \mu_4$$

SNK 방법의 아이디어는 위의 각 개별 단일 가설(총 11개)에 대해 다음의 스튜던트화 범위 통계량

$$T_S = \frac{\max_{i \in S} \overline{Y}_i - \min_{i \in S} \overline{Y}_i}{\hat{\sigma} / \sqrt{n}}$$

을 사용하여 검정을 수행하고, 그 결과를 결합(combine)하여 종합적인 결론을 내리는 것이다. 여기서 집합 S는 {1,2,3,4}의 부분 집합으로 해당 검정에서 처리들의 집합이다.

- SNK 방법은 결과를 결합하는 과정에서 각 단계별로 내린 결론 간에 상호 모순되는 경우가 발생할 수 있다. 예를 들어, 위의 예에서 맨 아래의 가설($H_0 : \mu_3 = \mu_4$ → 편의상 {3,4}로 나타내기로 함)이 기각되는 경우, (합리적인 동시검정 방법이라면) 이를 포함하는 가설 {1,3,4}, {2,3,4} 및 {1,2,3,4} 역시 기각되는 것이 바람직하나 그렇지 않은 경우가 발생한다는 의미이다. 즉, 원시(original) SNK 방법은 결론을 결합하는 과정에 문제가 있으며, 통제 오류가 무엇인지가 고려되지 않은 방법이라고 할 수 있다.

이런 문제점을 보완한 방법으로 Gabriel–Miller 등은 단계별 절차를 제시하여 상호 모순되는 결론이 발생하지 않는 방법(이를 coherence(합리성 또는 결집성)라고 함)을 제시하였다.

예제 3.1

가상의 자료로 5개 처리($r = 5$)의 평균이

$$\overline{y}: 16.1,\ 17.0,\ 20.7,\ 21.1,\ 26.5$$

이고, $\hat{\sigma}/\sqrt{n} = 1.2$라고 하자.

SNK 방법의 유의차(significant differences, SD^{SNK})인 $q^{\alpha}_{p,\nu}\dfrac{\hat{\sigma}}{\sqrt{n}}$은 스튜던트화 범위 통계량의 상위 α 분위수로부터(부록의 [표 3] 참고) 다음과 같이 주어진다($\alpha = 0.05$ & $\nu = r(n-1) = 20$인 경우). 처리의 수(p)가 커질수록 임곗값도 커짐을 알 수 있다.

p	2	3	4	5
$q^{\alpha}_{p,\nu}$	3.0	3.6	4.0	4.2
SD^{SNK}	3.5	4.3	4.7	5.1

단계별 검정 절차는 다음과 같이 수행된다. 편의상, 평균의 크기를 오름차순으로 배열하였다.

①	②	③	④	⑤
16.1	17.0	20.7	21.1	26.5

[단계 1] ⑤−① > SD^{SNK} (26.5−16.1=10.4 > 5.1)

[단계 2] ④−① > SD^{SNK} (21.1−16.1=5.0 > 4.7)

⑤−② > SD^{SNK} (26.5−17.0=9.5 > 4.7)

여기서 ①②③⑤, ①②④⑤, ①③④⑤의 비교는 불필요하다. 즉, [단계 1]보다 더 작은 임곗값을 사용하므로 당연히 기각된다($c_r > c_{r-1} > c_{r-2} > \cdots > c_2$).

[단계 3] ③−① > SD^{SNK}

④−② < SD^{SNK} : ②③④는 차이가 없음

⑤−③ > SD^{SNK}

[단계 4] ②−① < SD^{SNK} : ①②는 차이가 없음

③−②, ④−③ : 불필요(②③④는 차이가 없으므로)

⑤−④ > SD^{SNK}

위의 결과를 결합하면 아래의 결과를 얻을 수 있다. 각 단계별 검정 결과로부터 '채택'의 경우에 대해서만 밑줄을 그어 차이가 없음을 나타낸다.

①	②	③	④	⑤
16.1	17.0	20.7	21.1	26.5

■ G-M 등이 제안한 것으로 검정 결과를 상호 모순되지 않게 결합하는 방법은 다음과 같다. 상위 단계(크기 r)에서 귀무가설을 기각하지 못하는(채택하는) 처리 세트의 합집합이 아래 단계(크기 $r-1$)의 모든 처리 세트를 포함하는 경우에는 아래 단계로의 이동을 중단하고, 그렇지 않은 경우에는 아래 단계로 이동하여 검정 절차를 계속 진행한다. 예를 들어, 위의 예제에서 [단계 3](크기 3인 검정)에서의 검정 결과가 ③−①과 ⑤−③은 채택, ④−②는 기각으로 나왔다면 채택하는 처리들의 합집합은 $\{1,2,3\} \cup \{3,4,5\} = \{1,2,3,4,5\}$이고, 이는 모든 [단계 2](크기 2인 검정)의 처리 세트를 포함하므로 더 이상 검정을 진행하지 않는 것이다.

■ 이 방법 역시 제1종 오류의 최댓값을 통제하지는 못하나, 'p-평균 유의수준'으로 불리는 오류를 통제한다. p-평균 유의수준(p-mean significance level)은 고정된 각 단계에서($p=2,3,4$) 제1종 오류 확률의 최댓값을 의미한다(예를 들어, $p=3(r=4)$인 경우 각 가설을

잘못 기각할 확률(총 4개)의 최댓값을 α로 통제한다). 다만, 이 오류는 동시검정의 관점에서는 어떤 의미도 가지지 못하는 오류이다.

참고 Tukey의 다중범위검정

Tukey의 HSD 방법은 $p=r$인 경우의 SNK 방법과 동일하다. 또한 Fisher의 LSD 방법(3.5절)은 $p=2$인 SNK 방법과 동일하다. 이로부터 Tukey 방법이 Fisher나 SNK 방법보다 더 엄격하다. Tukey는 HSD 방법의 신중성을 극복하기 위하여 다중범위검정을 제안하였다. 이것은 HSD와 SNK 통계량을 평균하여 검정의 판단 기준으로 사용한다. 이 방법은 p개의 크기순으로 재정리한 평균의 범위를 검정하기 위하여 다음을 사용한다.

$$\frac{1}{2}(q^{\alpha}_{p,\nu}+q^{\alpha}_{r,\nu})\times\frac{\hat{\sigma}}{\sqrt{n}}.$$

Tukey의 다중범위검정은 BTUKEY 방법으로도 알려져 있다.

3.3 Duncan 방법

SNK 방법과 마찬가지로 단계별 검정(stepwise tests)을 수행하며[4], 검정의 매 단계에서 스튜던트화 범위(studentized range) 통계량을 이용하는 것은 동일하다. 다만 검정의 매 단계에서 다른 임곗값을 사용하는데, 이는 p−평균 검정($p=2,3,\cdots,r$)에서 추구하는 유의수준이 아래와 같이 다르기 때문이다.

- Students–Newman–Keuls: $\alpha(\mu_1,\cdots,\mu_p)=\alpha$
- Duncan: $\alpha(\mu_1,\cdots,\mu_p)=1-(1-\alpha)^{p-1}$

- Duncan의 경우 위 식의 우변은 α에 대해 증가함수로, 예를 들어 $\alpha=0.05$일 때 $p=2,3,4,5,10$에 대응하는 값은 대략 0.05, 0.1, 0.14, 0.2, 0.4이다(p가 커짐에 따라 유의수준이 매우 커지게 됨). 즉, SNK 방법은 각 단계별로 'p−평균 유의수준'을 α 이하로 통제할 수 있지만, Duncan은 각 단계별로 통제되는 'p−평균 유의수준'이 달라진다.

4) 처리의 수가 r인 경우, r개 평균이 모두 같은지에 대한 검정 후, 차례대로 $(r-1),(r-2),\cdots,2$개의 평균이 같은지에 대한 검정을 수행해 나간다.

- 따라서 Duncan 방법은 (실험별 오류율을 비롯한) 어떤 종류의 오류를 통제하는지가 불분명한 방법이다. 이에 대한 개선으로 Einot–Gabriel과 Ryan의 수정된 방법이 있다. 두 방법은 p–평균 검정($p = 2,3,\cdots,r$)에서 각각 $1-(1-\alpha)^{(p-1)/(r-1)}$과 $1-(1-\alpha)^{p/r}$을 사용함으로써 실험별 오류율을 α로 또는 제1종 오류를 범할 확률의 최댓값을 α 이하로 각각 통제할 수 있게 된다. 여기서 실험별 오류율은 'r–평균 유의수준'과 동일한 의미를 갖는다. 즉, 전체 r개(p가 아님에 유의)의 모평균이 동일하다는 가설을 잘못 기각할 확률의 최댓값을 의미한다. 이때 결합성(coherence)을 만족하는 절차에서는 최댓값은 생략될 수 있다.

예제 3.2 [예제 3.1]의 계속

Duncan 방법의 유의차(significant differences, SD^D) $q_{p,\nu}^{\alpha_p}\frac{\hat{\sigma}}{\sqrt{n}}$(여기서 $\alpha_p = \alpha(\mu_1,\cdots,\mu_p) = 1-(1-\alpha)^{p-1}$임에 유의)은 스튜던트화 범위 통계량의 상위 α 분위수로부터(부록의 [표 7] 참고) 다음과 같이 주어진다($\alpha = 0.05$ & $\nu = r(n-1) = 20$). SNK 방법의 유의차보다 다소 작은 값으로 주어짐을 알 수 있다.

p	2	3	4	5
$q_{p,\nu}^{\alpha_p}$	3.0	3.1	3.2	3.3
SD^{SNK}	3.5	3.7	3.8	3.9

유사한 방법으로 단계별 검정 절차를 수행하면 다음의 결과를 얻을 수 있다.

①	②	③	④	⑤
16.1	17.0	20.7	21.1	26.5

Duncan의 방법은 오류 통제에 대한 문제점에도 불구하고 실험자들이 가장 선호하는 방법 가운데 하나이다. 그 이유는 유의한 차이를 발견하지 못하는 경우보다 발견하는 것에 더 흥미를 가지기 때문이다. 이 방법이 전역 F-검정을 사전에 요구하지는 않으나 제1종 오류의 확률이 클 가능성이 있는 결함을 극복하기 위하여, 적용을 위한 필요조건으로 유의적인 전역 F-검정을 조심스럽게 요구할 수 있다(손중권 외, 1992).

Duncan의 방법에서 만약 표본의 크기가 동일하지 않은 경우에는 다음과 같이 정의되는 표본크기의 조화평균

$$\bar{n}_h = r/(\frac{1}{n_1}+\frac{1}{n_2}+\cdots+\frac{1}{n_r})$$

을 사용하거나(Bancroft, 1968), 표본평균의 공통분산 S^2/n(여기서, $S^2=\hat{\sigma}^2=MSE$임)을 다음과 같이 검정하려는 두 표본평균의 분산 S^2/n_i와 S^2/n_j의 평균으로 대체하는 방법을 제안하였다(Kramer, 1956).

$$q_{p,\nu}^{\alpha_p}\sqrt{S^2\left(\frac{1}{n_i}+\frac{1}{n_j}\right)/2}\,.$$

또한, Duncan의 방법은 등분산과 평균들 간에 상관이 없는 것을 가정하나, Kramer(1957)는 분산이 동일하나 평균 간에 상관이 있는 경우로 확장하였다. $\bar{y}_i$의 분산을 $c_{ii}\sigma^2$, $\bar{y}_j$의 분산을 $c_{jj}\sigma^2$, 그 공분산을 $c_{ij}\sigma^2$이라 할 때(c_{ii}, c_{jj}, c_{ij}는 기지이지만 σ^2은 미지임), 평균 차이에 대한 임곗값으로 다음 식을 사용한다.

$$q_{p,\nu}^{\alpha_p}\sqrt{(1/2)(c_{ii}-2c_{ij}+c_{jj})S^2}\,.$$

위 공식은 근사적으로 구해진 것이다. 두 평균이 다를 때 그들이 같다고 선언되는 경향이 있기 때문에 그 방법 또한 신중하다. Duncan(1957)은 등분산 가정을 만족시키기 위하여 평균들의 부분집합에 대한 추가적인 조건을 부여한 보다 강력한 검정을 제안하였다(손중권 외, 1992).

3.4 REGWQ의 사후검정

Ryan, Einot, Gabriel, Welsch의 스튜던트화 범위 Q(Studentized Range Q, 이하 REGWQ) 검정은 가족별 오류율을 통제하기 위해 단계별 검정을 실시한다. 이 검정에서는 신뢰구간이 계산되지 않는다.

REGWQ 검정을 수행하기 위해 먼저 표본평균을 $\bar{y}_1 \geq \bar{y}_2 \geq \cdots \geq \bar{y}_r$와 같이 내림차순으로 정렬한다. 다음으로 $\bar{y}_1$와 $\bar{y}_r$ 사이에 통계적으로 유의한 차이가 있는지를 검정한다. 그렇지 않은 경우 모든 그룹 평균이 같다고 결론을 내리고 검정을 종료한다. 대신에 $\bar{y}_1$와 $\bar{y}_r$ 사이에 유의미한 차이가 있다는 것을 발견하면 다음으로 (1) $\bar{y}_1$와 $\bar{y}_{r-1}$ 사이에 유의미한 차이가 있는지 그리고 (2) $\bar{y}_2$와 $\bar{y}_r$ 사이에 유의미한 차이가 있는지를 검정한다.

이 절차는 재귀적으로 이루어지며, 각 단계에서 $\overline{y}_i$와 $\overline{y}_j(\overline{y}_i \geq \overline{y}_j)$를 비교할 때 다음을 정의한다.

$$\alpha_p = \begin{cases} 1-(1-\alpha)^{p/r}, & p < r-1 \\ \alpha, \quad p \geq r-1. \end{cases}$$

여기서 $p = j-i+1$이다. 검정은 다음을 만족할 때 $H_0 : \mu_i = \mu_j$(따라서 $\mu_i = \mu_{i+1} = \cdots = \mu_j$)를 기각한다.

$$\overline{y}_i - \overline{y}_j > q_{crit}\sqrt{\frac{MS_W}{n}}.$$

이 절차는 q_{crit}을 계산할 때 r과 α 대신 p와 α_p를 사용한다는 점을 제외하고 Tukey의 HSD 검정과 동일하다.

검정에서 $\overline{y}_i$와 $\overline{y}_j$ 사이에 유의미한 차이가 없는 것으로 나타나면(또는 $j = i+1$이면) 절차의 이 부분이 종료된다. 그렇지 않으면 (1) $\overline{y}_i$와 $\overline{y}_{j-1}$ 사이에 유의미한 차이가 있는지 여부와 (2) $\overline{y}_{i+1}$와 $\overline{y}_j$ 사이에 유의미한 차이가 있는지 여부를 검정한다.

3.5 Fisher의 LSD 방법

3.5.1 Fisher의 보호된 LSD 방법

Fisher의 보호된(protected) LSD 방법은 다음의 두 단계로 진행된다. 예를 들어, 반복이 동일한 일원배치의 경우 다음의 절차를 따른다.

[단계 1] 통상적인 F-검정(ANOVA)을 수행한다.
[단계 2] 귀무가설이 기각되는 경우, 비교 쌍별로 t-검정(pairwise t-test)을 수행하되 임곗값으로 $t_{\nu}^{\alpha/2}$(여기서 $\nu = r(n-1)$)를 사용한다.

- 이 검정은 ANOVA에서 유의한 경우에만 적용되는 방법이며(이런 의미로 '보호된(protected)'이라는 용어를 사용함), 비교별 오류율만 α로 통제할 뿐, 실험별 오류율이나 제1종 오류의 최댓값은 통제할 수는 없다.

- [단계 1]에서 F-검정의 결과가 유의한 경우에도, [단계 2]의 쌍별 비교에서 모두 유의하지 않은 결과가 나올 수도 있다.

- Fisher의 LSD 방법은 기본적으로 개별 t-검정의 집합이다. 유일한 차이점은 비교되는 두 그룹으로부터 합동 분산($\hat{\sigma}$)을 계산하는 대신 모든 그룹에서 합동 분산을 계산한다(이로 인해 검정력은 높아지나, 적용을 위해 모집단에 대한 등분산 가정이 요구됨). 이로 인해 개별 t-검정의 결과와 완전히 동일하지는 않다.

- 또한, 이 방법은 다른 다중비교 방법들(Bonferroni, Tukey, Dunnett 등)과는 달리 다중비교에 대한 어떠한 수정도 하지 않는다.

- Fisher의 LSD는 $p=2$인 경우의 SNK 방법과 동일하다. 즉, $t_{\nu}^{\alpha/2}\hat{\sigma}\sqrt{2/n} = q_{p,\nu}^{\alpha}\hat{\sigma}/\sqrt{n}$이다(예를 들면, $t_{20}^{0.025}\sqrt{2} = 2.086 \times \sqrt{2} = 2.95 = q_{2,20}^{0.05}$임).

3.5.2 Fisher의 비보호된 LSD 방법

Fisher의 비보호된(unprotected) LSD 방법은 F-검정(ANOVA)의 유의성 여부와 관계없이 적용(또는 보고)되는 점을 제외하면 보호된 LSD와 동일하다.

비보호된 LSD 역시 개별 t-검정의 집합이므로 다중비교에 대한 고려를 하지 않는다. 이 방법은 Bonferroni의 아이디어를 결합하여 실험별 오류율을 통제하는 방법으로 사용될 수 있다. 즉, 개별 t-검정에서 α 대신 보다 엄격한 $\alpha^* = \alpha/\binom{r}{2}$를 사용함으로써 실험별 오류율을 α 이하로 통제할 수 있다(이때 각 검정에서 사용되는 임곗값은 $t_{\nu}^{\alpha^*/2}$ 이다).

일원배치모형에서, $(\mu_i - \mu_j)$에 대한 동시신뢰구간은 $(1-\alpha)$ 이상의 확률로 다음과 같다.

$$\mu_i - \mu_j \in \overline{Y}_i - \overline{Y}_j \pm \hat{\sigma}\sqrt{\frac{2}{n}}\, t_\nu^{\alpha^*/2} \quad \text{for all } i, j (i < j).$$

여기서 $\alpha^* = \alpha / \binom{r}{2}$ 이다.

예제 3.3 [예제 2.4]의 계속

이 자료에 대한 요약은 다음과 같다.

$(n = 5,\ r = 4,\ \nu = 16,\ MSE = 93)$

i	에탄올의 양(gr/kg)	$\bar{y}_i$
①	0	79.28
②	1	61.54
③	2	47.92
④	4	32.76

ANOVA의 결과와 무관하게, Fisher의 비보호된 LSD 방법을 적용하면 다음과 같다.

(i) $\alpha^* = 0.01,\ w = \sqrt{\frac{2}{n}}\, \hat{\sigma}\, t_\nu^{\alpha^*/2} = 2.921 \times \sqrt{\frac{2}{5} \times 93} = 17.82,\ \binom{r}{2} = \binom{4}{2} = 6.$

(ii) 표본평균을 순서대로 배열: ④ ③ ② ①

(iii) 차이가 17.82보다 작으면 밑줄을 그어 표시

④	③	②	①
32.76	47.92	61.54	79.28
————	————		
	————	————	
		————	————

이 결과는 Scheffe의 결과와 동일하다. 즉, ①은 ③, ④보다 크고, ②는 ④보다 크다. 이때 실험별 오류율은 6%이하이다($\alpha = \alpha^* \cdot \binom{r}{2} = 0.06$). 참고로, α^*를 조금 더 크게 하면 w가 조금 작아지고, 따라서 ①과 ②도 구분이 되는 결과를 얻을 수 있다(이는 Tukey의 결과와 동일). 다만, 위의 결과는 오류율을 더 크게 했음에도 Tukey보다 약한 결론이 내려졌음을 알 수 있다.

3.6 Waller-Duncan의 방법

3.6.1 기초 개념

먼저 비교별 오류율을 통제하는 Fisher의 LSD는 $\mu_1 = \mu_2 = \cdots = \mu_r$ 인 경우에서 조차 α가 매우 작지 않다면 적어도 한 쌍의 평균을 유의한 것으로 잘못 판단할 확률이 꽤 크다. 이러한 어려움을 피하기 위해 Tukey를 비롯한 많은 연구에서 실험별 오류율을 통제하는 절차를 제안했으나, 다중비교에서 어떤 오류율을 통제해야 하는지에 대한 명확한 답은 없다. 다중비교의 딜레마는 다음의 단순한 예제로 설명될 수 있다. 가령 (매우 큰) r 모집단 평균 간의 쌍별 비교를 원한다고 하자. 또한, 각 쌍별 비교에 대한 가설의 형태가

$$H_0 : \mu_i - \mu_j = 0 \qquad \text{vs} \qquad H_1 : \mu_i - \mu_j \neq 0$$

이고, 각 검정에 대해 유의수준 $\alpha = 0.05$에 기초한 LSD 방법이 사용된다고 하자.

[Case Ⅰ] 만약 모든 모집단 평균 차이의 단지 5%만이 유의(significant)하다고 결정된 경우라면, 우리는 모든 모집단 평균이 실제 동일할 때 모집단 차이의 5%를 유의하게 잘못 판단하는 오류를 범했다고 직관적으로 생각할 것이다. 너무 많은 차이가 유의하게 선언되는 것으로부터 보호하기 위해 LSD의 크기를 크게 하려고 할 것이다. 이것은 유의성 검정에 LSD보다 더 큰 임곗값을 사용하는 Tukey(또는 Scheffe)의 절차에 해당한다. 이 경우에는 Tukey의 방법이 Fisher의 LSD보다 더 선호될 것이다.

[Case Ⅱ] 만약 모든 모집단 평균 차이의 단지 5%만이 비유의(non-significant)하다고 결정된 경우라면, 우리는 모든 모집단 평균이 실제 다를 때, 모집단 차이의 5%를 비유의하게 잘못 판단하는 오류를 범했다고 생각할 것이다. 너무 많은 차이가 비유의하게 선언되는 것으로부터 보호하기 위해 LSD의 크기를 줄이려고 할 것이다. 이 경우에는 Fisher의 LSD가 Tukey의 절차보다 더 선호될 것이다.

Waller와 Duncan(1969)은 표본 자료를 이용하여 보수적이거나(예: Tukey) 비보수적인 방법(예: Fisher)을 사용할지를 결정하는 다중비교 절차를 제안하였다. 이 절차는 가설 $H_0 : \mu_1 = \mu_2 = \cdots = \mu_r$에 대한 ANOVA 검정의 F-값을 이용한다. 만약 계산된 F-값이 작으면

표본 자료가 모집단 평균이 동질적임을 의미하는 경향이 있음을 나타내므로, [Case Ⅰ]과 같은 보호를 위해 더 큰 임곗값의 사용을 요구할 것이며, 반대로 계산된 F-값이 크면 표본 자료가 모집단 평균이 이질적임을 의미하므로, [Case Ⅱ]와 같은 보호를 위해 더 작은 임곗값을 요구할 것이다.

3.6.2 Waller-Duncan의 베이지안 k-비 t-검정

Fisher의 보호된 LSD 방법에서 전역 F-검정의 결과는 다중범위검정을 실시할지의 여부만을 결정한다. 반면에 Waller-Duncan(1969)의 베이지안 k-비(k-ratio) t-검정(또는 LSD 검정)에서는 F-검정통계량의 값이 두 평균을 비교하기 위한 LSD에 포함되어 있는 임곗값(t)을 계산하는 데 사용된다. 만약 F-값이 크면(처리들이 이질적임을 의미) 임곗값은 감소되고, 따라서 검정력은 증가된다. 그리고 F-값이 작으면(동질성이 큼을 의미) 임곗값은 증가되며 제1종 오류를 범할 확률은 감소된다(손중권 외, 1992).

이 검정은 제1종 오류를 통제하는 원리를 사용하는 대신 베이시안 원리에 따라 제1종 오류와 제2종 오류의 상대적 심각성을 나타내는 비(이를 k-비라고 함)를 사용하는 것이 특징이다. 처리의 수가 2인 경우(다중비교는 존재하지 않음)를 생각해 보면, 주어진 α 수준에서 스튜던트 t-검정의 임곗값은 적절한 k 값에 대한 k-비 t-검정의 임곗값과 근사적으로 같게 만들 수 있다. Waller-Duncan은, α와 k 사이의 근사적인 관계로부터, α 수준 0.1, 0.05 및 0.01에 따른 k-비에 대한 합리적인 값을 각각 10, 100 및 500으로 제안하였다.

Waller-Duncan 절차에는 두 가지 제한 사항이 있다. 첫째, 모든 표본크기가 동일해야 하며, 둘째, 선험적으로 특정 모집단 평균이 다른 모집단 평균보다 더 많이 다를 것으로 예상되는 경우에는 이 절차를 사용해서는 안 된다.

Waller-Duncan 검정의 절차를 요약하면 다음과 같다.

Waller-Duncan 검정 절차

1. k-비(오차 가중비(error weight ratio)라고도 함)의 k를 선택한다.
2. 다음 가설에 대한 F-값을 얻기 위해 F-검정을 수행한다.

$$H_0 : \mu_1 = \mu_2 = \cdots = \mu_r$$

3. 최소유의차(LSD)를 다음과 같이 계산한다.

$$LSD = t_c \hat{\sigma} \sqrt{\frac{2}{n}}, \quad \widehat{\sigma^2} = MSE.$$

여기서 t_c는 부록의 [표 8]로부터 구해지며, 이는 k, df_1, df_2와 F-값에 의존한다. $\widehat{\sigma^2} = MSE$는 ANOVA로부터 평균제곱오차이며, n은 각 모집단으로부터 표본의 수이다.

4. Fisher의 LSD 검정에서와 유사한 절차를 따른다. 즉,
$|\bar{y}_{i.} - \bar{y}_{j.}| > LSD$ 이면 $H_0 : \mu_i = \mu_j$를 기각한다.

위의 절차 3.에서 t_c를 구하는 예로, $k = 100$, $df_1 = 6$, $df_2 = 8$, $F = 3.0$인 경우 $t_c = 2.61$이다. 표의 복잡성으로 인해 고정된 k에 대해 모든 k, df_1, df_2, F 값이 주어질 수 없으나, 다행스럽게도 적절한 t_c값을 얻기 위한 보간이 가능하다.

F 값에는 종종 보간(interpolation)이 필요하다. 계산된 F 값이 표에서 제공되는 두 F 값 사이에 있을 때, 적절한 t_c값을 구하기 위해 다음 식 가운데 하나를 이용하여 선형적으로 보간한다.

$$a = \frac{1}{\sqrt{F}} \quad \text{또는} \quad b = \sqrt{\frac{F}{F-1}}.$$

[표 3.1]은 어떤 상황에서 a 또는 b를 사용하여 보간할 지를 나타낸다.

[표 3.1] Waller-Duncan 절차에서 보간에 대해 a 또는 b를 사용해야 하는 상황

F	df_1	df_2	
		≤ 100	> 100
≤ 2.4	≤ 60	a	a
	> 60	a	b
		df_2	
		≤ 20	> 20
> 2.4	≤ 20	a	b
	> 20	b	b

예제 3.4 보간을 통한 t_c 결정

보간을 통해 t_c를 구하는 절차를 소개한다. 편의상 $df_1=5$, $df_2=24$이고 $F=4.60$이라 가정하자. 부록의 [표 8]에서 $F=4.60$의 경우는 t_c가 제공되지 않으므로 $F=4.0$과 $F=6.0$에 대한 값으로 보간을 해야 한다. 또한 $df_1=5$인 경우도 t_c가 제공되지 않으나, $df_1=4$와 $df_1=6$을 사용할 때 차이가 거의 없다. $k=100$, $df_1=4$, $df_2=24$와 $F=4.0$인 경우 $t_c=2.18$이고, df_1만 6으로 바꿀 때는 $t_c=2.19$이다. $F=6.0$, $k=100$, $df_2=24$에서는 df_1이 4 또는 6인 경우 모두 $t_c=2.06$으로 동일하다. 즉, df_1의 값은 4와 6의 범위에서 큰 차이가 없으므로 $df_1=4$를 사용하기로 한다.

이제 $F=4.60$에 대응하는 t_c값을 찾기 위해, [표 3.1]로부터 $b=\sqrt{F/(F-1)}=\sqrt{4.60/3.60}=1.13$임을 이용한다. 즉, 부록의 [표 8]에서 $F=4.0$과 $F=6.0$일 때 $b=1.155$와 1.095이고, 대응하는 $t_c=2.06$과 2.18이므로, 선형 보간을 통해 $b=1.13$에서 $t_c=2.13$임을 확인할 수 있다([그림 3.1] 참고).

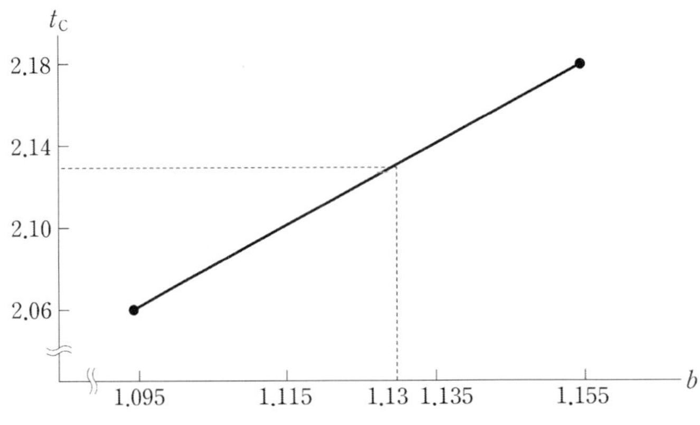

[그림 3.1] $b=1.13$에서 t_c를 찾기 위한 선형 보간 그림

4장

다중비교 요약 – 모수적 방법

4.1 주요 다중비교 간의 비교

이 절에서는 일부 모수적 다중비교 방법 간의 비교를 제시한다. 비모수적 다중비교 방법을 포함한 보다 포괄적인 비교는 9장에서 다룬다.

(a) 다중비교의 선택

다중비교 방법 가운데 어떤 방법을 사용해야 하는가? 대략적인 가이드라인은 다음과 같다.

- Bonferroni 방법은 적은 수의 '계획된 대비(또는 쌍별 비교)'에만 관심이 있을 때 사용
- Dunnett 방법은 모든 치료를 대조군과 비교하는 데에만 관심이 있는 경우에 사용
- Tukey 방법은 모든(또는 대부분의) 평균 쌍 비교에만 관심이 있는 경우에 사용
- Scheffe 방법은 계획되지 않은 대조와 같이 데이터 스누핑(data snooping)[5]으로 간주될 수 있는 모든 비교

5) 데이터 스누핑(data snooping)은 통계적으로 유의한 것으로 나타낼 수 있는 데이터 패턴을 찾기 위해 데이터 분석을 오용하는 것으로, 거짓양성의 위험을 크게 증가시키고 이에 대한 과소평가를 초래한다. 이는 데이터에 대해 많은 통계적 검정을 수행하고 중요한 결과가 나온 것만 보고함으로써 수행된다. 데이터 준설(dredging), 데이터 낚시(fishing), p–해킹(p–hacking) 등으로도 불린다.

(b) 유의수준 vs 검정력

[그림 4.1]은 유의수준과 검정력의 관점에서 다중비교 방법을 비교한 것이다.

[그림 4.1] 주요 다중비교 방법의 비교

[그림 4.1]에서 Bonferroni는 모든 쌍별비교를 위한 Bonferroni 방법이다. 더 작은 검정 가족의 경우(비교 수를 l이라 하자), α를 $m = r(r-1)/2$이 아닌 l로 나눌 수 있다. 결과 신뢰구간 또는 검정은 FWER$< \alpha$를 유지하며 Tukey 또는 Dunnett보다 더 강력한 검정력을 가질 수 있다. 즉, Bonferroni 방법은 미리 계획된 대비에 사용할 때 효과적이다.

(c) 주요 다중비교의 조정 방법 비교

[표 4.1]은 일원배치설계에서 사용되는 주요 다중비교 방법을 요약한 것이다.

[표 4.1] 다중비교 방법 요약 - 일원배치설계

방법	검정 가족	FWER$\leq \alpha$를 위한 임곗값 ($\nu = N-r$)
Fisher's LSD	단일 쌍별 비교	$t_{\nu}^{\alpha/2}$
Dunnett	대조 그룹과의 모든 비교(MCC)	$\lvert d\rvert_{k,\nu}^{\alpha}$ (k : 비교 수)
Tukey-Kramer	모든 쌍별 비교(MCA)	$d_T = \frac{1}{\sqrt{2}} q_{r,\nu}^{\alpha}$
Bonferroni	다양함	$t_{\nu}^{\alpha/2k}$
Scheffe	모든 대비	$d_S = \sqrt{(r-1)F_{r-1,\nu}^{\alpha}}$

일원배치설계의 모든 다중비교 절차는 균형블록설계에도 동일하게 적용된다. 이때 자유도(ν)는 MSE의 자유도이다. [표 4.2]는 균형블록계획에서 주요 다중비교의 조정(adjust) 방법을 요약한 것이다.

[표 4.2] **다중비교 방법 요약 – 균형블록설계**

방법	검정 가족	FWER $\leq \alpha$를 위한 임곗값 ($\nu = MSE$의 자유도)
Fisher's LSD	단일 쌍별 비교	$t_{\nu}^{\alpha/2}$
Dunnett	대조 그룹과의 모든 비교(MCC)	$\lvert d \rvert_{k,\nu}^{\alpha}$ (k : 비교 수)
Tukey-Kramer	모든 쌍별 비교(MCA)	$d_T = \frac{1}{\sqrt{2}} q_{r,\nu}^{\alpha}$
Bonferroni	다양함	$t_{\nu}^{\alpha/2k}$
Scheffe	모든 대비	$d_S = \sqrt{(r-1)F_{r-1,\nu}^{\alpha}}$

4.2 불균형 자료의 경우

이 절에서는 일원배치법을 중심으로 균형 자료에 적용되는 다중비교 이론을 불균형 자료의 경우로 확장하는 방법을 소개한다. 많은 다중비교 방법들은 t(t–검정) 또는 q(스튜던트화 범위) 통계량에 기초한다. 이 절에서 소개되는 방법은 이들 두 종류의 통계량에 기초한 다중비교에 공통으로 적용될 수 있다. 많은 다중비교 방법들은 서로 동일한 통계량을 사용하되 유의성에 요구되는 임곗값만 다르다는 점에 유의할 필요가 있다. 예를 들어, Tukey와 SNK 방법은 둘 다 q 통계량을 사용하지만 Tukey는 표본에서 평균의 수로 설정된 r과 함께 q를 사용하는 반면, SNK는 단계별로 가장 크고 가장 작은 두 평균을 포함하는 사이에 있는 평균의 수로 설정된 r과 함께 q를 사용하여 임곗값을 결정한다.

대부분의 사후검정 방법은 t 또는 q 통계량을 사용한다. 이 통계량들은 다음 형태의 표준오차를 포함한다.

$$\sqrt{\frac{2MSE}{n}} \quad \text{또는} \quad \sqrt{\frac{MSE}{n}}.$$

이 공식의 문제점은 표본크기가 일정하다고 가정한다는 것이다. 표본크기가 다른 경우 'n'을 'n_i' 및 'n_j'로 바꿔야 한다.

여기에는 두 가지 방법이 있다. 먼저, Tukey–Kramer 접근 방식으로 알려진 더 간단한 방법은 모집단의 분산이 같다고 가정하고 MS_{error}를 분산 추정값으로 계속 사용하는 것이다. 이때 위의 공식은

$$\sqrt{\frac{MSE}{n_i}+\frac{MSE}{n_j}} \quad \text{또는} \quad \sqrt{\frac{1}{2}\left(\frac{MSE}{n_i}+\frac{MSE}{n_j}\right)}$$

이 된다. 위와 마찬가지로 전자는 t–검정에 사용되고, 후자는 스튜던트화 범위 검정에 사용된다. 이 공식과 이후의 공식은, 비교하는 두 그룹을 변경하면 n_i와 n_j가 변경되기 때문에, 각 표본 쌍에 대한 오차항을 별도로 계산한다고 가정한다. 이것은 불편하지만 선택의 여지가 많지 않다. 이 접근 방식을 사용하여 t 또는 q 통계량을 다음 식으로 계산하고, t 또는 스튜던트화 범위표를 이용하여 검정을 실시할 수 있다.

$$t=\frac{\overline{Y}_i-\overline{Y}_j}{\sqrt{\frac{MSE}{n_i}+\frac{MSE}{n_j}}} \quad \& \quad q=\frac{\overline{Y}_i-\overline{Y}_j}{\sqrt{\frac{1}{2}\left(\frac{MSE}{n_i}+\frac{MSE}{n_j}\right)}}.$$

두 경우 모두 자유도는 MS_{error}의 자유도를 사용한다. t 또는 q와 같은 검정통계량 대신 오차한계(또는 임계폭) W_r을 계산하려는 경우 적절한 오차항에 df_{error}에 대한 t의 임곗값 또는 r 및 df_{error}에 대한 임곗값 q를 곱하면 된다.

다음으로, Games와 Howell(1976)은 표본크기가 같지 않을 뿐만 아니라 이질적인 표본분산을 허용함으로써 이를 한 단계 더 발전시켰다. 그들은 다음 형태의 오차항을 제안하였다.

$$\sqrt{\frac{1}{2}\left(\frac{S_i^2}{n_i}+\frac{S_j^2}{n_j}\right)}.$$

여기서 다시 각 표본 쌍에 대해 별도의 오차항을 계산해야 한다. Games와 Howell은 이 오차항으로 자유도를 조정해야 한다는 점을 인식하고 Welch와 Satterthwaite가 제안한 다음의 조정된 자유도를 사용하는 것을 제안하였다.

$$df' = \frac{\left(\frac{S_i^2}{n_i}+\frac{S_j^2}{n_j}\right)^2}{\left(\frac{S_i^2}{n_i}\right)^2/(n_i-1)+\left(\frac{S_j^2}{n_j}\right)^2/(n_j-1)}.$$

이것 역시 각 표본 쌍에 대해 계산되어야 한다. 다시 표준(공통) 오차항을 위의 개별화된 오차항으로 바꾸고 자유도에 대해 df_{error} 대신 df'를 사용하여 t 또는 q 검정통계량을 형성할 수 있다.

만약 표본크기가 거의 같으면 보다 전통적인(표본크기가 동일한 경우) 공식을 사용하되 n 대신 표본크기의 조화 평균($\overline{n}_h = r/(\frac{1}{n_1}+\frac{1}{n_2}+\cdots+\frac{1}{n_r})$)을 사용함으로써 계산 양을 줄일 수 있다. 다만 분산이 이질적인 경우에는 이 방법을 권장하지 않는다.

4.3 단계별 검정(또는 하향식 절차)

편의상 Tukey 방법과의 비교를 통해 단계별 검정 절차를 소개한다. Tukey의 절차는 모든 표본평균 쌍을 가장 다른 쌍인 것처럼 취급한다. 모든 쌍별 차이는 r(r: 그룹 수) 평균의 범위에 대한 기대 분포와 비교된다.

하향식(step-down) 절차는 비교 중 하나를 제외한 모든 비교가 범위보다 덜 다르다는 것을 고려한 Tukey 절차의 수정으로, 본질적으로 다음과 같이 작동한다.

1. 가장 큰 표본평균과 가장 작은 표본평균의 차이, 즉 $\bar{y}_{\max} - \bar{y}_{\min}$을 q(스튜던트화 범위) 분포와 비교하여 r 평균을 비교한다. 이 비교가 유의하지 않으면 중지하고, 그렇지 않으면 계속한다.
2. 그 다음으로 가장 다른 평균 쌍(가장 큰 것과 두 번째로 작은 것 또는 두 번째로 큰 것과 가장 작은 것)을 $(r-1)$ 평균의 비교를 위한 q 분포와 비교한다. 이 두 번째 비교에서 범위를 나타낼 때 평균 집합에서 두 개의 가장 극단적인 평균 중 하나가 제외되기 때문에 이는 적절하다. 이 비교가 유의하지 않으면 중지하고, 그렇지 않으면 계속한다.
3. 각 쌍의 선택 시 고려되는 더 작은 평균 집합을 고려하여 더 작은 '평균 수' 모수를 가지는 q 분포와 덜-다른 평균 쌍의 비교를 연이어 수행해 나간다.
4. 비교가 유의하지 않거나 모든 비교가 완료될 때까지 수행한다.

- 모든 쌍별 비교(MCA)에서 하향식 절차는 신뢰구간이 불필요하고 표본 수가 동일할 때 가장 유용(best available)하다. 특히, 표본 수가 동일할 때 가장 강력한 방법으로 알려져 있다.
- 하향식 절차를 따르는 방법에는 SNK, REGWQ 및 REGWF 등이 있다.

비교 Tukey 방법과의 비교

모든 쌍별 비교(MCA)에서 Tukey의 방법은 신뢰구간이 필요하거나 표본의 크기가 다른 경우 가장 유용한 방법이다. 표본크기가 같고 신뢰구간이 불필요한 경우, Tukey 방법은 하향식 절차에 비해 덜 강력하지만, 이들이 유용하지 않은 경우에는 Tukey 방법이 차선의 선택이며 그룹의 수가 크지 않다면 검정력의 감소는 미미하다.

4.4 다중비교를 위한 p-값 조정 방법

대부분의 고전적인 다중비교법(Tukey, Sheffe 등)은 실험별 오류율을 통제하기 위해 동시신뢰구간을 제시하는 등의 이론적 배경이 매우 복잡하다(특히 비모수적 방법의 경우). 보다 최근에는 다중성[6]에 대한 고려를 하지 않은 개별 검정의 결과를 이용하여 실험별 오류율을 통제하는 방법으로 p-값을 조정하는 방법이 사용된다. 이 방법은 다중성 문제를 미리 고려한 다중비교 방법(기준)을 적용하는 것이 아니라, 각 비교별로 적절한 검정통계량에 기초한 검정을 수행한 뒤 그 결과 p-값을 적절한 방법으로 조정하고, 조정된 p-값을 임곗값(지정된 실험별 오류율)과 비교해 다중비교를 수행하는 것이다.

6) 다중성(multiplicity)에 대해서는 11.1절을 참고하기 바란다.

예를 들어, Bonferroni 또는 Dunn의 다중비교의 경우 실험별 오류율을 α 이하로 통제하기 위해 임곗값을 $z_{\alpha/2}$ 대신 $z_{\alpha/2m}$를 사용하였다(이러한 방법을 α-분할 방법이라고도 함). 대신, 각 비교별로 검정통계량의 관측값으로 p-값을 구한 후, 이 값을 조정한 조정된(adjusted) p-값 (p^*)에 기초하여 다중비교를 수행하는 것이다.

실험별 오류율을 통제하기 위한 여러 가지 p-값의 조정 방법을 소개하면 다음과 같다. 아래에서 p^*는 조정된 p-값을 나타낸다. p는 편의상 양측검정에서의 유의확률(예: $p = P(|Z| \geq |z|)$)이라 하자. p_i는 i-번째 순서화된 p-값으로 $p_1 \leq p_2 \leq \cdots \leq p_m$을 만족한다.

(a) Bonferroni 조정은 다음과 같이 각 p-값에 m을 곱하여 구해진다.

$$p^* = pm.$$

(b) Sidak의 조정된 p-값은 Bonferroni보다 약간 작은 다음의 값을 제공한다.

$$p^* = 1 - (1-p)^m.$$

(c) Holm의 단계별 조정은 m개의 모든 p-값을 가장 작은 것에서 가장 큰 것 순으로 조정을 해나가되 첫 번째 채택이 결정되면($p^* >$ 기준값) 이후의 모든 검정을 채택한다.

$$p_i^* = p(m+1-i).$$

(d) Holm-Sidak의 단계별 조정은 Holm의 방법을 따르지만 Sidak 조정을 적용하는 방법이다.

$$p_i^* = 1 - (1-p)^{(m+1-i)}.$$

(e) Hochberg 단계별 조정은 m개의 모든 p-값을 가장 큰 것에서 가장 작은 것 순으로 조정을 해나가되 첫 번째 기각이 결정되면($p^* \leq$ 기준값) 이후의 모든 검정을 기각한다.

$$p_i^* = p(m+1-i).$$

실험별 오류율 대신 위발견율(FDR)을 통제하기 위한 p-값 조정 방법도 있다. 위발견율(FDR)은 '기각된 가설 중 잘못 기각된 귀무가설(제1종 오류)의 예상 비율'을 의미한다. FDR을 통제하는 방법은 귀무가설이 잘못 기각되는 수를 제한하지만 완전히 배제할 수 없으므로 어느 정도 제1종 오류가 허용되는 경우에 적합한 방법이다. 여기에는 Benjamini-Hochberg와 Benjamini-Yekutieli 방법이 있다.

p-값 조정을 통한 다중비교 검정은 유전체학 등에서와 같이 비교 수가 매우 큰 경우에 특히 유용하다. p-값 조정에 대한 보다 자세한 내용은 2부의 다중검정에서 다룬다.

5장

R을 이용한 다중비교 – 모수적 방법

5.1 주요 R 패키지 이용

다중비교는 한 가지 방법에만 의존하기보다 몇 가지를 동시에 수행한 뒤 결론을 도출하는 것이 바람직하다. 이 절에서 소개할 다중비교를 수행하는 R 함수는 다음과 같다.

- TukeyHSD()
- glht{multcomp}

이 절에서 다루는 모수적 다중비교 방법은 (적합 모형의 잔차에 대한) 정규성에 대한 검토와 함께, 적용되는 방법에 따라 등분산성의 가정을 먼저 체크해야 한다.

유의 다음의 [참고]에서 가정에 대한 검토 과정을 간단히 소개하였다. 다만, 이 장의 예제에서는 편의상 이 과정을 생략하였음에 유의하기 바란다.

참고 다중비교에서 가정에 대한 검토

모수적 방법의 다중비교를 수행 할 경우, 정규성과 등분산성(필요시)에 대한 검토가 필요하다. 예를 들어, mtcars 자료의 경우 정규성과 등분산에 대한 가정을 체크해 보면 다음과 같다. 그 결과 정규성은 만족되나, 등분산성은 위배됨을 알 수 있다.

```
> data(mtcars)
> mtcars$cyl <- as.factor(mtcars$cyl)
> av <- aov(mpg ~ cyl, data=mtcars)
> shapiro.test(residuals(av))

	Shapiro-Wilk normality test

data:  residuals(av)
W = 0.97065, p-value = 0.5177     # 정규성은 만족

> bartlett.test(mpg ~ cyl, data = mtcars)

	Bartlett test of homogeneity of variances

data:  mpg by cyl
Bartlett's K-squared = 8.3934, df = 2, p-value = 0.01505     # 등분산성은 위배
```

[예제 5.1]과 [예제 5.2]는 TukeyHSD() 함수를 이용하여 다중비교를 수행한다. 이 함수는 Tukey의 스튜던트화 범위(또는 정직유의차)를 이용한 방법이다.

예제 5.1 **다중비교: 일원배치 분산분석**

mtcars 자료에서 3 종류의 실린더 수(cyl=4,6,8)에 따른 연비의 차이에 대해 모든 쌍별 비교를 수행한다. TukeyHSD() 함수는 aov()에 대해서만 작동하며 lm()에 대해서는 작동하지 않음에 유의하기 바란다.

```
> data(mtcars)
> av <- aov(mpg ~ as.factor(cyl))
> summary(av)
               Df Sum Sq Mean Sq F value   Pr(>F)
as.factor(cyl)  2  824.8   412.4    39.7 4.98e-09 ***
Residuals      29  301.3    10.4
---
Signif. codes:  0 '***' 0.001 '**' 0.01 '*' 0.05 '.' 0.1 ' ' 1
```

(해석) p-값이 매우 작으므로 실린더에 따라 연비가 모두 동일하다는 귀무가설을 기각한다.

```
> (mc <- TukeyHSD(av))
  Tukey multiple comparisons of means
    95% family-wise confidence level

Fit: aov(formula=mpg ~ as.factor(cyl))

$`as.factor(cyl)`
          diff        lwr        upr     p adj
6-4  -6.920779 -10.769350 -3.0722086 0.0003424
8-4 -11.563636 -14.770779 -8.3564942 0.0000000
8-6  -4.642857  -8.327583 -0.9581313 0.0112287
```

(해석) [신뢰구간을 통한 해석] 모든 신뢰구간이 0을 포함하지 않으므로, 모든 평균의 차이가 유의하다. 즉, (모든 평균의 차이에 대한) 95% 동시신뢰구간이 0을 포함하지 않으며, 이는 실험별 오류율 5%에서 모든 차이가 유의함을 의미한다. [조정된 p-값을 이용한 해석] 또한, 각 비교 쌍별로 제시된 조정된 p-값('p adj')은 해당 차이로 귀무가설을 기각하기 위해서 허용해야 하는 실험별 오류율(또는 FWER)을 의미한다. 이 값이 모두 0.05보다 작으므로 실험별 오류율 5% 수준에서 모든 쌍별 차이가 유의하다고 말할 수 있다.

```
> plot(mc, las="2")
```

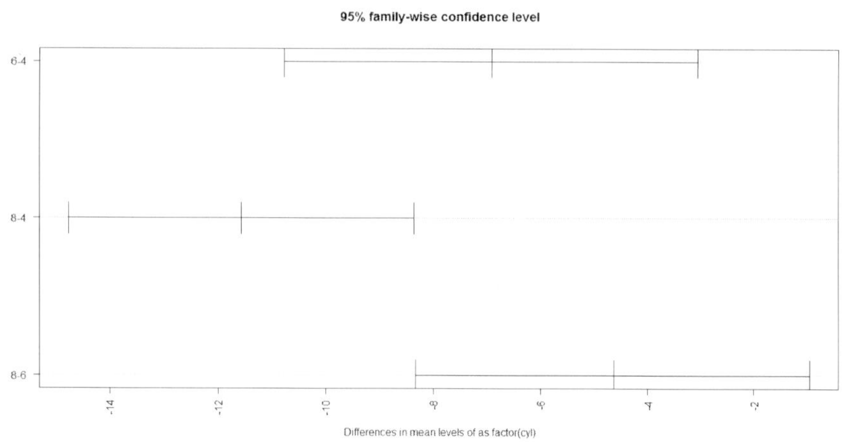

(해석) 차이에 대한 신뢰구간이 모두 0을 포함하지 않으므로 유의하다고 할 수 있다.

예제 5.2 다중비교: 이원배치분산분석

warpbreaks 자료는 양모(wool)의 종류(A, B)와 강도(L, M, H)에 따라 베틀에서 꼬인 횟수(breaks)를 측정한 자료이다. 이 자료에 대해 이원배치분산분석모형을 적합하고, 강도(tension)에 대한 다중비교를 수행한다.

```
> str(warpbreaks)
'data.frame':   54 obs. of  3 variables:
 $ breaks : num  26 30 54 25 70 52 51 26 67 18 ...
 $ wool   : Factor w/ 2 levels "A","B": 1 1 1 1 1 1 1 1 1 1 ...
 $ tension: Factor w/ 3 levels "L","M","H": 1 1 1 1 1 1 1 1 1 2 ...

> ## 이원배치분산분석
> summary(fm1 <- aov(breaks ~ wool + tension, data = warpbreaks))
            Df Sum Sq Mean Sq F value  Pr(>F)
wool         1    451   450.7   3.339 0.07361 .
tension      2   2034  1017.1   7.537 0.00138 **
Residuals   50   6748   135.0
---
Signif. codes:  0 '***' 0.001 '**' 0.01 '*' 0.05 '.' 0.1 ' ' 1
```

(해석) 이원배치 ANOVA를 수행한 결과, 강도(tension)가 유의한 인자로 나타났다.

```
> ## 강도에 따른 상자그림
> boxplot(breaks ~ tension, data=warpbreaks)
```

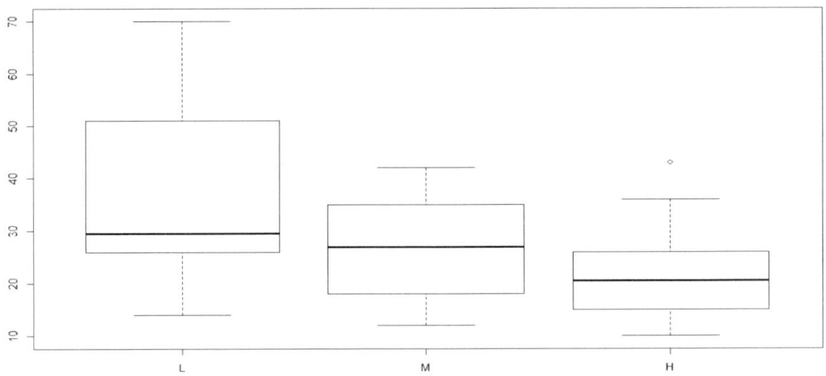


```
> ## 강도(tension)에 대해 다중비교를 수행
> TukeyHSD(fm1, "tension", ordered = TRUE)
  Tukey multiple comparisons of means
    95% family-wise confidence level
    factor levels have been ordered
```

```
Fit: aov(formula = breaks ~ wool + tension, data = warpbreaks)

$tension
         diff        lwr      upr     p adj
M-H  4.722222 -4.6311985 14.07564 0.4474210
L-H 14.722222  5.3688015 24.07564 0.0011218
L-M 10.000000  0.6465793 19.35342 0.0336262
```

(해석) L-H, L-M 간에는 차이가 존재하나(신뢰구간이 0을 포함하지 않음), M-H 간에는 차이가 없다. 따라서 강도를 L과 (M, H)로 그룹화 할 수 있다. 조정된 p-값(p adj)을 통해서도 이 사실을 확인할 수 있다. 예를 들어, M-H의 차이로 전체(3개) 가설을 기각하기 위해서는 실험별 오류율을 44.7% 이상 허용해야 한다는 의미이다. 즉, 실험별 오류율(FWER) 5% 수준에서 L-H와 L-M 간의 차이만 유의하다.

```
> plot(TukeyHSD(fm1, "tension"))     # 다중비교의 시각화
```

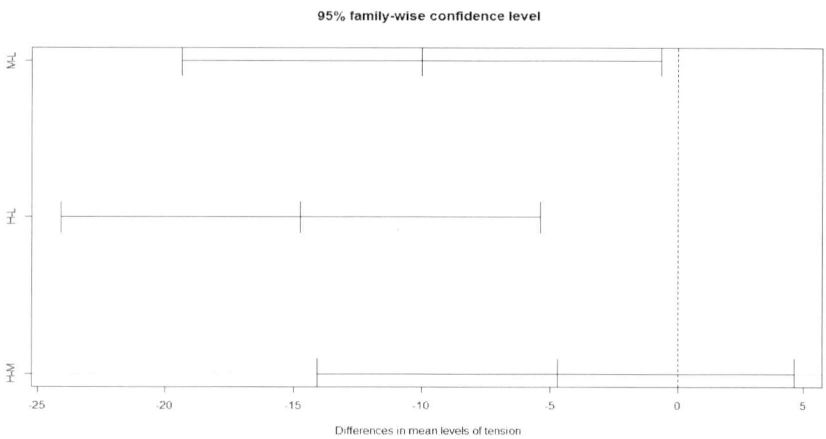

[예제 5.3] ~ [예제 5.6]은 glht{multcomp} 함수를 이용하여 다중비교를 수행한다. 이 함수는 모수적 모형에 대한 일반선형가설과 다중비교를 제공한다(glht, general linear hypothesis testing). 적용 가능한 모수적 모형에는 일반화선형모형, 선형혼합모형, 생존모형이 있으며, 일반형식은 다음과 같다.

```
glht(model,
    linfct,
    alternative = c("two.sided", "less", "greater"),
    rhs = 0,
    ...
    )
```

- model: 적합된 모형으로 lm, glm 또는 aov 등을 수행한 결과 객체이다.
- infct: 검정해야 할 선형가설을 지정한다.

[표 5.1]은 {multcomp} 패키지에서 summary() 함수를 이용한 다중비교 절차에서 p-값의 조정을 위한 test= 인수의 주요 옵션이다.

[표 5.1] summary() 함수에서 p-값 조정을 위한 test= 인수의 주요 옵션(추가로, 전역 F- 및 χ^2-검정도 test= 인수에서 직접 지정 가능함)

조정(adjust) 방법	설명
"none"	조정을 하지 않음; test=univariate()와 동일
"BH", "BY"	FDR을 조정하는 절차로 "Benjamini-Hochberg", "Benjamini-Yekutieli" 방법
"bonferroni"	Bonferroni 조정
"holm"	"bonferroni"의 단계별 확장으로 보다 강력함
"hochberg"	Simes 검정에 기반한 "holm"보다 강력한 방법이나, 추가적인 가정이 필요
"hommel"	"hochberg"보다 강력함
"single-step"(*)	디폴트임; 상관을 고려한 "bonferroni"보다 강력한 방법(*)
"free"	"single-step"의 단계별 확장으로 보다 강력함
"Shaffer"	"bonferroni"의 단계별 확장(제한된 조합 조건하에서)
"Westfall"	상관을 고려한 "Shaffer"의 확장

예제 5.3 [예제 5.1]의 계속

mtcars 자료를 이용하여 Tukey의 방법으로 모든 쌍별 다중비교를 수행한다.

```
> data(mtcars)
> mtcars$cyl <- as.factor(mtcars$cyl)
> av <- aov(mpg ~ cyl, data=mtcars)
> library(multcomp)
> av.mc <- glht(av, linfct = mcp(cyl = "Tukey"))   # Tukey의 다중비교
> summary(av.mc)   # 디폴트로 single-step 조정

	 Simultaneous Tests for General Linear Hypotheses

Multiple Comparisons of Means: Tukey Contrasts


Fit: aov(formula = mpg ~ cyl, data = mtcars)
```

```
Linear Hypotheses:
             Estimate Std. Error t value Pr(>|t|)
6 - 4 == 0   -6.921      1.558  -4.441   <0.001 ***
8 - 4 == 0  -11.564      1.299  -8.905   <0.001 ***
8 - 6 == 0   -4.643      1.492  -3.112   0.0111 *
---
Signif. codes:  0 '***' 0.001 '**' 0.01 '*' 0.05 '.' 0.1 ' ' 1
(Adjusted p values reported -- single-step method)

> summary(av.mc, test = Ftest())   # 전역 F-검정

     General Linear Hypotheses

Multiple Comparisons of Means: Tukey Contrasts


Linear Hypotheses:
             Estimate
6 - 4 == 0   -6.921
8 - 4 == 0  -11.564
8 - 6 == 0   -4.643

Global Test:
     F DF1 DF2    Pr(>F)
1 39.7   2  29 4.979e-09

> summary(av.mc, test = univariate())   # 단변량 t-검정

     Simultaneous Tests for General Linear Hypotheses

Multiple Comparisons of Means: Tukey Contrasts


Fit: aov(formula = mpg ~ cyl, data = mtcars)

Linear Hypotheses:
             Estimate Std. Error t value Pr(>|t|)
6 - 4 == 0   -6.921      1.558  -4.441 0.000119 ***
8 - 4 == 0  -11.564      1.299  -8.905 8.57e-10 ***
8 - 6 == 0   -4.643      1.492  -3.112 0.004152 **
---
Signif. codes:  0 '***' 0.001 '**' 0.01 '*' 0.05 '.' 0.1 ' ' 1
(Univariate p values reported)

> summary(av.mc, test = adjusted(type = "bonferroni"))   # Bonferroni 조정
```

```
         Simultaneous Tests for General Linear Hypotheses

Multiple Comparisons of Means: Tukey Contrasts


Fit: aov(formula = mpg ~ cyl, data = mtcars)

Linear Hypotheses:
           Estimate Std. Error t value Pr(>|t|)
6 - 4 == 0   -6.921      1.558  -4.441 0.000358 ***
8 - 4 == 0  -11.564      1.299  -8.905 2.57e-09 ***
8 - 6 == 0   -4.643      1.492  -3.112 0.012457 *
---
Signif. codes:  0 '***' 0.001 '**' 0.01 '*' 0.05 '.' 0.1 ' ' 1
(Adjusted p values reported -- bonferroni method)

> summary(av.mc, test = adjusted(type = "single-step"))
  # summary(av.mc)와 동일

         Simultaneous Tests for General Linear Hypotheses

Multiple Comparisons of Means: Tukey Contrasts


Fit: aov(formula = mpg ~ cyl, data = mtcars)

Linear Hypotheses:
           Estimate Std. Error t value Pr(>|t|)
6 - 4 == 0   -6.921      1.558  -4.441   <0.001 ***
8 - 4 == 0  -11.564      1.299  -8.905   <0.001 ***
8 - 6 == 0   -4.643      1.492  -3.112   0.0113 *
---
Signif. codes:  0 '***' 0.001 '**' 0.01 '*' 0.05 '.' 0.1 ' ' 1
(Adjusted p values reported -- single-step method)

> # 동시신뢰구간
> av.ci <- confint(av.mc, level = 0.95)   # 동시신뢰구간
> plot(av.ci)
> # par(mar=c(5.1, 4.1, 6.1, 2.1))
> plot(cld(av.mc))    # cld(): compact letter display
```

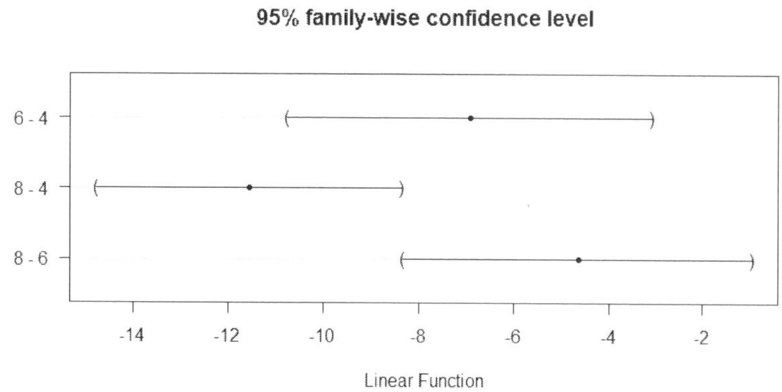

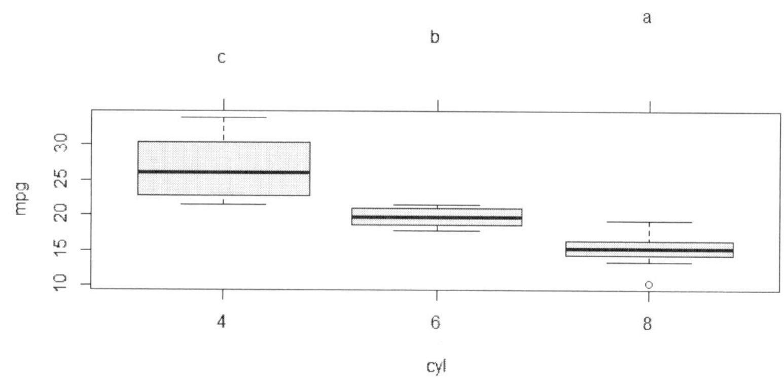

예제 5.4 Dunnett의 방법

mtcars 자료에서 Dunnett의 방법을 이용하여 대조(control) 그룹과의 다중비교를 수행한다.

```
> library(multcomp)
> summary(glht(av, linfct = mcp(cyl = "Dunnett")))     # Dunnett의 다중비교
> # 또는 summary(dunnettTest(av))    # dunnettTest{PMCMRplus}7)
       Simultaneous Tests for General Linear Hypotheses

Multiple Comparisons of Means: Dunnett Contrasts


Fit: aov(formula = mpg ~ cyl, data = mtcars)

Linear Hypotheses:
           Estimate Std. Error t value Pr(>|t|)
6 - 4 == 0   -6.921      1.558  -4.441 0.000235 ***
8 - 4 == 0  -11.564      1.299  -8.905 1.71e-09 ***
```

```
---
Signif. codes:
0 '***' 0.001 '**' 0.01 '*' 0.05 '.' 0.1 ' ' 1
(Adjusted p values reported -- single-step method)

> # 단측검정의 경우: alternative = "less" 또는 "greater" 를 사용
> av.mcc <- glht(av, linfct = mcp(cyl= "Dunnett"),
                alternative = "less")
> summary(av.mcc)    # 디폴트로 single-step 조정

      Simultaneous Tests for General Linear Hypotheses

Multiple Comparisons of Means: Dunnett Contrasts


Fit: aov(formula = mpg ~ cyl, data = mtcars)

Linear Hypotheses:
           Estimate Std. Error t value   Pr(<t)
6 - 4 >= 0   -6.921      1.558  -4.441 0.000117 ***
8 - 4 >= 0  -11.564      1.299  -8.905 8.54e-10 ***
---
Signif. codes:
0 '***' 0.001 '**' 0.01 '*' 0.05 '.' 0.1 ' ' 1
(Adjusted p values reported -- single-step method)
```

(해석) 위의 결과에서 p-값은 다변량 t-분포(따라서 검정통계량 간의 상관을 고려함)를 통해 계산된다(디폴트).

검정통계량 간의 상관을 고려하지 않는 Bonferroni에 의한 조정은 아래와 같이 수행되며, 이때 검정력은 Dunnett 검정보다 떨어진다.

```
> summary(av.mcc, test = adjusted(type = "bonferroni"))
  # Bonferroni 조정

      Simultaneous Tests for General Linear Hypotheses

Multiple Comparisons of Means: Dunnett Contrasts


Fit: aov(formula = mpg ~ cyl, data = mtcars)

Linear Hypotheses:
           Estimate Std. Error t value   Pr(<t)
6 - 4 >= 0   -6.921      1.558  -4.441 0.000119 ***
8 - 4 >= 0  -11.564      1.299  -8.905 8.57e-10 ***
```

```
---
Signif. codes:
0 '***' 0.001 '**' 0.01 '*' 0.05 '.' 0.1 ' ' 1
(Adjusted p values reported -- bonferroni method)
```

(해석) Dunnett의 p-값보다 더 큰 값으로 주어져(차이는 미미하지만) 더 보수적인 결과를 보여준다.

Dunnett 검정의 방법은 단계별 검정을 이용하는 방법으로 확장될 수 있으며, 이때 검정력은 보다 강력하다. 이를 이용하는 방법은 다음과 같다.

```
> # step-down Dunnett 방법 : type = "free"
> summary(av.mcc, test = adjusted(type = "free"))    # step-down 조정
> # Holm의 방법 : type = "holm"
> summary(av.mcc, test = adjusted(type = "holm"))    # holm 조정
```

예제 5.5 [예제 5.2]의 계속

warpbreaks 자료를 이용하여 이원배치에서 Tukey 방법에 의한 다중비교를 수행한다.

```
> wb.aov <- aov(breaks ~ wool + tension, data = warpbreaks)
> library(multcomp)
> wb.mc <- glht(wb.aov, linfct = mcp(tension = "Tukey"))    # Tukey의 다중비교
> summary(wb.mc)    # 디폴트로 single-step 조정

         Simultaneous Tests for General Linear Hypotheses

Multiple Comparisons of Means: Tukey Contrasts


Fit: aov(formula = breaks ~ wool + tension, data = warpbreaks)

Linear Hypotheses:
             Estimate Std. Error t value Pr(>|t|)
M - L == 0  -10.000      3.872  -2.582  0.03368 *
H - L == 0  -14.722      3.872  -3.802  0.00116 **
H - M == 0   -4.722      3.872  -1.219  0.44747
---
Signif. codes:  0 '***' 0.001 '**' 0.01 '*' 0.05 '.' 0.1 ' ' 1
(Adjusted p values reported -- single-step method)
```

(해석) [예제 5.2]와 동일한 결과임을 알 수 있다(제시된 p-값은 조정된 p-값임에 유의).

7) {PMCMRplus} 패키지는 10장에서 자세히 다룬다.

(a) 대비(contrasts) 지정 방법

glht() 함수에서 대비는 다음의 방법으로 지정하여 사용할 수도 있다(아래의 실행 결과는 모두 위의 결과([예제 5.5])와 동일하므로 생략한다).

```
> ## 차이(differences)를 기호로 지정
> summary(glht(wb.aov,
               linfct = mcp(tension = c("M - L = 0",
                                        "H - L = 0",
                                        "H - M = 0"))))
```

또는

```
> ## 대비 행렬을 직접 정의
> contr <- rbind("M - L" = c(-1, 1, 0),
                 "H - L" = c(-1, 0, 1),
                 "H - M" = c( 0, -1, 1))
> contr    # 대비 행렬
      [,1] [,2] [,3]
M - L   -1    1    0
H - L   -1    0    1
H - M    0   -1    1

> summary(glht(wb.aov, linfct = mcp(tension = contr)))
```

대비 설정의 또 다른 방법을 소개한다.

```
> ## 'tension'에 대한 대비 대신 계수에 대한 선형함수를 정의
    (모형의 대비와 절편을 고려)
> glht(wb.aov, linfct = cbind(0, contr %*% contr.treatment(3)))

     General Linear Hypotheses

Linear Hypotheses:
            Estimate
M - L == 0  -10.000
H - L == 0  -14.722
H - M == 0   -4.722
```

(해석) 위의 설정 옵션(linfct=...)에 대한 설명은 아래를 참고하기 바란다.

```
> contr.treatment(3)
> # (더미변수 처리와 관련된) 모형의 대비 행렬. n=3은 요인에 대한 수준(level)의 수
  2 3
1 0 0    # -> L
2 1 0    # -> M
```

```
3 0 1    # -> H
> contr %*% contr.treatment(3)    # (다중비교 대비행렬)*(모형의 대비행렬)
      2 3
M - L  1 0    # <- M-L
H - L  0 1    # <- H-L
H - M -1 1    # <- H-M
> cbind(0, contr %*% contr.treatment(3))    # 계수에 대한 선형함수
        2 3
M - L 0  1 0
H - L 0  0 1
H - M 0 -1 1
```

(b) 혼합형 가설의 다중비교

단측 및 양측검정이 혼합된 경우의 다중검정을 소개한다. 이때 양측가설에 대해서는 두 개의 단측가설에 대한 검정을 수행하는 형태로 대비를 지정한다.

```
> contr.treatment(3)
> # (더미변수 처리와 관련된) 모형의 대비 행렬. n=3은 요인에 대한 수준(level)의 수
  2 3
1 0 0    # -> L
2 1 0    # -> M
3 0 1    # -> H
> contr %*% contr.treatment(3)    # (다중비교 대비행렬)*(모형의 대비행렬)
      2 3
M - L  1 0    # <- M-L
H - L  0 1    # <- H-L
H - M -1 1    # <- H-M
> cbind(0, contr %*% contr.treatment(3))    # 계수에 대한 선형함수
        2 3
M - L 0  1 0
H - L 0  0 1
H - M 0 -1 1
```

(해석) 양측검정(L과 M)은 2개의 단측검정을 수행한 뒤, 그중 작은 p-값을 사용하여 검정을 수행하면 된다. 이때 처음 두 검정("L-M"과 "M-L") 간에는 완전한 음의 상관관계가 있다. 검정 간의 상관은 아래와 같이 확인할 수 있다.

```
> # 처음 두 검정 간의 상관계수는 -1임
> vcov(warpbreaks.mc)    # xcov{stats}: 적합된 모형 객체에 대한 분산-공분산 행렬
          L - M      M - L     L - H     M - H
L - M  14.995309 -14.995309  7.497654 -7.497654
M - L -14.995309  14.995309 -7.497654  7.497654
L - H   7.497654  -7.497654 14.995309  7.497654
M - H  -7.497654   7.497654  7.497654 14.995309
> cov2cor(vcov(warpbreaks.mc))    # cov2cor{stats}: 공분산 행렬을 상관행렬로 전환
```

```
      L - M M - L L - H M - H
L - M   1.0  -1.0   0.5  -0.5
M - L  -1.0   1.0  -0.5   0.5
L - H   0.5  -0.5   1.0   0.5
M - H  -0.5   0.5   0.5   1.0
```

```
> # 혼합형 가설에 대한 다중검정 결과
> summary(warpbreaks.mc)

	 Simultaneous Tests for General Linear Hypotheses

Multiple Comparisons of Means: User-defined Contrasts


Fit: aov(formula = breaks ~ wool + tension, data = warpbreaks)

Linear Hypotheses:
           Estimate Std. Error t value Pr(<t)
L - M >= 0   10.000      3.872   2.582 1.0000
M - L >= 0  -10.000      3.872  -2.582 0.0233 *
L - H >= 0   14.722      3.872   3.802 1.0000
M - H >= 0    4.722      3.872   1.219 1.0000
---
Signif. codes:  0 '***' 0.001 '**' 0.01 '*' 0.05 '.' 0.1 ' ' 1
(Adjusted p values reported -- single-step method)
```

(해석) 조정된 p-값 0.05 기준에서, 양측검정은 2개의 단측검정의 p-값 중 작은 값을 적용한다. 즉, L과 M 간의 양측검정은 귀무가설이 기각되며(0.0233), 나머지 2개의 단측검정은 모두 귀무가설을 기각하지 못한다.

예제 5.6* **다중선형회귀에서의 다중비교**

다중선형회귀에서 가설 '$H_0: \beta_i = 0,\ i = 1, \cdots, p$(절편은 제외)'에 대한 다중검정을 수행한다.

```
> lmod <- lm(Fertility ~ ., data = swiss)
> # 선형함수의 계수를 행렬 구조로 직접 정의
> K <- diag(length(coef(lmod)))[-1,]
> rownames(K) <- names(coef(lmod))[-1]
> K
                 [,1] [,2] [,3] [,4] [,5] [,6]
Agriculture         0    1    0    0    0    0
Examination         0    0    1    0    0    0
Education           0    0    0    1    0    0
Catholic            0    0    0    0    1    0
Infant.Mortality    0    0    0    0    0    1
```

```
> # 일반 선형가설 설정
> summary(glht(lmod, linfct = K))

	 Simultaneous Tests for General Linear Hypotheses

Fit: lm(formula = Fertility ~ ., data = swiss)

Linear Hypotheses:
                      Estimate Std. Error t value Pr(>|t|)
Agriculture == 0      -0.17211    0.07030  -2.448   0.0794 .
Examination == 0      -0.25801    0.25388  -1.016   0.7848
Education == 0        -0.87094    0.18303  -4.758   <0.001 ***
Catholic == 0          0.10412    0.03526   2.953   0.0237 *
Infant.Mortality == 0  1.07705    0.38172   2.822   0.0327 *
---
Signif. codes:  0 '***' 0.001 '**' 0.01 '*' 0.05 '.' 0.1 ' ' 1
(Adjusted p values reported -- single-step method)

> # 행렬 대신 다음과 같이 지정 가능
> glht(lmod, linfct = c("Agriculture = 0",
                        "Examination = 0",
                        "Education = 0",
                        "Catholic = 0",
                        "Infant.Mortality = 0"))
```

참고로, 다중선형회귀의 적합 결과와 다중검정의 결과를 비교해 보자.

```
> # 다중선형회귀 적합 결과
> summary(lmod)

Call:
lm(formula = Fertility ~ ., data = swiss)

Residuals:
     Min       1Q   Median       3Q      Max 
-15.2743  -5.2617   0.5032   4.1198  15.3213 

Coefficients:
                 Estimate Std. Error t value Pr(>|t|)    
(Intercept)      66.91518   10.70604   6.250 1.91e-07 ***
Agriculture      -0.17211    0.07030  -2.448  0.01873 *  
Examination      -0.25801    0.25388  -1.016  0.31546    
Education        -0.87094    0.18303  -4.758 2.43e-05 ***
Catholic          0.10412    0.03526   2.953  0.00519 ** 
Infant.Mortality  1.07705    0.38172   2.822  0.00734 ** 
```

```
---
Signif. codes:  0 '***' 0.001 '**' 0.01 '*' 0.05 '.' 0.1 ' ' 1

Residual standard error: 7.165 on 41 degrees of freedom
Multiple R-squared:  0.7067,	Adjusted R-squared:  0.671
F-statistic: 19.76 on 5 and 41 DF,  p-value: 5.594e-10

> # 다중검정의 결과(Bonferroni 조정)
> summary(glht(lmod, linfct = K), test = adjusted(type = "bonferroni"))

	 Simultaneous Tests for General Linear Hypotheses

Fit: lm(formula = Fertility ~ ., data = swiss)

Linear Hypotheses:
                      Estimate Std. Error t value Pr(>|t|)
Agriculture == 0      -0.17211    0.07030  -2.448 0.093636 .
Examination == 0      -0.25801    0.25388  -1.016 1.000000
Education == 0        -0.87094    0.18303  -4.758 0.000122 ***
Catholic == 0          0.10412    0.03526   2.953 0.025950 *
Infant.Mortality == 0  1.07705    0.38172   2.822 0.036679 *
---
Signif. codes:  0 '***' 0.001 '**' 0.01 '*' 0.05 '.' 0.1 ' ' 1
(Adjusted p values reported -- bonferroni method)
```

(해석) Boferroni에 의해 '조정된 p-값'은 다중선형회귀에서의 p-값의 5배와 같다(검정의 수=5).

5.2 {agricolae} 패키지 이용

5.2.1 다중비교

{agricolae} 패키지에서 제공하는 다중비교를 위한 검정 함수는 다음과 같다.

- 모수적 검정: LSD.test, HSD.test, duncan.test, scheffe.test, waller.test, SNK.test, REGW.test.
- 비모수적 검정: durbin.test, kruskal, Friedman, waerden.test, Median.test.

이 절에서는 모수적 절차를 다루고, 비모수적 절차에 대해서는 7.2절에서 다루기로 한다.

예제 5.7 Fisher의 LSD 검정

{agricolae} 패키지의 LSD.test() 함수를 이용하여 Fisher의 LSD 검정을 수행한다. Bonferroni 조정의 결과도 함께 제시하였다.

```
> library(agricolae)
> data(sweetpotato)
> str(sweetpotato)
'data.frame':   12 obs. of  2 variables:
 $ virus: Factor w/ 4 levels "cc","fc","ff",..: 1 1 1 2 2 2 3 3 3 4 ...
 $ yield: num  28.5 21.7 23 14.9 10.6 13.1 41.8 39.2 28 38.2 ...

> model <- aov(yield~virus, data=sweetpotato)
> summary(model)
            Df Sum Sq Mean Sq F value   Pr(>F)
virus        3 1170.2   390.1   17.34 0.000733 ***
Residuals    8  179.9    22.5
---
Signif. codes:  0 '***' 0.001 '**' 0.01 '*' 0.05 '.' 0.1 ' ' 1

> out_none <- LSD.test(model, "virus", p.adj="none")
> out_none
$statistics
   MSerror Df   Mean       CV  t.value      LSD
  22.48917  8 27.625 17.1666 2.306004 8.928965

$parameters
        test p.ajusted name.t ntr alpha
  Fisher-LSD      none  virus   4  0.05

$means
      yield      std r       LCL      UCL  Min  Max   Q25  Q50   Q75
cc 24.40000 3.609709 3 18.086268 30.71373 21.7 28.5 22.35 23.0 25.75
fc 12.86667 2.159475 3  6.552935 19.18040 10.6 14.9 11.85 13.1 14.00
ff 36.33333 7.333030 3 30.019601 42.64707 28.0 41.8 33.60 39.2 40.50
oo 36.90000 4.300000 3 30.586268 43.21373 32.1 40.4 35.15 38.2 39.30

$comparison
NULL

$groups
      yield groups
oo 36.90000      a
ff 36.33333      a
cc 24.40000      b
fc 12.86667      c
```

```
attr(,"class")
[1] "group"
```

(해석) 유의수준 $\alpha=0.05$에서 개별 t-검정을 수행한 결과 ((OO, ff), cc, fc)의 결과를 얻었다. 이때 평균 차이에 대한 임곗값은 LSD= $\hat{\sigma}\sqrt{2/n}\,t_{\nu}^{\alpha/2}=\sqrt{22.489}\,\sqrt{2/3}\,t_{8}^{0.025}=8.929$이다(결과에서 t.value $=t_{8}^{0.025}=2.306$임).

```
> out_bon <- LSD.test(model, "virus", p.adj="bonferroni")
> out_bon
$statistics
   MSerror Df   Mean       CV  t.value     MSD
  22.48917  8 27.625 17.1666 3.478879 13.4704

$parameters
        test  p.ajusted name.t ntr alpha
  Fisher-LSD bonferroni  virus   4  0.05

$means
      yield      std r        LCL      UCL  Min  Max   Q25  Q50   Q75
cc 24.40000 3.609709 3 18.086268 30.71373 21.7 28.5 22.35 23.0 25.75
fc 12.86667 2.159475 3  6.552935 19.18040 10.6 14.9 11.85 13.1 14.00
ff 36.33333 7.333030 3 30.019601 42.64707 28.0 41.8 33.60 39.2 40.50
oo 36.90000 4.300000 3 30.586268 43.21373 32.1 40.4 35.15 38.2 39.30

$comparison
NULL

$groups
      yield groups
oo 36.90000      a
ff 36.33333      a
cc 24.40000     ab
fc 12.86667      b

attr(,"class")
[1] "group"
```

(해석) Bonferroni 조정된 결과를 제시하였다. 실험별 오류율을 $\alpha=0.05$로 할 때, $\alpha^{*}=\alpha/\binom{r}{2}=0.05/6$이고 평균 차이에 대한 임곗값은 LSD $=\hat{\sigma}\sqrt{2/n}\,t_{\nu}^{\alpha^{*}/2}=\sqrt{22.489}\,\sqrt{2/3}\,t_{8}^{0.05/12}=13.470$이다. 그 결과 ((oo, ff, cc), (cc, fc))를 얻었다.

```
> # 다중비교의 시각화
> plot(out_none)    # Fisher의 LSD 검정(미조정)
> plot(out_bon)    # Fisher의 LSD 검정(Bonferroni 조정)
```

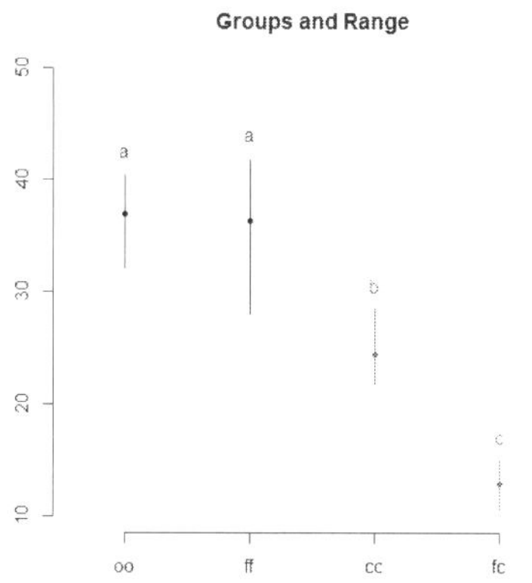

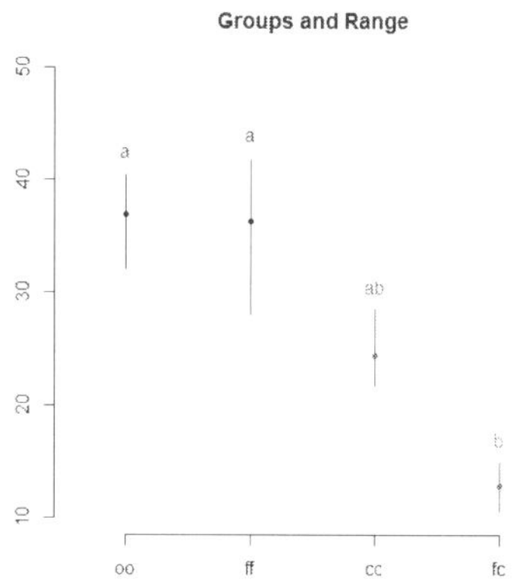

(해석) Fisher의 LSD 검정의 미조정 결과와 Bonferroni 조정 결과를 나타낸다. 두 방법 간 그룹핑의 결과가 다소 다르게 나타났다. 전자는 실험별 오류율이 미조정된 결과이며, 후자는 Bonferroni 방법으로 조정된 결과이다.

LSD.test() 함수에서 group= 옵션을 통해 출력 형태를 바꿀 수 있다. 이는 {agricolae} 패키지에서 제공되는 다른 함수에 대해서도 적용된다.

```
> LSD.test(model,"virus", group=FALSE, p.adj="none", console=TRUE)

Study: model ~ "virus"

LSD t Test for yield

Mean Square Error:  22.48917

virus,  means and individual ( 95 %) CI

      yield      std r       LCL      UCL  Min  Max
cc 24.40000 3.609709 3 18.086268 30.71373 21.7 28.5
fc 12.86667 2.159475 3  6.552935 19.18040 10.6 14.9
ff 36.33333 7.333030 3 30.019601 42.64707 28.0 41.8
oo 36.90000 4.300000 3 30.586268 43.21373 32.1 40.4

Alpha: 0.05 ; DF Error: 8
Critical Value of t: 2.306004

Comparison between treatments means

         difference pvalue signif.       LCL       UCL
cc - fc  11.5333333 0.0176       *  2.604368 20.462299
```

```
cc - ff -11.9333333 0.0151        * -20.862299  -3.004368
cc - oo -12.5000000 0.0121        * -21.428965  -3.571035
fc - ff -23.4666667 0.0003      *** -32.395632 -14.537701
fc - oo -24.0333333 0.0003      *** -32.962299 -15.104368
ff - oo  -0.5666667 0.8873           -9.495632   8.362299
```

(해석) Fisher의 LSD에 의한 다중비교 결과로 미조정된 p-값을 나타낸다. 예를 들어, cc-fc의 경우 p-값은 아래와 같이 계산된다.

$$2\times P\left(t_8>\frac{11.533}{\hat{\sigma}\sqrt{2/n}}\right)=2\times P\left(t_8>\frac{11.533}{\sqrt{22.489}\sqrt{2/3}}\right)=2\times P(t_8>2.979)=0.01763.$$

```
> LSD.test(model,"virus", group=FALSE, p.adj="bonferroni", console=TRUE)

Study: model ~ "virus"

LSD t Test for yield
P value adjustment method: bonferroni

Mean Square Error:  22.48917

virus,  means and individual ( 95 %) CI

      yield      std r       LCL      UCL  Min  Max
cc 24.40000 3.609709 3 18.086268 30.71373 21.7 28.5
fc 12.86667 2.159475 3  6.552935 19.18040 10.6 14.9
ff 36.33333 7.333030 3 30.019601 42.64707 28.0 41.8
oo 36.90000 4.300000 3 30.586268 43.21373 32.1 40.4

Alpha: 0.05 ; DF Error: 8
Critical Value of t: 3.478879

Comparison between treatments means

         difference pvalue signif.        LCL         UCL
cc - fc  11.5333333 0.1058          -1.937064  25.0037305
cc - ff -11.9333333 0.0904        . -25.403730   1.5370638
cc - oo -12.5000000 0.0725        . -25.970397   0.9703971
fc - ff -23.4666667 0.0018       ** -36.937064  -9.9962695
fc - oo -24.0333333 0.0015       ** -37.503730 -10.5629362
ff - oo  -0.5666667 1.0000          -14.037064  12.9037305
```

(해석) Bonferroni 조정된 p-값을 보여준다. 예를 들어, cc-fc의 경우 조정된 p-값은 (미조정된 p-값)×(비교 검정의 수)$=0.0176\times 6=0.1058$이다.

예제 5.8 Tukey의 HSD 방법: 반복수가 같은 경우

{agricolae} 패키지의 HSD.test() 함수를 이용하여 Tukey의 HSD 검정을 수행한다.

```
> outHSD <- HSD.test(model, "virus", console=TRUE)

Study: model ~ "virus"

HSD Test for yield

Mean Square Error:  22

virus,  means

   yield std r Min Max
cc    24 3.6 3  22  28
fc    13 2.2 3  11  15
ff    36 7.3 3  28  42
oo    37 4.3 3  32  40

Alpha: 0.05 ; DF Error: 8
Critical Value of Studentized Range: 4.5

Minimun Significant Difference: 12

Treatments with the same letter are not significantly different.

   yield groups
oo    37      a
ff    36     ab
cc    24     bc
fc    13      c

> outHSD
$statistics
  MSerror Df Mean CV MSD
       22  8   28 17  12

$parameters
   test name.t ntr StudentizedRange alpha
  Tukey  virus   4              4.5  0.05

$means
   yield std r Min Max Q25 Q50 Q75
cc    24 3.6 3  22  28  22  23  26
fc    13 2.2 3  11  15  12  13  14
ff    36 7.3 3  28  42  34  39  40
```

```
oo    37 4.3 3  32  40  35  38  39

$comparison
NULL

$groups
   yield groups
oo    37      a
ff    36     ab
cc    24     bc
fc    13      c

attr(,"class")
[1] "group"
```

예제 5.9 Tukey의 HSD 방법: 반복수가 다른 경우

{agricolae} 패키지의 HSD.test() 함수를 이용하여 Tukey의 HSD 검정을 수행한다.

```
> A <- sweetpotato[-c(4,5,7),]
> modelUnbalanced <- aov(yield ~ virus, data=A)
> outUn <-HSD.test(modelUnbalanced, "virus", group=FALSE, unbalanced = TRUE)
> print(outUn$comparison)
        difference pvalue signif. LCL  UCL
cc - fc       11.3  0.252          -8 30.6
cc - ff       -9.2  0.386         -28 10.1
cc - oo      -12.5  0.196         -32  6.8
fc - ff      -20.5  0.040       * -40 -1.2
fc - oo      -23.8  0.022       * -43 -4.5
ff - oo       -3.3  0.917         -23 16.0

> outUn <-HSD.test(modelUnbalanced, "virus",group=TRUE, unbalanced = TRUE)
> print(outUn$groups)
   yield groups
oo    37      a
ff    34      a
cc    24     ab
fc    13      b

> # group=FALSE 옵션 사용
> outUn <-HSD.test(modelUnbalanced, "virus", group=FALSE)
> print(outUn$comparison[,1:2])
        difference pvalue
cc - fc       11.3  0.316
cc - ff       -9.2  0.297
```

```
cc - oo      -12.5  0.096
fc - ff      -20.5  0.071
fc - oo      -23.8  0.033
ff - oo       -3.3  0.885

> outUn <-HSD.test(modelUnbalanced, "virus",group=TRUE)
> print(outUn$groups)
   yield groups
oo    37      a
ff    34     ab
cc    24     ab
fc    13      b
```

예제 5.10 Duncan의 방법

{agricolae} 패키지의 duncan.test() 함수를 이용하여 Duncan 검정을 수행한다.

```
> library(agricolae)
> data(sweetpotato)
> model<-aov(yield~virus, data=sweetpotato)
> out.d <- duncan.test(model, "virus", group=TRUE)
> out.d
$statistics
   MSerror Df   Mean       CV
  22.48917  8 27.625 17.1666

$parameters
    test name.t ntr alpha
  Duncan  virus   4  0.05

$duncan
     Table CriticalRange
2 3.261182      8.928965
3 3.398460      9.304825
4 3.475191      9.514910

$means
      yield      std r  Min  Max   Q25  Q50   Q75
cc 24.40000 3.609709 3 21.7 28.5 22.35 23.0 25.75
fc 12.86667 2.159475 3 10.6 14.9 11.85 13.1 14.00
ff 36.33333 7.333030 3 28.0 41.8 33.60 39.2 40.50
oo 36.90000 4.300000 3 32.1 40.4 35.15 38.2 39.30

$comparison
NULL
```

```
$groups
      yield groups
oo 36.90000      a
ff 36.33333      a
cc 24.40000      b
fc 12.86667      c

attr(,"class")
[1] "group"

> par(mfrow=c(1,2))
> plot(out.d)
> plot(out.d, variation="IQR")
```

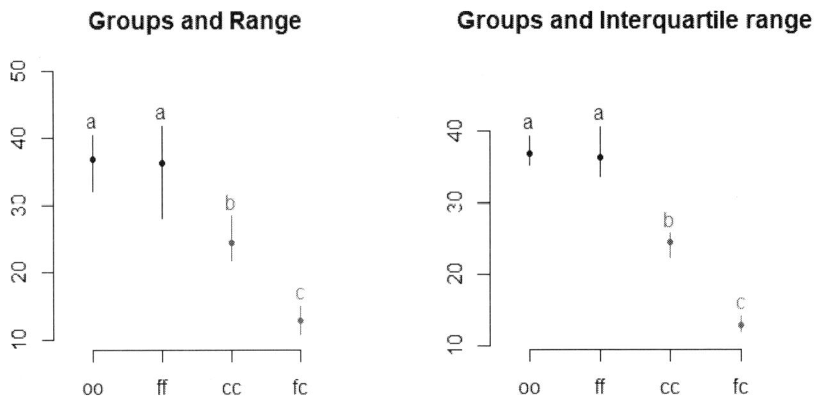

예제 5.11 Scheffe의 방법

{agricolae} 패키지의 scheffe.test() 함수를 이용하여 Scheffe 검정을 수행한다.

```
> data(sweetpotato)
> model<-aov(yield~virus, data=sweetpotato)
> out.s <- scheffe.test(model, "virus", group=FALSE)
> out.s
$statistics
   MSerror Df        F   Mean      CV  Scheffe CriticalDifference
  22.48917  8 4.066181 27.625 17.1666 3.492641           13.52368

$parameters
     test name.t ntr alpha
  Scheffe  virus   4  0.05
```

```
$means
      yield      std r  Min  Max   Q25  Q50   Q75
cc 24.40000 3.609709 3 21.7 28.5 22.35 23.0 25.75
fc 12.86667 2.159475 3 10.6 14.9 11.85 13.1 14.00
ff 36.33333 7.333030 3 28.0 41.8 33.60 39.2 40.50
oo 36.90000 4.300000 3 32.1 40.4 35.15 38.2 39.30

$comparison
         Difference pvalue sig       LCL        UCL
cc - fc  11.5333333 0.0978   .  -1.99035  25.057017
cc - ff -11.9333333 0.0855   . -25.45702   1.590350
cc - oo -12.5000000 0.0706   . -26.02368   1.023684
fc - ff -23.4666667 0.0023  ** -36.99035  -9.942983
fc - oo -24.0333333 0.0020  ** -37.55702 -10.509650
ff - oo  -0.5666667 0.9991     -14.09035  12.957017

$groups
NULL

attr(,"class")
[1] "group“
```

예제 5.12 SNK 방법

{agricolae} 패키지의 SNK.test() 함수를 이용하여 SNK 검정을 수행한다.

```
> SNK.test(model, "virus", group=FALSE, console=TRUE)

Study: model ~ "virus"

Student Newman Keuls Test
for yield

Mean Square Error:  22

virus,  means

   yield std r Min Max
cc    24 3.6 3  22  28
fc    13 2.2 3  11  15
ff    36 7.3 3  28  42
oo    37 4.3 3  32  40

Comparison between treatments means
```

```
          difference pvalue signif.   LCL   UCL
cc - fc        11.53 0.0176       *   2.6  20.5
cc - ff       -11.93 0.0151       * -20.9  -3.0
cc - oo       -12.50 0.0291       * -23.6  -1.4
fc - ff       -23.47 0.0008     *** -34.5 -12.4
fc - oo       -24.03 0.0012      ** -36.4 -11.6
ff - oo        -0.57 0.8873          -9.5   8.4
```

예제 5.13 REGW 방법

{agricolae} 패키지의 REGW.test() 함수를 이용하여 REGW 검정을 수행한다.

```
> REGW.test(model, "virus", group=FALSE, console=TRUE)

Study: model ~ "virus"

Ryan, Einot and Gabriel and Welsch multiple range test
for yield

Mean Square Error:  22

virus,  means

   yield std r Min Max
cc    24 3.6 3  22  28
fc    13 2.2 3  11  15
ff    36 7.3 3  28  42
oo    37 4.3 3  32  40

Comparison between treatments means

          difference pvalue signif.    LCL    UCL
cc - fc        11.53 0.0350       *   0.91  22.16
cc - ff       -11.93 0.0360       * -23.00  -0.87
cc - oo       -12.50 0.0482       * -24.90  -0.10
fc - ff       -23.47 0.0006     *** -34.09 -12.84
fc - oo       -24.03 0.0007     *** -35.10 -12.97
ff - oo        -0.57 0.9873         -11.19  10.06
```

예제 5.14 Waller-Duncan의 방법

{agricolae} 패키지의 waller.test() 함수를 이용하여 Waller-Duncan의 검정을 수행한다. 다중비교 결과에 대한 시각화도 함께 제시하였다.

```
> library(agricolae)
> data(sweetpotato)
> model<-aov(yield~virus, data=sweetpotato)
> summary(model)
            Df Sum Sq Mean Sq F value   Pr(>F)
virus        3 1170.2   390.1   17.34 0.000733 ***
Residuals    8  179.9    22.5
---
Signif. codes:  0 '***' 0.001 '**' 0.01 '*' 0.05 '.' 0.1 ' ' 1

> out <- waller.test(model, "virus", group=TRUE)
> out
$statistics
    Mean Df       CV  MSerror  F.Value Waller CriticalDifference
  27.625  8 17.1666 22.48917 17.34478  2.236           8.657906

$parameters
           test name.t ntr   K
  Waller-Duncan  virus   4 100

$means
      yield      std r  Min  Max   Q25  Q50   Q75
cc 24.40000 3.609709 3 21.7 28.5 22.35 23.0 25.75
fc 12.86667 2.159475 3 10.6 14.9 11.85 13.1 14.00
ff 36.33333 7.333030 3 28.0 41.8 33.60 39.2 40.50
oo 36.90000 4.300000 3 32.1 40.4 35.15 38.2 39.30

$comparison
NULL

$groups
      yield groups
oo 36.90000      a
ff 36.33333      a
cc 24.40000      b
fc 12.86667      c

attr(,"class")
[1] "group"

> # 다중비교의 시각화
> par(mfrow=c(2,2))
> bar.err(out$means, variation="SD", horiz=TRUE, xlim=c(0,45), bar=FALSE,
         col=colors()[25], space=2, main="Standard deviation", las=1)
> bar.err(out$means, variation="SE", horiz=FALSE, ylim=c(0,45), bar=FALSE,
```

```
        col=colors()[15], space=2, main="SE", las=1)
> bar.err(out$means, variation="range", ylim=c(0,45), bar=FALSE, col="green",
        space=3, main="Range = Max  - Min", las=1)
> bar.group(out$groups, horiz=FALSE, ylim=c(0,45), density=8, col="red",
        main="Groups", las=1)
```

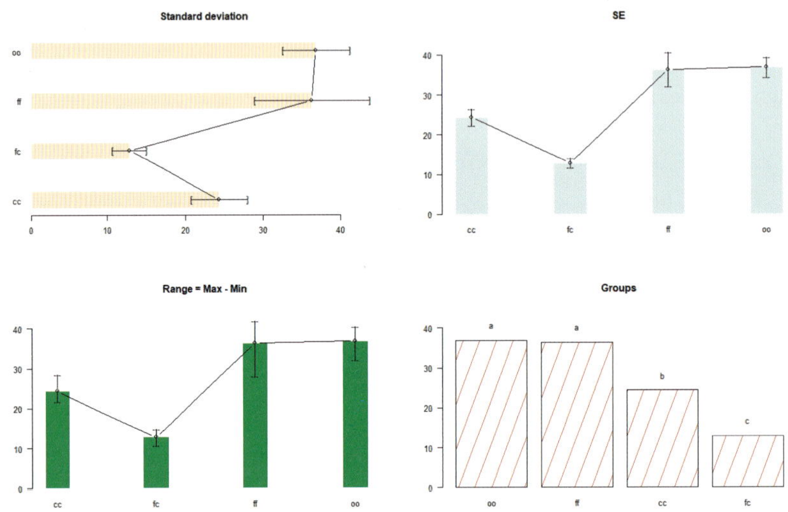

5.2.2 다중비교의 시각화

(agricolae) 패키지에서 제공하는 다중비교의 시각화 함수를 소개한다.

(a) bar.group()

```
> data(sweetpotato)
> model <- aov(yield~virus, data=sweetpotato)
> comparison <- LSD.test(model, "virus", alpha=0.01, group=TRUE)
> print(comparison$groups)
      yield groups
oo 36.90000      a
ff 36.33333      a
cc 24.40000     ab
fc 12.86667      b

> oldpar <- par(cex=1.5)
>  bar.group(comparison$groups,  horiz=TRUE,  density=8,  col="blue",  border="red",
xlim=c(0,50), las=1)
```

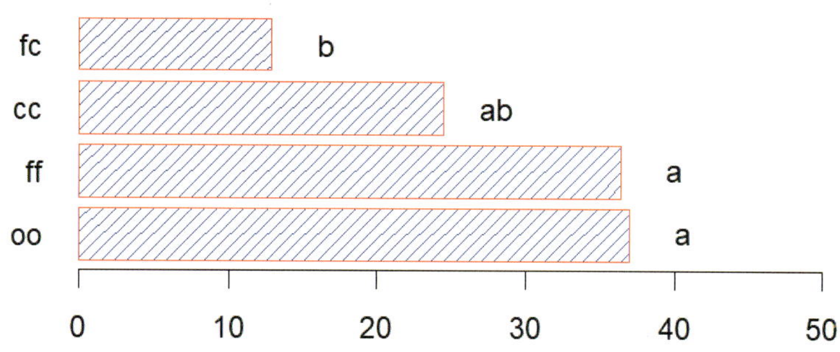

(b) bar.err()

```
> str(bar.err)
function (x, variation = c("SE", "SD", "range", "IQR"), horiz = FALSE,
    bar = TRUE, ...)

> oldpar <- par(mfrow=c(2,2), mar=c(3,3,2,1), cex=0.7)
> c1 <- colors()[480]; c2=colors()[65]
> bar.err(outHSD$means, variation="range", ylim=c(0,50), col=c1, las=1)
> bar.err(outHSD$means, variation="IQR", horiz=TRUE, xlim=c(0,50), col=c2, las=1)
> plot(outHSD, variation="range", las=1)
> plot(outHSD, horiz=TRUE, variation="SD", las=1)
> par(oldpar)
```

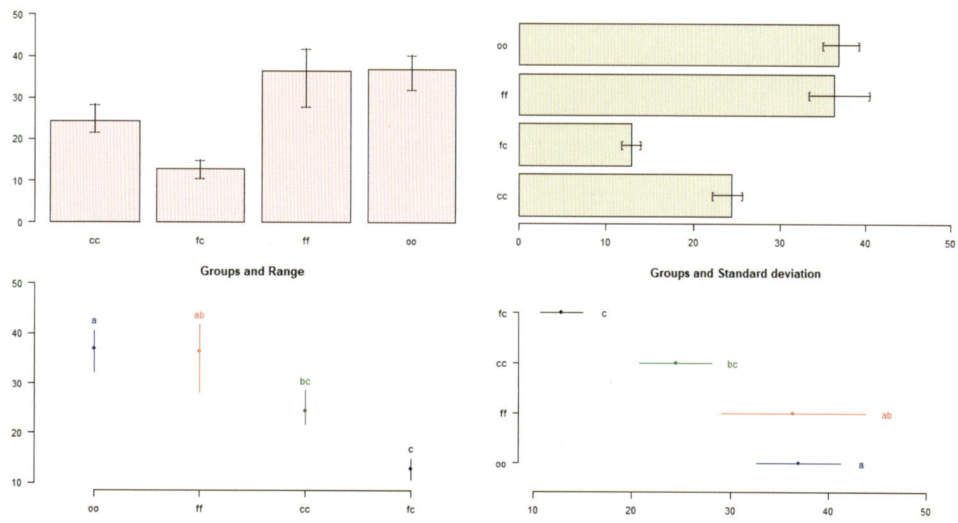

```
> oldpar <- par(mfrow=c(1,2), mar=c(3,3,1,1), cex=0.8)
> x <- duncan.test(model, "virus", group=TRUE)
> plot(x, las=1)
> plot(x, variation="IQR", horiz=TRUE, las=1)
> par(oldpar)
```

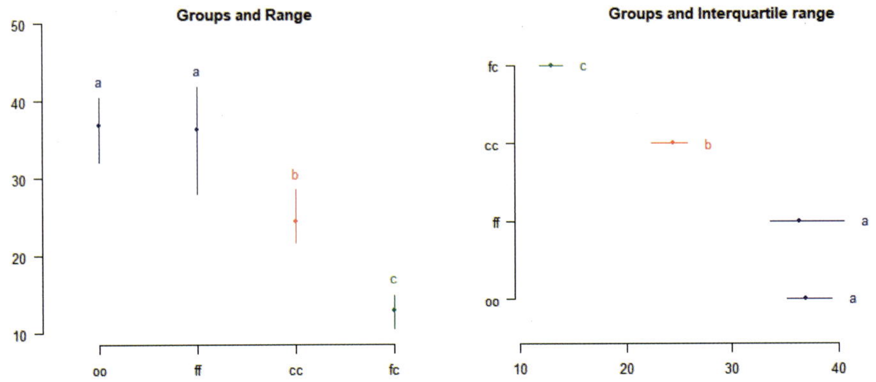


```
> # 기타 그래픽
> oldpar <- par(mfrow=c(2,2), cex=0.7, mar=c(3.5,1.5,3,1))
> C1 <- bar.err(modelPBIB$means[1:7, ], ylim=c(0,9), col=0, main="C1",
              variation="range", border=3, las=2)
> C2 <- bar.err(modelPBIB$means[8:15,], ylim=c(0,9), col=0, main="C2",
              variation="range", border =4, las=2)
> C3 <- bar.err(modelPBIB$means[16:22,], ylim=c(0,9), col=0, main="C3",
              variation="range", border =2, las=2)
> C4 <- bar.err(modelPBIB$means[23:30,], ylim=c(0,9), col=0, main="C4",
              variation="range", border =6, las=2)
```

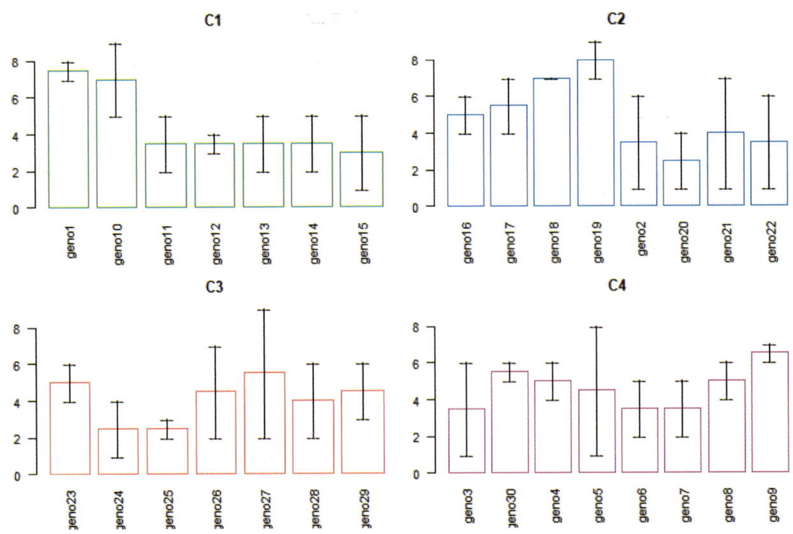

```
> # Lattice 그래픽
> par(oldpar)
> oldpar <- par(mar=c(2.5,2.5,1,0), cex=0.6)
> bar.group(modelLattice$group, ylim=c(0,55), density=10, las=1)
> par(oldpar)
```

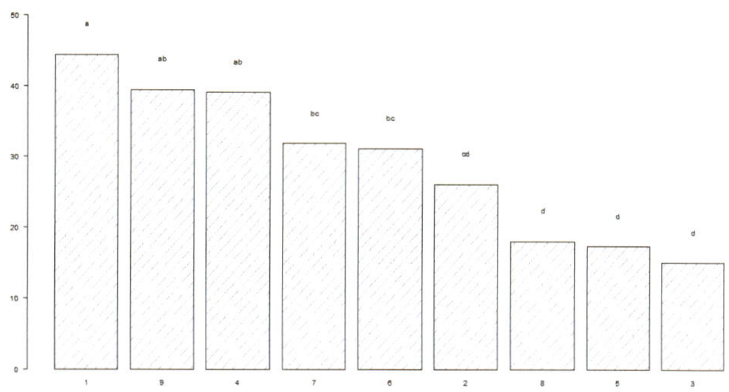

(c) plot.group()

```
> str(plot.group)
function (x, variation = c("range", "IQR", "SE", "SD"),
    horiz = FALSE, col = NULL, xlim = NULL, ylim = NULL,
    main = NULL, cex = NULL, hy = 0, ...)

> data(sweetpotato)
> model <- aov(yield~virus, data=sweetpotato)
> comparison <- LSD.test(model, "virus", alpha=0.01, group=TRUE)
> op <- par(cex=1.5)
> plot(comparison, horiz=TRUE, xlim=c(0,50), las=1)
```

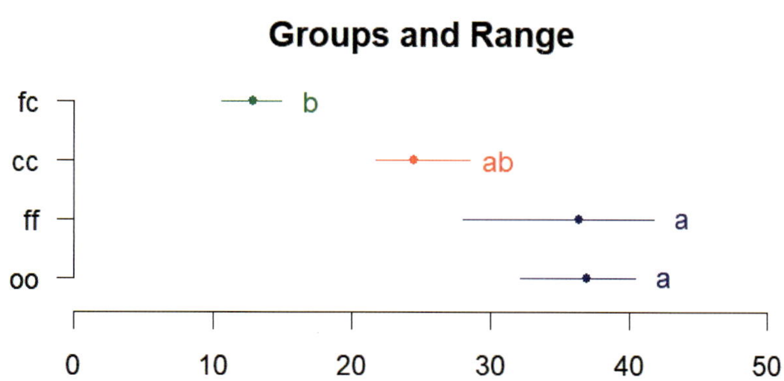

(d) diffograph()

이 함수는 비교할 처리평균의 막대를 그려준다. 함수의 color1=, color2=, color3= 옵션은 차례대로 유의한 색상, 유의하지 않은 색상 및 중심선의 색상을 나타낸다.

```
> str(diffograph)
function (x, main = NULL, color1 = "red", color2 = "blue",
    color3 = "black", cex.axis = 0.8, las = 1, pch = 20,
    bty = "l", cex = 0.8, lwd = 1, xlab = "", ylab = "",
    ...)

> x <- HSD.test(model, "virus", group=FALSE)
> diffograph(x, cex.axis=0.9, xlab="Yield", ylab="Yield", cex=0.9)
```

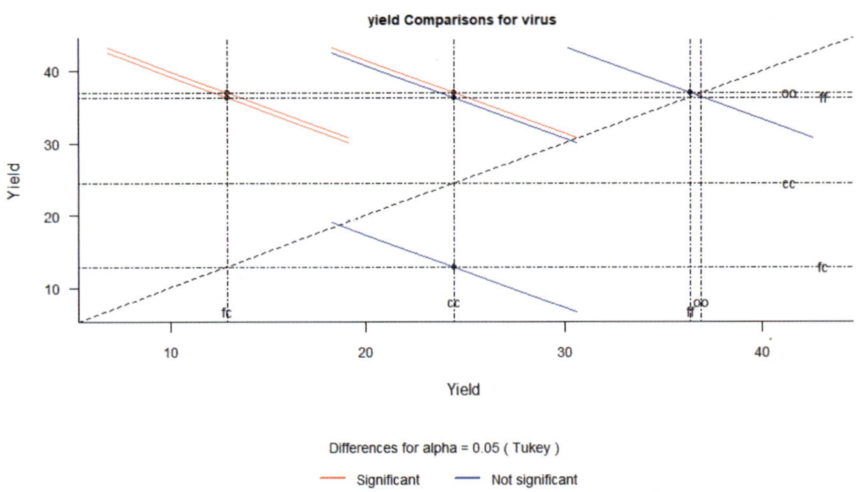

(해석) 위 그림에서 6개의 선(lines)은 총 6개 비교 그룹 간의 유의성 여부를 나타낸다.

5.2.3* 기타 모형별 다중비교

{agricolae} 패키지에서는 보다 다양한 실험계획 모형에 대한 다중비교를 제공한다.

- 요인실험설계(factorial design): LSD.test()
- 균형불완비블록설계(BIB design): BIB.test()
- 부분균형불완비블록설계(PBIB design): PBIB.test()
- Augmented Boock Design: DAU.test()

예제 5.15 요인실험설계

{agricolae} 패키지의 LSD.test() 함수를 이용하여 요인실험설계에서의 다중비교를 수행한다.

```
> yield <- scan (text =
            "6 7 9 13 16 20 8 8 9
             7 8 8 12 17 18 10 9 12
             9 9 9 14 18 21 11 12 11
             8 10 10 15 16 22 9 9 9 "
             )
Read 36 items
> block <-gl (4, 9)
> clone <-rep (gl (3, 3, labels = c ("c1", "c2", "c3")), 4)
> nitrogen <-rep (gl (3, 1, labels = c ("n1", "n2", "n3")), 12)
> A <-data.frame (block, clone, nitrogen, yield)
> str(A)
'data.frame':   36 obs. of  4 variables:
 $ block   : Factor w/ 4 levels "1","2","3","4": 1 1 1 1 1 1 1 1 1 2 ...
 $ clone   : Factor w/ 3 levels "c1","c2","c3": 1 1 1 2 2 2 3 3 3 1 ...
 $ nitrogen: Factor w/ 3 levels "n1","n2","n3": 1 2 3 1 2 3 1 2 3 1 ...
 $ yield   : num  6 7 9 13 16 20 8 8 9 7 ...

> head (A)
  block clone nitrogen yield
1     1    c1       n1     6
2     1    c1       n2     7
3     1    c1       n3     9
4     1    c2       n1    13
5     1    c2       n2    16
6     1    c2       n3    20

> outAOV <-aov (yield ~ block + clone * nitrogen, data = A)
> anova (outAOV)
Analysis of Variance Table

Response: yield
               Df Sum Sq Mean Sq F value  Pr(>F)
block           3     21     6.9    5.82 0.00387 **
clone           2    498   248.9  209.57 6.4e-16 ***
nitrogen        2     54    27.0   22.76 2.9e-06 ***
clone:nitrogen  4     43    10.8    9.11 0.00013 ***
Residuals      24     29     1.2
---
Signif. codes:  0 '***' 0.001 '**' 0.01 '*' 0.05 '.' 0.1 ' ' 1

> outFactorial <-LSD.test (outAOV, c("clone", "nitrogen"),
        main="Yield ~ block + nitrogen + clone + clone:nitrogen", console=TRUE)
```

```
Study: Yield ~ block + nitrogen + clone + clone:nitrogen

LSD t Test for yield

Mean Square Error:  1.2

clone:nitrogen,  means and individual ( 95 %) CI

      yield  std r  LCL  UCL Min Max
c1:n1   7.5 1.29 4  6.4  8.6   6   9
c1:n2   8.5 1.29 4  7.4  9.6   7  10
c1:n3   9.0 0.82 4  7.9 10.1   8  10
c2:n1  13.5 1.29 4 12.4 14.6  12  15
c2:n2  16.8 0.96 4 15.6 17.9  16  18
c2:n3  20.2 1.71 4 19.1 21.4  18  22
c3:n1   9.5 1.29 4  8.4 10.6   8  11
c3:n2   9.5 1.73 4  8.4 10.6   8  12
c3:n3  10.2 1.50 4  9.1 11.4   9  12

Alpha: 0.05 ; DF Error: 24
Critical Value of t: 2.1

least Significant Difference: 1.6

Treatments with the same letter are not significantly different.

      yield groups
c2:n3  20.2      a
c2:n2  16.8      b
c2:n1  13.5      c
c3:n3  10.2      d
c3:n1   9.5     de
c3:n2   9.5     de
c1:n3   9.0    def
c1:n2   8.5     ef
c1:n1   7.5      f

> oldpar<-par(mar=c(3,3,2,0))
>  pic1<-bar.err(outFactorial$means, variation="range", ylim=c(5,25), bar=FALSE,
col=0, las=1)
> points(pic1$index,pic1$means, pch=18, cex=1.5, col="blue")
> axis(1,pic1$index, labels=FALSE)
> title(main="average and range\nclon:nitrogen")
> par(oldpar)
```

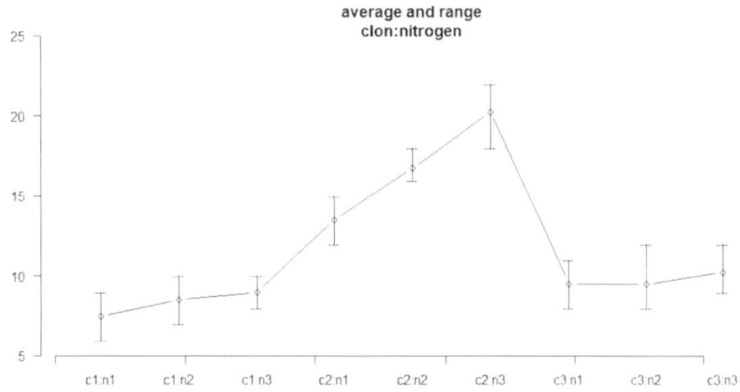

예제 5.16 균형불완비블록설계

{agricolae} 패키지의 LSD.test() 함수를 이용하여 균형불완비블록설계에서의 다중비교를 수행한다.

```
> # 6 varieties of wheat in 10 blocks of 3 plots each.
> block <- gl(10,3)
> variety <- c(1,2,3,1,2,4,1,3,5,1,4,6,1,5,6,2,3,6,2,4,5,2,5,6,3,4,5,3, 4,6)
> Y <- c(69,54,50,77,65,38,72,45,54,63,60,39,70,65,54,65,68,67,57,60,62,
        59,65,63,75,62,61,59,55,56)
> head(cbind(block, variety, Y))
     block variety  Y
[1,]     1       1 69
[2,]     1       2 54
[3,]     1       3 50
[4,]     2       1 77
[5,]     2       2 65
[6,]     2       4 38

> str(BIB.test)
function (block, trt, y, test = c("lsd", "tukey", "duncan",
    "waller", "snk"), alpha = 0.05, group = TRUE, console = FALSE)

> BIB.test(block, variety, Y, console=TRUE)

ANALYSIS BIB:  Y
Class level information

Block:  1 2 3 4 5 6 7 8 9 10
Trt  :  1 2 3 4 5 6

Number of observations:  30
```

```
Analysis of Variance Table

Response: Y
             Df Sum Sq Mean Sq F value Pr(>F)
block.unadj  9    467    51.9    0.90  0.547
trt.adj      5   1156   231.3    4.02  0.016 *
Residuals   15    863    57.5
---
Signif. codes:  0 '***' 0.001 '**' 0.01 '*' 0.05 '.' 0.1 ' ' 1

coefficient of variation: 13 %
Y Means: 60

variety,  statistics

   Y mean.adj  SE r  std Min Max
1 70       75 3.7 5  5.1  63  77
2 60       59 3.7 5  4.9  54  65
3 59       59 3.7 5 12.4  45  75
4 55       55 3.7 5  9.8  38  62
5 61       60 3.7 5  4.5  54  65
6 56       54 3.7 5 10.8  39  67

LSD test
Std.diff   : 5.4
Alpha      : 0.05
LSD        : 11
Parameters BIB
Lambda     : 2
treatmeans : 6
Block size : 3
Blocks     : 10
Replication: 5

Efficiency factor 0.8

<<< Book >>>

Comparison between treatments means
      Difference pvalue sig.
1 - 2      16.42 0.0080   **
1 - 3      16.58 0.0074   **
1 - 4      20.17 0.0018   **
1 - 5      15.08 0.0132    *
1 - 6      20.75 0.0016   **
```

```
2 - 3        0.17 0.9756
2 - 4        3.75 0.4952
2 - 5       -1.33 0.8070
2 - 6        4.33 0.4318
3 - 4        3.58 0.5142
3 - 5       -1.50 0.7836
3 - 6        4.17 0.4492
4 - 5       -5.08 0.3582
4 - 6        0.58 0.9148
5 - 6        5.67 0.3074

Treatments with the same letter are not significantly different.

   Y groups
1 75      a
5 60      b
2 59      b
3 59      b
4 55      b
6 54      b

> # test="tukey", group=FALSE 옵션 사용
> out <- BIB.test(block, trt=variety, Y, test="tukey", group=FALSE, console=TRUE)

ANALYSIS BIB:  Y
Class level information

Block:  1 2 3 4 5 6 7 8 9 10
Trt  :  1 2 3 4 5 6

Number of observations:  30

Analysis of Variance Table

Response: Y
            Df Sum Sq Mean Sq F value Pr(>F)
block.unadj  9    467    51.9    0.90  0.547
trt.adj      5   1156   231.3    4.02  0.016 *
Residuals   15    863    57.5
---
Signif. codes:  0 '***' 0.001 '**' 0.01 '*' 0.05 '.' 0.1 ' ' 1

coefficient of variation: 13 %
Y Means: 60

variety,  statistics
```

```
   Y mean.adj  SE r  std Min Max
1 70        75 3.7 5  5.1  63  77
2 60        59 3.7 5  4.9  54  65
3 59        59 3.7 5 12.4  45  75
4 55        55 3.7 5  9.8  38  62
5 61        60 3.7 5  4.5  54  65
6 56        54 3.7 5 10.8  39  67

Tukey
Alpha      : 0.05
Std.err    : 3.8
HSD        : 17
Parameters BIB
Lambda     : 2
treatmeans : 6
Block size : 3
Blocks     : 10
Replication: 5

Efficiency factor 0.8

<<< Book >>>

Comparison between treatments means
      Difference pvalue sig.
1 - 2      16.42  0.070    .
1 - 3      16.58  0.067    .
1 - 4      20.17  0.019    *
1 - 5      15.08  0.110
1 - 6      20.75  0.015    *
2 - 3       0.17  1.000
2 - 4       3.75  0.979
2 - 5      -1.33  1.000
2 - 6       4.33  0.962
3 - 4       3.58  0.983
3 - 5      -1.50  1.000
3 - 6       4.17  0.967
4 - 5      -5.08  0.927
4 - 6       0.58  1.000
5 - 6       5.67  0.891
> names(out)
[1] "parameters" "statistics" "comparison" "means"      "groups"
> rm(block,variety)
```

{agricolae} 패키지를 이용한 기타 모형(PBIB, Augmented Block Design)에 대한 다중비교는 vignette을 참고하기 바란다.

또한, 10장에서는 {PMCMRplus} 패키지를 이용한 다양한 다중비교를 비모수적 방법과 함께 소개하고 있다.

6장 비모수적 방법 I

6.1 서론

6.1.1 소개

이 장에서는 다중비교 방법 가운데 비모수적 방법을 소개한다. 비모수적 방법은 검정통계량의 귀무분포가 모집단의 분포에 무관한(의존하지 않는) 방법이다. 즉, 모집단에 대해 정규성 가정이 적절하지 않은 상황에서도 적용 가능한 방법이므로 모수적 방법에 비해 폭넓게 적용될 수 있다. 이 장에서 소개되는 방법은 모수적 방법에서와 마찬가지로 모두 위치모수(location parameter)에 대한 차이가 존재하는지의 문제를 다룬다. 예를 들어, 일원배치의 경우 한 모집단의 밀도함수가 $p(x)$라면 다른 모집단이 이동된 밀도함수 $p(x-\theta)$를 따르는지가 관심사이다. 이 장에서는 일원배치와 블록인자를 가지는 이원배치모형을 중심으로 비모수적 다중비교 방법을 소개한다.

6.1.2 결합 순위와 쌍별 순위

결합 순위(joint ranking)는 전체 혼합표본에서 순위를 매기는 반면, 쌍별 순위(pairwise ranking)는 비교되는 두 표본 만으로부터 순위를 매긴 것이다. 다중비교의 방법에 따라 결합 순위 또는 쌍별 순위 정보를 이용하게 된다.

결합 순위 검정에서는 Kruskal-Wallis 검정에서 사용된 평균 순위(또는 순위 합계)를 비교한다. 따라서 이러한 검정은 한 쌍의 처리 간의 비교의 유의성이 비교에 포함되지 않은 처리들의 관측값에 따라 달라지기 때문에 본질적으로 모수적 다중비교 검정과 다르다. 따라서 결과는 고려되는 처리의 수에 따라 달라질 수 있다.

반면, 쌍별로 순위가 매겨지면 비교되는 두 처리에만 순위가 새로 지정된다. 이것은 그룹 A가 그룹 B보다 크고 그룹 C가 그룹 A보다 크지만, 그룹 C가 그룹 B보다 크게 크지 않은 형태의 순환(cycling)이 발생할 수 있다는 단점이 있다. 이러한 불일치는 논리적으로 설명하기 어렵다.

6.2 Kruskal-Wallis 통계량에 기초한 다중비교

Kruskal-Wallis 검정에 기초한 일원배치법에서의 다중비교 방법을 소개한다.

6.2.1 Nemenyi 검정

이 방법은 Nemenyi(1963)가 소개한 일원배치법에서 위치모수에 대한 다중비교법으로, Kruskal-Wallis 검정에 기초한 방법이다.

먼저 Y_{ij}를 k개의 독립인 아래 분포로부터의 확률표본이라 하자. 즉,

$$p_{Y_{ij}}(x) = p(x - \theta_i),\ \ i = 1, \cdots, k;\ j = 1, \cdots, n_i.$$

(처리효과를 나타내는) 위치모수 $\theta_i\,(i = 1,\ \cdots, k)$에 대한 다음의 가설

$$H_0 : \theta_i = \theta_j \ \ ^{\forall} i, j \qquad \text{vs} \qquad H_1 : \theta_i \neq \theta_j \ \ ^{\forall} i, j$$

에 대한 동시검정의 채택역은 $(1-\alpha)$ 이상의 확률로 다음과 같이 주어진다.

$$|\overline{R}_i. - \overline{R}_j.| \le (h_{k-1}^{\alpha})^{\frac{1}{2}} \left[\frac{N(N+1)}{12}\right]^{\frac{1}{2}} \left(\frac{1}{n_i} + \frac{1}{n_j}\right)^{\frac{1}{2}} \quad \text{for all } i, j (i < j).$$

여기서 h_{k-1}^{α}은 다음의 유의수준 α인 Kruskal-Wallis 검정에서의 채택역을 통해 구해진다.

$$\begin{aligned} H_{k-1} &= \frac{12}{N(N+1)} \sum_{i=1}^{k} n_i (\overline{R}_{i.} - \overline{R}_{..})^2 \\ &= \frac{12}{N(N+1)} \sum_{i=1}^{k} n_i \overline{R}_{i.}^2 - 3(N+1) \le h_{k-1}^{\alpha}. \end{aligned}$$

N이 큰 경우에는 h_{k-1}^{α}은 $\chi_{k-1}^{2\ \alpha}$로 근사되며, 작은 N에 대해서는 표가 제공된다.

- **(Miller의 근사)** 표본의 크기가 동일한 경우($n_i \equiv n$), 충분히 큰 n에 대해, 채택역은 (근사적으로) $(1-\alpha)$ 이상의 확률로 다음과 같이 주어진다.

$$|\overline{R}_i. - \overline{R}_j.| \le q_{k,\infty}^{\alpha} \left[\frac{k(kn+1)}{12}\right]^{\frac{1}{2}} \quad \text{for all } i, j (i < j).$$

여기서 $q_{k,\infty}^{\alpha}$는 서로 독립인 k개 표준정규 확률변수의 범위 분포의 상위 α 분위수로 q 통계량의 수표에 포함되어 있다(부록의 [표 3] 참고). 위 식의 우변은 평균 순위들 간의 정직유의차(HSD)로 이해될 수 있다(Tukey 검정과 유사).

- **(다대일 검정: 대표본 근사)** 이 절차는 MCC 다중비교로도 유사하게 전개되며, 이 경우 양측뿐 아니라 단측검정도 가능하다(Miller p167, 1980). 대조 그룹(0)의 표본크기를 m, 처리 그룹$(1,\cdots,k)$의 표본크기를 n이라 하자. m과 n이 충분히 큰 경우, 단측 및 양측의 수준 α인 근사적인 검정의 채택역은 각각 다음과 같이 주어진다.

$$\overline{R}_i. - \overline{R}_0. \le m_{k(\rho)}^{\alpha} \left[\frac{N(N+1)}{12}\right]^{\frac{1}{2}} \left(\frac{1}{n} + \frac{1}{m}\right)^{\frac{1}{2}} \quad \text{for } i = 1, \cdots, k.$$

$$|\overline{R}_i. - \overline{R}_0.| \le |m|^{\alpha}_{k(\rho)} \left[\frac{N(N+1)}{12}\right]^{\frac{1}{2}} \left(\frac{1}{n} + \frac{1}{m}\right)^{\frac{1}{2}} \quad \text{for } i = 1, \cdots, k.$$

여기서 $N = m + kn$이다. $m^{\alpha}_{k(\rho)}$($|m|^{\alpha}_{k(\rho)}$)는 공통 상관 $\rho = n/(n+m)$을 가지는 k개 표준정규 확률변수의 최댓값(최대절댓값) 분포의 상위 α 분위수이다. 특히, $\rho = 1/2$인 경우에는 $m^{\alpha}_{k(1/2)} = d^{\alpha}_{k,\infty}$와 $|m|^{\alpha}_{k(1/2)} = |d|^{\alpha}_{k,\infty}$가 성립하므로 부록의 [표 6]을 참고하면 된다. m과 n이 대략 비슷한 경우라면 $\rho = 1/2$은 적절한 근사를 제공한다.

6.2.2 Dunn 검정

앞 절에서 소개한 Miller 근사는 Nemenyi 검정에서 표본의 크기가 같은 경우에 대한 근사적 검정이다. Dunn 검정은 Miller의 확장으로 표본의 크기가 다른 경우에 대한 근사적 검정을 제공한다.

Dunn(1964)은 Bonferroni 부등식을 이용한 Nemenyi와 유사한 검정 절차를 다음과 같이 제시하였다(동점 처리를 고려한 자세한 버전을 소개한다). Dunn의 Z 검정통계량(아래의 $Z_{i,j}$)은 이전 Kruskal-Wallis 검정($\overline{R}_i. = R_i./n_i$, 여기서 $R_i.$는 순위의 합이고 n_i는 i-번째 그룹의 표본크기임)에서 각 그룹에 속한 관측값들의 평균 순위를 사용하고 각 그룹의 평균 순위의 차이에 기초한 추론을 통해 정확한 순위합 검정통계량을 근사한다. 두 그룹(그룹 i와 j)을 비교하기 위한 Z 통계량은 다음과 같다.

$$Z_{i,j} = \frac{\overline{R}_i. - \overline{R}_j.}{S.E.}.$$

여기서 $\sigma_{i,j}$는 분자($\overline{R}_i. - \overline{R}_j.$)의 표준오차($S.E.$)로 아래와 같이 주어진다(동점이 없는 경우는 대괄호 속의 두 번째 항이 무시되므로 단순화된다).

$$S.E. = \sqrt{\left[\frac{N(N+1)}{12} - \frac{\sum_{s=1}^{r} \tau_s^3 - \tau_s}{12(N-1)}\right]\left(\frac{1}{n_i} + \frac{1}{n_j}\right)}.$$

N은 모든 그룹에 대한 총 관측값 수, r은 동점 순위 수, τ_s는 s-번째 특정 동점 값에서 동점인 관측값 수이다. 동점이 없을 때 분모의 합($\sum$)이 있는 항은 0이 되며 계산은 상당히 단순화된다.

Dunn 검정은 양측가설인 경우, $|Z_{i,j}| > z_{\alpha/2m}$이면 해당 귀무가설을 기각한다($m$: 총 가설의 수). 이때 만약 k개의 모집단 간에 차이가 없다면 한 개 또는 그 이상의 잘못된 결정의 확률(실험별 오류율)은 기껏해야 α이다.

다른 방법으로, p-값 조정을 통해 실험별 오류율을 통제할 수도 있다. 즉, Dunn의 Z 검정에서 구해진 p-값을 다양한 방법으로 조정하고(Bonferroni 조정, Sidak 조정, Holm 단계적 조정, 또는 Holm-Sidak 단계적 조정), 조정된 p-값에 기초하여 다중비교를 수행한다. 또한 Benjamini-Hochberg 단계적 조정을 사용하여 위발견율(FDR)을 통제할 수도 있다.

6.2.3 LSD를 이용한 다중비교

일원배치법에서의 비모수적 검정에 기초한 다중비교 방법으로 Fisher의 LSD(t-분포) 임곗값을 이용하는 방법을 소개한다(Conover, 1999). 아래의 두 방법은 Conover와 Iman(1979)이 제안하였다.

(a) Kruskal-Wallis 검정

Kruskal-Wallis 검정통계량(H)과 함께 LSD 임곗값을 이용하는 다중비교 방법을 소개한다.

아래의 부등식이 만족될 때 두 모집단 i와 j의 위치모수가 같다는 귀무가설을 기각한다.

$$\left|\frac{R_i.}{n_i} - \frac{R_j.}{n_j}\right| > t_{N-k}^{\alpha/2}\left(S^2\frac{N-1-H}{N-k}\right)^{1/2}\left(\frac{1}{n_i}+\frac{1}{n_j}\right)^{1/2}.$$

여기서 $R_i.$ 과 $R_j.$ 는 두 표본의 순위합이고, $t_{N-k}^{\alpha/2}$는 자유도가 $(N-k)$인 t-분포의 상위 $\alpha/2$ 분위수이고, S^2은

$$S^2 = \frac{1}{N-1}\left(\sum_{all\ ranks} R_{ij}^2 - N\frac{(N+1)^2}{4}\right)$$

이다. 만약 동점이 없다면 $S^2 = N(N+1)/12$로 단순화 되고, H는 Kruskal-Wallis 검정통계량으로

$$H = \frac{12}{N(N+1)} \sum_{i=1}^{k} \frac{R_{i\cdot}^2}{n_i} - 3(N+1)$$

이다(참고로, H의 귀무분포는 자유도가 $(k-1)$인 카이제곱분포임).

(b) van der Waerden 검정

van der Waerden의 정규점수(normal scores) 검정통계량(T_1)과 함께 LSD 임곗값을 이용하는 다중비교 방법을 소개한다.

이 방법은 (a)와 유사한 절차를 따른다. 다만, 순위 R_{ij}를 표준 정규분포의 $R_{ij}/(N+1)$ 분위수로 전환한 값(이를 '정규점수'라고 함)인 A_{ij}를 사용한다. 즉,

$$A_{ij} = \Phi^{-1}\left(\frac{R_{ij}}{N+1}\right).$$

다중비교의 절차는 아래의 부등식이 만족될 때 두 모집단 i와 j의 위치모수가 같다는 귀무가설을 기각한다.

$$\left| \frac{A_{i\cdot}}{n_i} - \frac{A_{j\cdot}}{n_j} \right| > t_{N-k}^{\alpha/2} \left(S^2 \frac{N-1-T_1}{N-k} \right)^{1/2} \left(\frac{1}{n_i} + \frac{1}{n_j} \right)^{1/2}.$$

여기서 $A_{i\cdot}$과 $A_{j\cdot}$는 두 표본의 정규점수의 합이고, $t_{N-k}^{\alpha/2}$는 자유도가 $(N-k)$인 t-분포의 상위 $\alpha/2$ 분위수이고, S^2은

$$S^2 = \frac{1}{N-1} \sum_{i=1}^{k} \sum_{j=1}^{n_i} A_{ij}^2$$

이다. T_1은 van der Waerden 검정통계량으로

$$T_1 = \frac{1}{S^2}\sum_{i=1}^{k} n_i \overline{A}_{i\cdot}^2 .$$

이다(참고로, T_1의 귀무분포는 H와 마찬가지로 자유도가 $(k-1)$인 카이제곱분포임).

6.3 Friedman 통계량에 기초한 다중비교

Friedman의 검정에 기초한 블록인자를 가지는 이원배치에서의 다중비교 방법을 소개한다.

6.3.1 Nemenyi 검정

이 방법은 Nemenyi(1963)가 제안한 방법으로 블록인자를 가지는 이원배치에서 처리효과에 대한 다중비교를 수행하며 Friedman의 검정에 기초한다.

블록설계(block design)에서 처리효과를 $\theta_i (i = 1, \cdots, k)$, 블록효과를 $\beta_j (j = 1, \cdots, n)$라고 하자. 즉, Y_{ij}를 k개의 독립인 아래 분포로부터의 확률표본이라 하자.

$$p_{Y_{ij}}(x) = p(x - \theta_i - \beta_j), \ i = 1, \cdots, k; j = 1, \cdots, n.$$

다음의 가설

$$H_0 : \theta_i = \theta_j \ \ ^\forall i,j \qquad \text{vs} \qquad H_1 : \theta_i \neq \theta_j \ \ ^\forall i,j$$

에 대한 동시검정의 채택역은 $(1-\alpha)$ 이상의 확률로 다음과 같이 주어진다.

$$|\overline{R}_{i\cdot} - \overline{R}_{j\cdot}| \le (\chi_r^{2\,\alpha})^{\frac{1}{2}} \left[\frac{k(k+1)}{6n} \right]^{\frac{1}{2}} \quad \text{for all } i,j (i<j).$$

여기서 $\chi_r^{2\,\alpha} (r = k(k-1)/2)$는 다음의 유의수준 α인 Friedman 검정에서의 채택역을 통해 구해진다.

$$S_{k-1} = \frac{12n}{k(k+1)} \sum_{j=1}^{k} (\overline{R}_{.j} - \overline{R}_{..})^2$$
$$= \frac{12}{nk(k+1)} \sum_{j=1}^{k} R_{.j}^2 - 3n(k+1) \le \chi_r^{2\ \alpha}.$$

■ **(Miller 근사)** n이 큰 경우, 채택역은 (근사적으로) $(1-\alpha)$ 이상의 확률로 다음과 같이 보다 정교해질(sharpened) 수 있다(보다 작은 임곗값이 사용되므로).

$$|\overline{R}_i. - \overline{R}_j.| \le q_{k,\infty}^{\alpha} \left[\frac{k(k+1)}{12n}\right]^{\frac{1}{2}} \quad \text{for all } i,j(i<j).$$

여기서 $q_{k,\infty}^{\alpha}$는 서로 독립인 k개 표준정규 확률변수의 범위 분포의 상위 α 분위수이다(부록의 [표 3] 참고).

■ **(다대일 검정: 대표본 근사)** 이 절차는 MCC 다중비교로도 유사하게 전개되며, 이 경우 양측뿐 아니라 단측검정도 가능하다(Miller p174, 1980). n이 충분히 큰 경우, 단측 및 양측의 수준 α인 근사적인 검정의 채택역은 각각 다음과 같이 주어진다.

$$\overline{R}_i. - \overline{R}_0. \le m_{k(1/2)}^{\alpha} \left[\frac{(k+1)(k+2)}{6n}\right]^{\frac{1}{2}} \quad \text{for } i=1,\cdots,k.$$

$$|\overline{R}_i. - \overline{R}_0.| \le |m|_{k(1/2)}^{\alpha} \left[\frac{(k+1)(k+2)}{6n}\right]^{\frac{1}{2}} \quad \text{for } i=1,\cdots,k.$$

여기서 $m_{k(\rho)}^{\alpha}$($|m|_{k(\rho)}^{\alpha}$)는 공통 상관 ρ를 가지는 k개 표준정규 확률변수의 최댓값(최대절댓값) 분포의 상위 α 분위수이다. 특히 $\rho=1/2$인 경우에는 $m_{k(1/2)}^{\alpha} = d_{k,\infty}^{\alpha}$와 $|m|_{k(1/2)}^{\alpha} = |d|_{k,\infty}^{\alpha}$가 성립하므로 부록의 [표 6]을 참고하면 된다.

6.3.2 LSD를 이용한 다중비교

블록인자를 가지는 이원배치에서의 비모수적 검정에 기초한 다중비교 방법으로 Fisher의 LSD(t-분포) 임곗값을 이용하는 방법을 소개한다. 아래의 두 방법은 Conover와 Iman(1979)이 제안하였다(Conover, 1999).

(a) Friedman 검정

Friedman 검정통계량(S_1)과 함께 LSD 임곗값을 이용하는 다중비교 방법을 소개한다.

아래의 부등식이 만족될 때 두 모집단 i와 j의 위치모수가 같다는 귀무가설을 기각한다.

$$|R_i. - R_j.| > t^{\alpha/2}_{(n-1)(k-1)} \left[\frac{2(nA_1 - \sum R_i^2.)}{(n-1)(k-1)} \right]^{1/2}.$$

여기서 $R_i.$ 와 $R_j.$ 는 처리들의 순위합이고, $A_1 = \sum_{all\ ranks} R_{ij}^2$ 이고, $t^{\alpha/2}_{(n-1)(k-1)}$은 자유도가 $(n-1)(k-1)$인 t-분포의 상위 $\alpha/2$ 분위수이다.

위 식은 Friedman 검정통계량(S_1)의 함수로 나타내면 다음과 같다.

$$|R_i. - R_j.| > t^{\alpha/2}_{(n-1)(k-1)} \left[\frac{(A_1 - C_1)2n}{(n-1)(k-1)} \left(1 - \frac{S_1}{n(k-1)}\right) \right]^{1/2}.$$

여기서 S_1은 Friedman의 검정통계량으로, 동점이 없는 경우에는

$$S_1 = \frac{12}{nk(k+1)} \sum_{j=1}^{k} \left[R_j. - \frac{n(k+1)}{2} \right]^2$$

이고, 동점이 있는 경우에는

$$S_1 = \frac{(k-1)\left(\sum_{j=1}^{k} R_j^2. - nC_1\right)}{A_1 - C_1} = \frac{(k-1)\sum_{j=1}^{k}\left[R_j. - \frac{n(k+1)}{2} \right]^2}{A_1 - C_1}$$

이다. 이때 $A_1 = \sum_{all\ ranks} R_{ij}^2$ 이고, 수정 요인(C_1)은 $C_1 = nk(k+1)^2/4$ 이다.

- 검정통계량 S_1은 귀무가설하에서 자유도가 $(k-1)$인 카이제곱 분포로 근사된다. 그러나 간혹 근사의 정도가 떨어지는 문제로 S_1 대신 다음의 S_2를 사용할 수 있다(Iman과 Davenport, 1980).

$$S_2 = \frac{(n-1)S_1}{n(k-1)-S_1}.$$

이때 S_2의 귀무분포는 자유도가 $(k-1)$, $(n-1)(k-1)$인 F-분포이다.

(b) Durbin 검정

Friedman 검정은 균형완비블록설계에 적용되는 방법이다. Durbin(1951)은 이를 확장하여 균형불완비블록설계(Balanced Incomplete Block Designs, 이하 BIBD)로 확장한 방법을 제안하였다. BIBD 자료의 형태는 다음과 같다.

평가자	아이스크림 종류						
	1	2	3	4	5	6	7
1	2	3		1			
2		3	1		2		
3			2	1		3	
4				1	2		3
5	3				1	2	
6		3				1	2
7	3		1				2
순위 합($R_i.$)	8	9	4	3	5	6	7

위의 자료는 각 처리(예: 아이스크림 종류)별로 동일한 수의 평가와 블록(평가자)별로 동일한 수의 결측이 있는 경우이다.

Conover-Iman(1979)은 Durbin 통계량과 함께 LSD 임곗값을 이용하는 다중비교 방법을 제안하였다. 자세한 내용은 Conover(1999)의 5.9절(p387)을 참고하기 바란다.

6.4 중앙값 다중비교

k개 표본의 중앙값이 모두 같다는 귀무가설이 기각될 때, 모든 쌍별 다중비교는 다음과 같이 수행한다(Conover, 1999). 먼저 $2 \times k$ 분할표 자료(그림 (a))로부터 모든 쌍별로 2×2 분할표(그림 (b))를 구성한다. 아래 표에서 M은 전체 표본의 중앙값이며, M_{ij}는 표본 i와 j의 결합 표본으로 구해진 중앙값이다.

	표본 1	표본 2	$\cdots$	표본 k
$> M$				
$\le M$				

(a) k 표본의 분할표 자료

⇨

	표본 i	표본 j
$> M_{ij}$		
$\le M_{ij}$		

(b) 2 표본의 분할표 자료

두 표본 간의 비교는 2×2 분할표 자료 각각에 대해 카이제곱 독립성 검정을 통해 수행한다. 이때 검정통계량의 근사 귀무분포는 자유도가 1인 카이제곱 분포이다.

6.5 그 외 비모수적 방법

(a) Steel의 다대일 부호 통계량(MCC)

이 방법은 최초의 비모수적 다중비교법으로, 블록설계(block design)에서, 부호(sign) 통계량의 최댓값에 기초하여, 처리효과에 대해 대조 그룹과의 비교(MCC)를 수행한다(여기서, 부호 통계량은 n개의 짝지어진 관측값에서 대조 그룹보다 큰 값을 가지는 관측값의 수로 정의됨). 이 방법은 단측검정의 결과도 제공한다.

(b) Nemenyi의 부호 통계량(MCA)

이 방법은 (a)와 유사한 문제를 다루나 MCC 대신 모든 처리효과 간의 비교(MCA)를 수행한다. 즉, 블록설계(block design)에서, 부호(sign) 통계량에 기초하여 모든 처리효과 간의 비교를 수행한다.

(c) Steel의 다대일 순위 통계량(MCC)

이 방법은 순위에 기초한 최초의 다중비교 방법으로, 일원배치에서 처리 관측값들의 순위합의 최댓값을 이용하여, 처리효과에 대해 대조 그룹과의 비교(MCC)를 수행한다.

(d) Steel-Dwass의 순위 통계량(MCA)

이 방법은 Steel(1960)과 Dwass(1960)에 의해 독립적으로 제안된 방법으로, 일원배치에서 Wilcoxon의 이표본 순위 통계량(비교 쌍별 순위를 사용함)의 최댓값에 기초하여, 처리효과에 대한 모든 쌍별 비교(MCA)를 수행한다. 이 방법은 Tukey의 스튜던트화 범위 통계량의 순위 자료 버전으로 자주 권장되는 방법 중 하나이다.

(e) 부호-순위 통계량

이 방법은 블록설계(block design)에서, 쌍별 부호-순위(signed-rank) 통계량에 기초하여, 처리효과에 대해 대조 그룹과의 비교(MCC)와 모든 쌍별 비교(MCA)를 수행한다.

이외에도 순열검정(permutation tests), 중앙값 섬성(Nemenyi), Kolmogorov-Smirnov 검정 등을 이용한 다중비교 방법이 있다. 자세한 내용은 Miller(1981)를 참고하기 바란다.

7장

R을 이용한 다중비교 – 비모수적 방법

7.1 주요 R 패키지 이용

이 절에서는 R을 이용한 비모수적 다중비교를 소개한다. 소개될 R 함수는 다음과 같다.

- dunnTest{FSA} – Dunn 검정
- dunn.test{dunn.test} – Dunn 검정
- kruskalmc{pgirmess} – Kruskal-Wallis 검정에 기초한 다중비교

예제 7.1 Dunn 검정

4개의 연못에서 산성도(pH)를 측정한 일원배치 자료에 대해 Dunn의 방법으로 다중비교를 수행한다. 분석에 사용된 dunnTest{FSA} 함수는 Kruskal-Wallis 검정에서 유의한 경우, 실험별 오류율을 통제하는 다중비교를 수행한다. 유사함수로는 dunn.test{dunn.test}이 있으며, 이는 [예제 7.2]에서 다루기로 한다.

```
> library(FSA)
> ## 4개의 연못에서 산성도(pH)를 측정한 자료, Zar(2010)
> ponds <- data.frame(pond=as.factor(rep(1:4, each=8)),
                      pH=c(7.68,7.69,7.70,7.70,7.72,7.73,7.73,7.76,
                           7.71,7.73,7.74,7.74,7.78,7.78,7.80,7.81,
                           7.74,7.75,7.77,7.78,7.80,7.81,7.84,NA,
                           7.71,7.71,7.74,7.79,7.81,7.85,7.87,7.91))
> ponds2 <- ponds[complete.cases(ponds), ]
> # 결측값 케이스 제외(=> 불균형 자료임)

> kruskal.test(pH ~ pond, data=ponds2)
```

```
        Kruskal-Wallis rank sum test

data:  pH by pond
Kruskal-Wallis chi-squared = 11.944, df = 3, p-value = 0.007579

> # 모형식 미사용
> dunnTest(ponds2$pH, ponds2$pond)     # 디폴트로 method= "holm"임
또는 >  dunnTest(pH~pond, data=ponds2)
Dunn (1964) Kruskal-Wallis multiple comparison
  p-values adjusted with the Holm method.

  Comparison           Z      P.unadj      P.adj
1      1 - 2 -2.13700630 0.032597479 0.13038992
2      1 - 3 -2.94934889 0.003184443 0.01592221
3      2 - 3 -0.88480467 0.376261991 1.00000000
4      1 - 4 -2.99180882 0.002773299 0.01663979
5      2 - 4 -0.85480252 0.392660483 0.78532097
6      3 - 4  0.05898698 0.952962480 0.95296248

> # method="bonferroni" 사용
> dunnTest(pH~pond, data=ponds2, method="bonferroni")
Dunn (1964) Kruskal-Wallis multiple comparison
  p-values adjusted with the Bonferroni method.

  Comparison           Z      P.unadj      P.adj
1      1 - 2 -2.13700630 0.032597479 0.19558488
2      1 - 3 -2.94934889 0.003184443 0.01910666
3      2 - 3 -0.88480467 0.376261991 1.00000000
4      1 - 4 -2.99180882 0.002773299 0.01663979
5      2 - 4 -0.85480252 0.392660483 1.00000000
6      3 - 4  0.05898698 0.952962480 1.00000000

> # method="bh" 사용
> dunnTest(pH~pond, data=ponds2, method="bh")
Dunn (1964) Kruskal-Wallis multiple comparison
  p-values adjusted with the Benjamini-Hochberg method.

  Comparison           Z      P.unadj       P.adj
1      1 - 2 -2.13700630 0.032597479 0.065194958
2      1 - 3 -2.94934889 0.003184443 0.009553328
3      2 - 3 -0.88480467 0.376261991 0.564392987
4      1 - 4 -2.99180882 0.002773299 0.016639793
5      2 - 4 -0.85480252 0.392660483 0.471192580
6      3 - 4  0.05898698 0.952962480 0.952962480

> # method=none은 p-값 조정(adjust)을 실시하지 않음
```

```
> dunnTest(pH~pond, data=ponds2, method="none")
Dunn (1964) Kruskal-Wallis multiple comparison
  with no adjustment for p-values.

  Comparison           Z      P.unadj        P.adj
1      1 - 2 -2.13700630 0.032597479 0.032597479
2      1 - 3 -2.94934889 0.003184443 0.003184443
3      2 - 3 -0.88480467 0.376261991 0.376261991
4      1 - 4 -2.99180882 0.002773299 0.002773299
5      2 - 4 -0.85480252 0.392660483 0.392660483
6      3 - 4  0.05898698 0.952962480 0.952962480

> # 단측검정의 경우: two.sided=FALSE 지정
> dunnTest(pH~pond, data=ponds2, two.sided=FALSE)
Dunn (1964) Kruskal-Wallis multiple comparison
  p-values adjusted with the Holm method.

  Comparison           Z      P.unadj        P.adj
1      1 - 2 -2.13700630 0.016298740 0.065194958
2      1 - 3 -2.94934889 0.001592221 0.007961106
3      2 - 3 -0.88480467 0.188130996 0.564392987
4      1 - 4 -2.99180882 0.001386649 0.008319896
5      2 - 4 -0.85480252 0.196330241 0.392660483
6      3 - 4  0.05898698 0.476481240 0.476481240
```

결측값(NA)이 포함된 경우에는 자동으로 해당 케이스를 없애고 다중비교를 수행한다. 이때 warning message는 무시할 수 있다.

```
> # warning message if incomplete cases were removed
> dunnTest(pH~pond, data=ponds)
Dunn (1964) Kruskal-Wallis multiple comparison
  p-values adjusted with the Holm method.

  Comparison           Z      P.unadj       P.adj
1      1 - 2 -2.13700630 0.032597479 0.13038992
2      1 - 3 -2.94934889 0.003184443 0.01592221
3      2 - 3 -0.88480467 0.376261991 1.00000000
4      1 - 4 -2.99180882 0.002773299 0.01663979
5      2 - 4 -0.85480252 0.392660483 0.78532097
6      3 - 4  0.05898698 0.952962480 0.95296248
Warning message:
Some rows deleted from 'x' and 'g' because missing data.

> # 결과 출력: print() 함수
> tmp <- dunnTest(pH~pond, data=ponds2)
> print(tmp, dunn.test.results=TRUE)
```

```
 Kruskal-Wallis rank sum test

data: x and g
Kruskal-Wallis chi-squared = 11.9435, df = 3, p-value = 0.01


                           Comparison of x by g
                                (Holm)
Col Mean-|
Row Mean |          1          2          3
---------+---------------------------------
       2 |  -2.137006
         |     0.1304
         |
       3 |  -2.949348  -0.884804
         |    0.0159*     1.0000
         |
       4 |  -2.991808  -0.854802   0.058986
         |    0.0166*     0.7853     0.9530

alpha = 0.05
Reject Ho if p <= alpha
```

예제 7.2 Dunn 검정

airquality 자료에 대해 dunn.test{dunn.test} 함수를 이용하여 일원배치에서의 다중비교를 수행한다. dunn.test{dunn.test} 함수는 Dunn의 순위합을 이용한 다중비교를 제공하며, 일반 용법은 다음과 같다.

```
dunn.test(x, g=NA, method=, kw=TRUE, label=TRUE,
     wrap=FALSE, table=TRUE, list=FALSE, rmc=FALSE, alpha=0.05, altp=FALSE)
```

여기서 method= 옵션을 통해 p-값 조정을 위한 다양한 방법을 지정할 수 있다.

- method= "none", "bonferroni", "sidak", "holm", "hs", "hochberg", "bh", "by"

```
> library(dunn.test)
> attach(airquality)
>  dunn.test(Ozone, Month, kw=FALSE, method="bonferroni", altp=T)

                        Comparison of Ozone by Month
                               (Bonferroni)
Col Mean-|
Row Mean |          5          6          7          8
---------+--------------------------------------------
```

```
       6 |  -0.925158
         |     1.0000
         |
       7 |  -4.419470  -2.244208
         |    0.0001*     0.2482
         |
       8 |  -4.132813  -2.038635   0.286657
         |    0.0004*     0.4149     1.0000
         |
       9 |  -1.321202   0.002538   3.217199   2.922827
         |     1.0000     1.0000    0.0129*    0.0347*

alpha = 0.05
Reject Ho if p <= alpha

>  dunn.test(Ozone, Month, kw=FALSE, method="hs", altp=T)

                        Comparison of Ozone by Month
                                (Holm-Šidák)
Col Mean-|
Row Mean |          5          6          7          8
---------+--------------------------------------------
       6 |  -0.925158
         |     0.7315
         |
       7 |  -4.419470  -2.244208
         |    0.0001*     0.1400
         |
       8 |  -4.132813  -2.038635   0.286657
         |    0.0003*     0.1909     0.9491
         |
       9 |  -1.321202   0.002538   3.217199   2.922827
         |     0.5619     0.9980    0.0103*    0.0240*

alpha = 0.05
Reject Ho if p <= alpha

>  dunn.test(Ozone, Month, kw=FALSE, method="bh", altp=T)

                      Comparison of Ozone by Month
                           (Benjamini-Hochberg)
Col Mean-|
Row Mean |          5          6          7          8
---------+--------------------------------------------
       6 |  -0.925158
         |     0.4436
```

```
          |
        7 |  -4.419470  -2.244208
          |    0.0001*    0.0496*
          |
        8 |  -4.132813  -2.038635   0.286657
          |    0.0002*     0.0691     0.8604
          |
        9 |  -1.321202   0.002538   3.217199   2.922827
          |     0.2663     0.9980    0.0043*    0.0087*

alpha = 0.05
Reject Ho if p <= alpha
```

주의

altp=TRUE는 대안적인(alternative) 방법으로 p−값을 제시하는 것으로, p−값이 α보다 작으면 기각하는 방법을 사용한다. 반면, altp=FALSE(디폴트)는 아래와 같이 p−값이 $(\alpha/2)$보다 작을 때 기각하는 방식으로 출력된다. 두 옵션 간에는 p−값의 계산식만 다를 뿐(altp=TRUE: p−값=$P(|Z| \geq |z|)$, altp=FALSE: p−값=$P(Z \geq |z|)$, 결과(유의성)에 대한 해석은 동일하다.

```
> dunn.test(Ozone, Month, kw=FALSE, method="bonferroni")

                            Comparison of Ozone by Month
                                   (Bonferroni)
Col Mean-|
Row Mean |          5          6          7          8
---------+--------------------------------------------
        6 |  -0.925158
          |     1.0000
          |
        7 |  -4.419470  -2.244208
          |    0.0000*     0.1241
          |
        8 |  -4.132813  -2.038635   0.286657
          |    0.0002*     0.2074     1.0000
          |
        9 |  -1.321202   0.002538   3.217199   2.922827
          |     0.9322     1.0000    0.0065*    0.0173*

alpha = 0.05
Reject Ho if p <= alpha/2
```

예제 7.3

패키지 {pgirmess}의 kruskalmc() 함수를 이용한 다중비교를 소개한다. 이 함수는 Kruskal-Wallis 검정 후, 다대일 및 모든 쌍별 비교를 제공한다.

```
> library(pgirmess)
> resp<-c(0.44,0.44,0.54,0.32,0.21,0.28,0.7,0.77,0.48,0.64,0.71,0.75,
          0.8,0.76,0.34,0.80,0.73,0.8)
> categ<-as.factor(rep(c("A","B","C"), times=1, each=6))
> kruskalmc(resp ~ categ)
Multiple comparison test after Kruskal-Wallis
p.value: 0.05
Comparisons
     obs.dif critical.dif difference
A-B 6.666667     7.378741      FALSE
A-C 9.333333     7.378741       TRUE
B-C 2.666667     7.378741      FALSE

> kruskalmc(resp~categ, probs=0.01)
Multiple comparison test after Kruskal-Wallis
p.value: 0.01
Comparisons
     obs.dif critical.dif difference
A-B 6.666667     9.046892      FALSE
A-C 9.333333     9.046892       TRUE
B-C 2.666667     9.046892      FALSE

> kruskalmc(resp~categ, cont="one-tailed")
Multiple comparison test after Kruskal-Wallis, treatment vs control (one-tailed)
p.value: 0.05
Comparisons
     obs.dif critical.dif difference
A-B 6.666667     6.041015       TRUE
A-C 9.333333     6.041015       TRUE

> kruskalmc(resp~categ, cont="two-tailed")
Multiple comparison test after Kruskal-Wallis, treatments vs control (two-tailed)
p.value: 0.05
Comparisons
     obs.dif critical.dif difference
A-B 6.666667     6.908467      FALSE
A-C 9.333333     6.908467       TRUE
```

7.2 {agricolae} 패키지 이용

R의 {agricolae} 패키지에서 제공하는 아래 함수를 이용한 비모수적 다중비교를 소개한다. 이들 검정은 모두 k개 독립인 모집단을 가정한다. 사후(post hoc) 비모수 검정(kruskal, Friedman, durbin 및 waerden)은 Fisher의 최소유의차(LSD) 기준을 사용한다.

- kruskal() 함수: 일원배치설계 자료에 사용한다.
- waerden.test() 함수: kruskal()과 유사하나, 범위 대신 정규점수(normal scores)를 사용한다(van der Waerden 검정).
- Friedman() 함수: 균형완비블록설계 자료의 분석에 사용한다. (예) 평가자가 모든 제품에 대해 평가를 수행한 자료
- durbin.test() 함수: 균형불완비블록설계 분석에 사용한다. (예) 심사위원이 처리의 일부만 평가한 자료
- Median.test() 함수: 모집단의 중앙값이 모두 동일한지에 대한 검정과 함께 다중비교의 결과를 제공한다.

예제 7.4 Kruskal-Wallis 검정

```
> data(corn)
> str(corn)
'data.frame':   34 obs. of  3 variables:
 $ method     : int  1 1 1 1 1 1 1 1 1 2 ...
 $ observation: int  83 91 94 89 89 96 91 92 90 91 ...
 $ rx         : num  11 23 28.5 17 17 31.5 23 26 19.5 23 ...

> str(kruskal)
function (y, trt, alpha = 0.05, p.adj = c("none", "holm", "hommel",
    "hochberg", "bonferroni", "BH", "BY", "fdr"), group = TRUE, main = NULL,
    console = FALSE)

> outKruskal.none <- with(corn, kruskal(observation, method, group=FALSE, p.adj="none"))
> print(outKruskal.none)
$statistics
     Chisq Df       p.chisq
  25.62884  3 1.140573e-05

$parameters
            test p.ajusted name.t ntr alpha
  Kruskal-Wallis      none method   4  0.05

$means
  observation     rank      std  r Min Max   Q25  Q50   Q75
```

```
1    90.55556 21.83333 3.643869  9  83  96 89.00 91.0 92.00
2    86.40000 15.30000 3.777124 10  81  91 83.25 86.0 89.75
3    95.71429 29.57143 3.638419  7  91 101 93.50 95.0 98.00
4    79.87500  4.81250 1.726888  8  77  82 78.75 80.5 81.00

$comparison
      Difference pvalue Signif.        LCL       UCL
1 - 2   6.533333 0.0071      **   1.916316 11.150351
1 - 3  -7.738095 0.0040      ** -12.802119 -2.674072
1 - 4  17.020833 0.0000     ***  12.138086 21.903580
2 - 3 -14.271429 0.0000     *** -19.223438 -9.319419
2 - 4  10.487500 0.0001     ***   5.721026 15.253974
3 - 4  24.758929 0.0000     ***  19.558279 29.959578

$groups
NULL

attr(,"class")
[1] "group"

> outKruskal.none <- with(corn, kruskal(observation, method, group=TRUE, p.adj="none"))
> print(outKruskal.none$groups)
  observation groups
3    29.57143      a
1    21.83333      b
2    15.30000      c
4     4.81250      d
```

(해석) Kruskal-Wallis 검정에 기초한 다중비교 결과와 미조정된 p-값이다. 예를 들어, 1-2의 경우 미조정된 p-값은, 6.2.3절로부터, 다음과 같이 계산된다. 즉,

$$2\times P\left\{t_{30}(=t_{N-k}) > \frac{6.533333}{\left(\frac{13664-34\times(35^2/4)}{33}\times\frac{34-1-25.62884}{30}\right)^{1/2}\left(\frac{1}{9}+\frac{1}{10}\right)^{1/2}}\right\}=0.0071.$$

예제 7.5 Kruskal-Wallis 검정: 조정된 p-값 이용

```
> outKruskal.bonf <- with(corn, kruskal(observation, method, group=FALSE, p.adj="bonferroni"))
> print(outKruskal.bonf$comparison)
      Difference pvalue Signif.         LCL        UCL
1 - 2   6.533333 0.0426       *   0.1474712 12.9191955
1 - 3  -7.738095 0.0238       * -14.7422174 -0.7339731
1 - 4  17.020833 0.0000     ***  10.2674375 23.7742292
2 - 3 -14.271429 0.0000     *** -21.1206220 -7.4222351
```

```
2 - 4  10.487500 0.0006      ***   3.8949224 17.0800776
3 - 4  24.758929 0.0000      ***  17.5658367 31.9520205
```

(해석) Bonferroni 조정된 p-값이다. 예를 들어, 1-2의 경우 조정된 p-값은 (미조정된 p-값)×(비교 검정의 수)$=0.0071\times 6=0.0426$이다.

```
> outKruskal.holm <- with(corn, kruskal(observation, method, group=FALSE, p.adj="holm"))
> print(outKruskal.holm$comparison)
       Difference pvalue Signif.
1 - 2   6.533333 0.0079       **
1 - 3  -7.738095 0.0079       **
1 - 4  17.020833 0.0000      ***
2 - 3 -14.271429 0.0000      ***
2 - 4  10.487500 0.0003      ***
3 - 4  24.758929 0.0000      ***

> outKruskal.holm <- with(corn, kruskal(observation, method, group=TRUE, p.adj="holm"))
> print(outKruskal.holm$group)
  observation groups
3    29.57143      a
1    21.83333      b
2    15.30000      c
4     4.81250      d
```

(해석) Holm의 조정된 p-값과 이를 이용한 다중비교 결과이다.

예제 7.6 Friedman 검정

```
> str(friedman)
function (judge, trt, evaluation, alpha = 0.05, group = TRUE, main = NULL,
    console = FALSE)

> data(grass)
> out <- with(grass, friedman(judge, trt, evaluation, alpha=0.05, group=FALSE,
            main="Data of the book of Conover", console=TRUE))

Study: Data of the book of Conover

trt,  Sum of the ranks

   evaluation  r
t1         38 12
t2         24 12
t3         24 12
```

```
t4          34 12

Friedman's Test
===============
Adjusted for ties
Critical Value: 8.1
P.Value Chisq: 0.044
F Value: 3.2
P.Value F: 0.036

Post Hoc Analysis

Comparison between treatments
Sum of the ranks

        difference pvalue signif.   LCL   UCL
t1 - t2       14.5  0.015       *   3.0 25.98
t1 - t3       13.5  0.023       *   2.0 24.98
t1 - t4        4.0  0.483          -7.5 15.48
t2 - t3       -1.0  0.860         -12.5 10.48
t2 - t4      -10.5  0.072       . -22.0  0.98
t3 - t4       -9.5  0.102         -21.0  1.98
```

예제 7.7 Median 검정

```
> str(Median.test)
function (y, trt, alpha = 0.05, correct = TRUE, simulate.p.value = FALSE,
    group = TRUE, main = NULL, console = TRUE)

> data(sweetpotato)
> outMedian <- with(sweetpotato, Median.test(yield, virus, console=TRUE))

The Median Test for yield ~ virus

Chi Square = 6.7   DF = 3   P.Value 0.083
Median = 28

   Median r Min Max Q25 Q75
cc     23 3  22  28  22  26
fc     13 3  11  15  12  14
ff     39 3  28  42  34  40
oo     38 3  32  40  35  39

Post Hoc Analysis
```

```
Groups according to probability of treatment differences and alpha level.

Treatments with the same letter are not significantly different.

   yield groups
ff    39      a
oo    38      a
cc    23      a
fc    13      b

> names(outMedian)
[1] "statistics" "parameters" "medians"    "comparison" "groups"

> outMedian$statistics
  Chisq Df p.chisq Median
    6.7  3   0.083     28

> outMedian$medians
   Median r Min Max Q25 Q75
cc     23 3  22  28  22  26
fc     13 3  11  15  12  14
ff     39 3  28  42  34  40
oo     38 3  32  40  35  39

> # 결과 시각화
> oldpar<-par(mfrow=c(2,2), mar=c(3,3,1,1), cex=0.8)
> bar.group(outMedian$groups, ylim=c(0,50))
> bar.group(outMedian$groups, xlim=c(0,50), horiz = TRUE)
> plot(outMedian)
> plot(outMedian, variation="IQR", horiz = TRUE)
> par(oldpar)
```

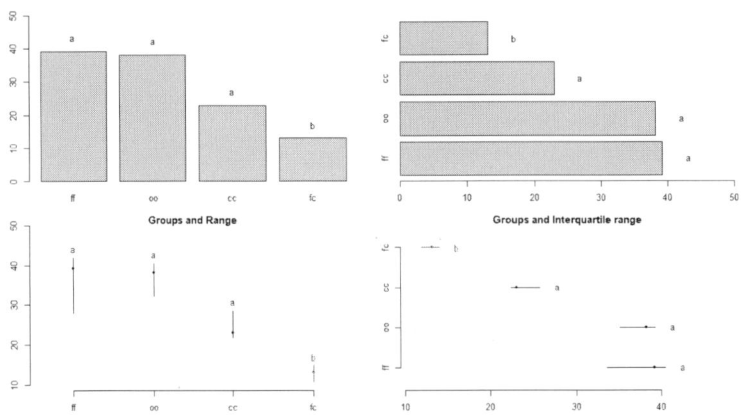

예제 7.8 van der Waerden 검정

```
> str(waerden.test)
function (y, trt, alpha = 0.05, group = TRUE, main = NULL, console = FALSE)

> data(sweetpotato)
> outWaerden <- with(sweetpotato, waerden.test(yield, virus, alpha=0.01, group=TRUE,
console=TRUE))

Study: yield ~ virus
Van der Waerden (Normal Scores) test's

Value : 8.4
Pvalue: 0.038
Degrees of Freedom:  3

virus,  means of the normal score

   yield  std r
cc -0.23 0.30 3
fc -1.06 0.35 3
ff  0.69 0.76 3
oo  0.60 0.37 3

Post Hoc Analysis

Alpha: 0.01 ; DF Error: 8

Minimum Significant Difference: 1.3

Treatments with the same letter are not significantly different.

Means of the normal score

   score groups
ff  0.69      a
oo  0.60      a
cc -0.23     ab
fc -1.06      b

> names(outWaerden)
[1] "statistics" "parameters" "means"      "comparison" "groups"

> # group=FALSE 옵션 사용
> out<-with(sweetpotato, waerden.test(yield, virus, group=FALSE, console=TRUE))
```

```
Study: yield ~ virus
Van der Waerden (Normal Scores) test's

Value : 8.4
Pvalue: 0.038
Degrees of Freedom:  3

virus,  means of the normal score

   yield  std r
cc -0.23 0.30 3
fc -1.06 0.35 3
ff  0.69 0.76 3
oo  0.60 0.37 3

Post Hoc Analysis

Comparison between treatments
mean of the normal score

        difference pvalue signif.    LCL    UCL
cc - fc      0.827 0.0690       . -0.082  1.736
cc - ff     -0.921 0.0476       * -1.830 -0.013
cc - oo     -0.837 0.0664       . -1.746  0.072
fc - ff     -1.749 0.0022      ** -2.658 -0.840
fc - oo     -1.665 0.0029      ** -2.574 -0.756
ff - oo      0.084 0.8363         -0.825  0.993
```

예제 7.9 Durbin 검정

```
> str(durbin.test)
function (judge, trt, evaluation, alpha = 0.05, group = TRUE, main = NULL,
    console = FALSE)

> days <- gl(7,3)
> chemical <- c("A","B","D","A","C","E","C","D","G","A","F","G", "B","C","F",
               "B","E","G","D","E","F")
>       toxic       <-       c(0.465,0.343,0.396,0.602,0.873,0.634,0.875,0.325,0.330,
0.423,0.987,0.426,
           0.652,1.142,0.989,0.536,0.409,0.309, 0.609,0.417,0.931)
> head(data.frame(days, chemical, toxic))
  days chemical toxic
1    1        A  0.46
2    1        B  0.34
```

```
3    1       D  0.40
4    2       A  0.60
5    2       C  0.87
6    2       E  0.63

> out <- durbin.test(days, chemical, toxic, group=FALSE, console=TRUE,
                  main="Logarithm of the toxic dose")

Study: Logarithm of the toxic dose
chemical,  Sum of ranks

  sum
A   5
B   5
C   9
D   5
E   5
F   8
G   5

Durbin Test
===========
Value      : 7.7
DF 1       : 6
P-value    : 0.26
Alpha      : 0.05
DF 2       : 8
t-Student  : 2.3

Least Significant Difference
between the sum of ranks:  5

Parameters BIB
Lambda     : 1
Treatmeans : 7
Block size : 3
Blocks     : 7
Replication: 3

Comparison between treatments
Sum of the ranks

      difference pvalue signif.
A - B          0   1.00
A - C         -4   0.10
A - D          0   1.00
```

```
A - E          0   1.00
A - F         -3   0.20
A - G          0   1.00
B - C         -4   0.10
B - D          0   1.00
B - E          0   1.00
B - F         -3   0.20
B - G          0   1.00
C - D          4   0.10
C - E          4   0.10
C - F          1   0.66
C - G          4   0.10
D - E          0   1.00
D - F         -3   0.20
D - G          0   1.00
E - F         -3   0.20
E - G          0   1.00
F - G          3   0.20

> names(out)
[1] "statistics" "parameters" "means"      "rank"       "comparison"
[6] "groups"
> out$statistics
  chisq.value p.value t.value LSD
          7.7    0.26     2.3   5
```

10장에서는 {PMCMRplus} 패키지를 이용한 보다 다양한 비모수적 다중비교 방법을 모수적 방법과 함께 소개하고 있다. 이 장에서 제시되지 않은 비모수적 다중비교(Conover-Iman 검정 등)를 포함하므로 [예제 10.3]과 [예제 10.4]를 먼저 읽어보기 바란다.

8장

비모수적 방법 II

8.1 서론

지금까지 다룬 비모수적 다중비교에서는 위치모수(location parameter)에 대한 다중 가설 또는 동시신뢰구간을 다룬 반면, 이 장에서는 R의 {nparcomp} 패키지를 이용하여 상대처리효과 또는 분포함수의 동일성 검정을 통해 다중비교를 수행하는 방법을 소개한다[8]. 여기에는 Steel(1960)과 Konietschke 등(2012)의 단일-단계 절차와 Gao 등(2008)의 단계별 절차 방법이 있다.

용어 **상대처리효과**

두 표본(표본1, 표본2)에 대해 다음과 같이 정의되는 상대처리효과(relative treatment effects)

$$p = P(X < Y) + 1/2P(X = Y)$$

는 처리 그룹 1(반응치 X)에서 임의로 선택된 개체가 처리 그룹 2(반응치 Y)로부터 임의로 선택된 개체보다 작은 값을 가질 확률을 의미한다. 만약 $p < 1/2$이면 그룹 1의 값이 그룹 2보다 큰 경향이 있고, $p = 1/2$이면 어느 관측값도 크거나 작은 경향이 없음을 나타낸다.

8) Konietschke 등(2015). nparcomp: An R software package for nonparametric multiple comparisons and simultaneous confidence intervals, Journal of statistical software.

8.2 {nparcomp} 패키지를 이용한 다중비교

8.2.1 비모수적 Behrens-Fisher 문제

참고 (모수적) Behrens-Fisher 문제

전통적인 Behrens-Fisher(B-F) 문제는 독립인 두 모집단의 평균이 같은지에 대한 검정에서 모분산이 미지이며 동시에 같지 않은(나아가 분산 비를 알 수 없는) 경우 정확한 해가 존재하지 않는 문제를 말한다. Welch(1938)는 소표본의 경우 근사적인 해로 Welch의 자유도를 사용하는 t-검정을 제안한 바 있다.

이표본설계에서 '분산의 동일성' 또는 '분포함수 형태의 유사성'을 가정하지 않는 경우 위치모수에 대한 검정 문제를 다룬다. 이때 관심 가설은 $H_0^p: p = 1/2$이 된다(비모수적 Behrens-Fisher 문제; Brunner & Munzel, 2000). 여기서 p는 상대처리효과이다.

패키지 {nparcomp}의 npar.t.test() 함수는 가설 $H_0^p: p = 1/2$에 대한 근사적 해결책을 제시해 준다. 제공되는 두 가지 방법은 근사적 Brunner-Munzel 검정(2000)과 Neubert와 Brunner(2007)에 의한 근사적 스튜던트화 순열검정이다. 신뢰구간을 구하는 방법으로 로짓 또는 프로빗 변환을 사용할 수 있다. 근사적 검정이므로 표본의 크기가 $n_i \geq 8$인 경우에 사용하기를 추천한다.

예제 8.1

impla{nparcomp} 자료를 이용하여 $H_0^p: p = 1/2$에 대한 검정을 수행한다.

```
> library("nparcomp")
> data("impla")
> fert.trial <- npar.t.test(impla ~ group, data = impla,
                            conf.level = 0.95, method = "t.app", info = FALSE)
> summary(fert.trial)

#----Nonparametric Test Procedures and Confidence Intervals for relative effects
 - Alternative Hypothesis:  True relative effect p is less or equal than 1/2
 - Confidence level: 95 %
 - Method = Brunner - Munzel - T - Approx with 18.071 DF

#----Interpretation
 p(a,b) > 1/2 : b tends to be larger than a
```

```
#----Data Info
          Sample Size
Placebo Placebo   12
Verum     Verum   17

#----Analysis
             Effect Estimator Lower Upper     T p.Value
1 p(Placebo,Verum)     0.743 0.533 0.952 2.429   0.026

> plot(fert.trial)
```

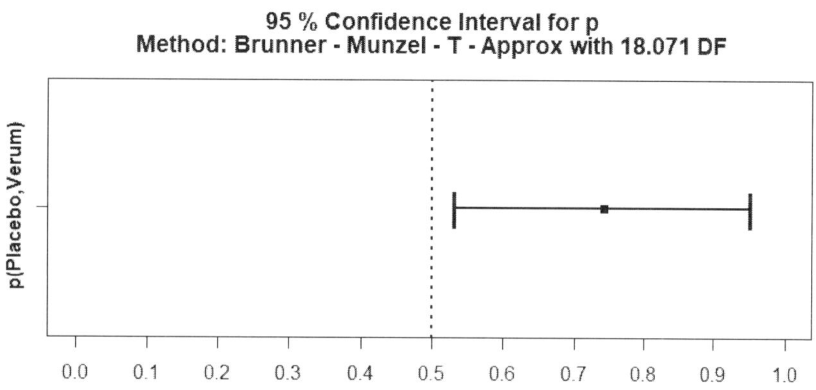

8.2.2 상대처리효과를 이용한 다중비교

일원배치의 경우, 앞서 소개한 상대처리효과를 이용한 두 그룹 간의 비교를 통해 모든 쌍별 또는 대조 그룹과의 다중비교를 수행할 수 있다. 이를 간략히 소개하면 다음과 같다.

다음의 일원배치모형을 생각하자(여기서 a개의 처리는 독립이라 가정함).

$$X_{ik} \sim F_i, \quad i=1,\cdots,a; \ k=1,\cdots,n_i.$$

여기서 $F_i(x)=P(X_{ik}<x)+1/2P(X_{ik}=x)$는 좌 연속(left continuous)과 우 연속(right continuous) 분포함수의 평균을 나타낸다.

위 모형은 평균과 같이 처리효과로 사용될 수 있는 어떤 모수도 포함하고 있지 않다. 따라서 주변분포함수를 이용하여 다음의 식으로 처리효과(treatment effects)를 정의한다.

$$p_i = \int H dF_i = P(Z < X_{i1}) + 1/2P(Z = X_{i1}), \quad i = 1,2,\cdots,a.$$

여기서 $H = \frac{1}{a}\sum_{j=1}^{a} F_j$ 는 비가중된 평균 분포를 나타낸다. 여기서 Z는 분포 H를 가지는 확률변수로 X_{i1}과는 독립이다. 이들 효과는 '비가중 상대효과(unweighted relative effects)'라 불린다(Gao 등, 2008; Konietschke 등, 2012). 위 식은 '모든 관측값으로부터 임의로 선택된 관측값 Z가 표본 i로부터 임의로 선택된 관측값보다 더 작은 값을 가질 확률'로 해석될 수 있다. $p_i > 1/2$이면 표본 i로부터의 자료가 Z보다 큰 값을 가지고, $p_i = 1/2$이면 X_i나 Z 어느 쪽도 크거나 작은 값을 가지지 않는다. 특히 $p_i < p_j$이면 그룹 i의 값이 그룹 j보다 작은 경향이 있으며, $p_i = p_j$ 이면 어느 관측값도 크거나 작은 값을 가지는 경향이 없음을 나타낸다. [그림 6.1]은 두 개의 정규분포에 대해 이러한 관계를 보여주고 있다.

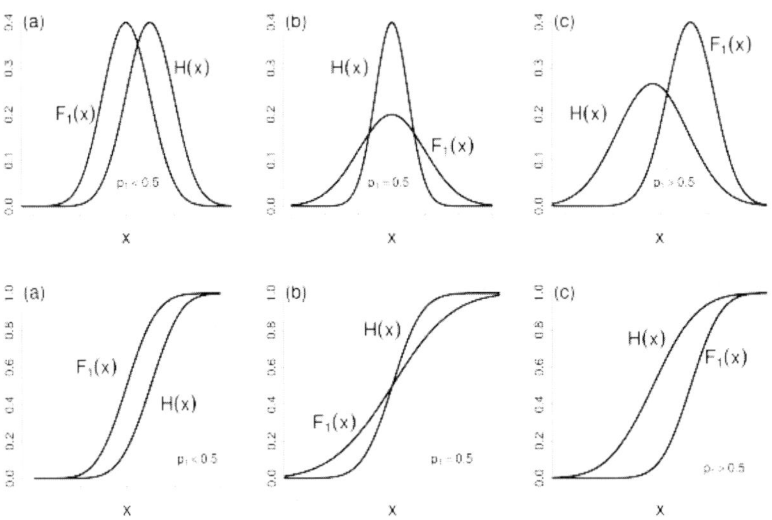

[그림 6.1] 비모수적 상대효과의 해석: 밀도함수(위), 분포함수(아래)

특히, 두 모집단의 경우($i = 1,2$)에서 가설 $H_0 : p_1 = p_2$를 검정하고자 할 때(독립 표본을 가정함), 상대처리효과(relative treatment effects)는

$$p = p_2 - p_1 + 1/2 = P(X_{11} < X_{21}) + 1/2P(X_{11} = X_{21})$$

으로 정의된다. 이 값이 1/2보다 크면 표본 2의 관측값이 표본 1의 관측값보다 큰 것으로, 1/2이면 동일함(어느 쪽도 크거나 작지 않음)을 의미한다. 따라서 위의 가설(처리효과가 없음)은 $H_0^p: p = 1/2$이 되고, 이는 '비모수적 Behrens-Fisher 문제'로도 알려져 있다.

주의 위치-척도 검정 문제와의 비교

가설 $H_0^p: p = 1/2$은 아래의 위치-척도 검정 문제와는 다르다는 점에 유의하기 바란다.

$$H_0: F_1(t) = F_2(t) \quad \text{vs} \quad H_1: F_2(t) = F_1(\frac{t-\mu}{\sigma}) \quad \text{with } \mu \neq 0 \quad \text{or} \quad \sigma \neq 1.$$

위치-척도 검정은 다른 분산과(/또는) 위치가 유의한 처리효과에 영향을 미칠 수 있는 반면, Behrens-Fisher 문제에서는 단지 처리효과의 검정에만 관심이 있다. 즉, 귀무가설($H_0^p: p = 1/2$)하에서도 두 그룹의 주변 분포함수는 다른 형태를 가질 수 있으며 동일하다고 가정할 필요가 없다. 위치-척도 문제에 대해서는 Marozzi(2009, 2013)를 참고하기 바란다.

R의 {nparcomp} 패키지(Konietschke, 2015)의 mctp() 함수는 상대처리효과에 대한 비모수적 다중대비검정절차(MCTP; multiple contrast test procedure)와 동시신뢰구간을 제공하며(독립표본의 경우), mctp.rm() 함수는 반복측정 자료에 대해서도 동일한 분석을 제공한다.

예제 8.2

liver{nparcomp} 자료를 이용하여 다대일 다중비교를 수행한다. 상대처리효과에 대한 검정 결과와 동시신뢰구간이 함께 제공된다. 여기서 관심사는 가설 '$H_0^p: p_1 = p_j,\ j = 2,3,4,5$'를 동시에 검정하는 것이다.

```
> library("nparcomp")
> data("liver")
> mc.1 <- mctp(weight ~ dosage, data = liver, type = "Dunnett",
           asy.method = "fisher", alternative = "two.sided",
           plot.simci = TRUE, info = FALSE)
> summary(mc.1)
 #----Nonparametric Multiple Comparisons for relative effects

 - Alternative Hypothesis:  True differences of relative effects are not equal to 0
 - Estimation Method: Global Pseudo ranks
 - Type of Contrast : Dunnett
 - Confidence Level: 95 %
 - Method = Fisher with 11 DF
```

```
#----Data Info
  Sample Size    Effect     Lower     Upper
1      1    8 0.2738839 0.1883282 0.3801054
2      2    7 0.3168367 0.2033613 0.4572850
3      3    8 0.3618304 0.2750676 0.4586457
4      4    7 0.6938776 0.6123359 0.7648541
5      5    8 0.8535714 0.8002739 0.8945209

#----Contrast
      1 2 3 4 5
2 - 1 -1 1 0 0 0
3 - 1 -1 0 1 0 0
4 - 1 -1 0 0 1 0
5 - 1 -1 0 0 0 1

#----Analysis
      Estimator  Lower Upper Statistic       p.Value
2 - 1     0.043 -0.288 0.364     0.353 0.9818028852
3 - 1     0.088 -0.172 0.337     0.937 0.7115422837
4 - 1     0.420  0.192 0.605     4.922 0.0013784161
5 - 1     0.580  0.379 0.728     7.003 0.0001050575

#----Overall
  Quantile      p.Value
1 2.783699 0.0001050575

> plot(mc.1)
```

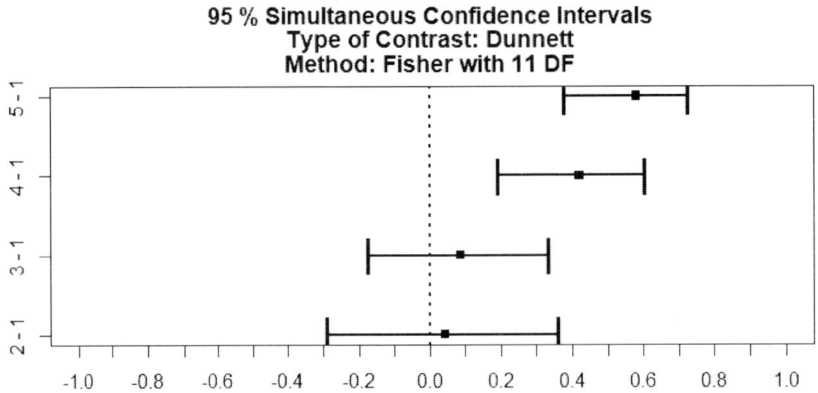

(해석) 조정된 p-값과 함께 $\delta_j = p_j - p_1$에 대한 95% 동시신뢰구간이 제시되어 있다. 실험별 오류율 5%에서 검정결과 대조 그룹과 그룹 4, 5 간에 유의한 차이가 있다.

예제 8.3

appetite{nparcomp} 자료를 이용하여 모든 쌍별 다중비교를 수행한다. 여기서 관심사는 가설 '$H_0^p : p_i = p_j,\ i,j = 1,2,3(i > j)$'을 동시에 검정하는 것이다.

```
> library("nparcomp")
> data("appetite")
> mc.2 <- mctp(Score ~ Group, data = appetite, type = "Tukey",
               conf.level = 0.95, asy.method = "fisher",
               plot.simci = TRUE, info = FALSE)
> summary(mc.2)

 #----Nonparametric Multiple Comparisons for relative effects

 - Alternative Hypothesis:  True differences of relative effects are not equal to 0
 - Estimation Method: Global Pseudo ranks
 - Type of Contrast : Tukey
 - Confidence Level: 95 %
 - Method = Fisher with 104 DF

 #----Data Info
  Sample Size    Effect     Lower     Upper
1 FOLFOX   53 0.5748523 0.5275324 0.6208392
2    IFL   66 0.4170825 0.3769846 0.4583080
3   IROX   55 0.5080652 0.4630222 0.5529777

 #----Contrast
       1  2 3
2 - 1 -1  1 0
3 - 1 -1  0 1
3 - 2  0 -1 1

 #----Analysis
      Estimator  Lower  Upper Statistic     p.Value
2 - 1    -0.158 -0.264 -0.048    -3.390 0.002899985
3 - 1    -0.067 -0.184  0.053    -1.330 0.381009772
3 - 2     0.091 -0.014  0.194     2.064 0.102007718

 #----Overall
  Quantile     p.Value
1 2.375303 0.002899985
```

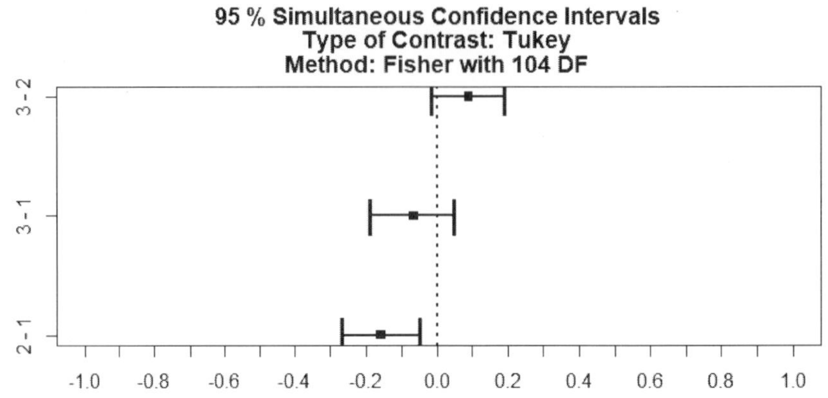

8.2.3 분포함수를 이용한 다중비교

패키지 {nparcomp}의 gao()와 gao_cs() 함수는 Gao 등(2008)에 의해 소개된 처리 수가 3 이상인 일원배치모형에서 단계별 절차(stepwise procedure)에 의한 다중비교를 수행한다. gao() 함수는 다대일 검정을, gao_cs() 함수는 모든 쌍별 비교를 제공한다. 앞서 소개한 mctp() 함수가 상대처리효과의 검정에 의한 단일-단계 절차인 반면, 이 함수들은 분포함수의 측면에서 처리효과들 간의 차이를 검정한다. 이 함수들은 mctp() 함수에서 제공하던 동시신뢰구간을 제공하지는 않는다.

예제 8.4

[예제 8.2]에서 다룬 liver{nparcomp} 자료를 이용하여 Gao 등(2008)의 다대일 다중비교를 수행한다. 여기서 관심사는 가설 '$H_0^p : F_1 = F_j,\ j = 2,3,4,5$'를 동시에 검정하는 것이다.

```
> library("nparcomp")
> data("liver")
> gao(weight ~ dosage, data = liver, alpha = 0.05)

 #----Xin Gao et al's (2008) Non-Parametric Multiple Test Procedure
 #----Type of Adjustment: Hochberg
 #----Level of significance = 0.05
 #----The procedure compares if the distribution functions F() are equal. The FWER
is strongly controlled
 #---- This function uses pseudo ranks of the data!
 #----Reference: Gao, X. et al. (2008). Nonparametric Multiple Comparison Procedures
```

```
for Unbalanced One-Way Factorial Designs. JSPI 138, 2574 - 2591.

$Info
  Sample Size Effect Variance
1      1    8 0.2739   0.0406
2      2    7 0.3168   0.0653
3      3    8 0.3618   0.0279
4      4    7 0.6939   0.0273
5      5    8 0.8536   0.0121

$Analysis
  Comparison Estimator      df Statistic  P.Raw P.Hochberg Rejected
1  F(2)-F(1)    0.0430 11.4072    0.3580 0.7269     0.7269    FALSE
2  F(3)-F(1)    0.0879 13.5348    0.9508 0.3584     0.7167    FALSE
3  F(4)-F(1)    0.4200 12.9622    4.4348 0.0007     0.0020     TRUE
4  F(5)-F(1)    0.5797 10.8470    7.1413 0.0000     0.0001     TRUE
  P.Bonf P.Holm
1 1.0000 0.7269
2 1.0000 0.7167
3 0.0027 0.0020
4 0.0001 0.0001
```

예제 8.5

reaction{nparcomp} 자료를 이용하여 Gao_CS[9]의 모든 쌍별 다중비교를 수행한다. 여기서 관심 가설은 '$H_0^p: F_i = F_j,\ i,j = 0,1,2,3$'으로, 활성 치료의 용량 증가가 쥐의 반응 시간에 영향을 미치는지를 검정하는 것이다.

```
> library("nparcomp")
> data("reaction")
> gao_cs(Time ~ Group, data = reaction, alpha = 0.05)

 #----Gao et al's (2008) modification of Campbell and Skillings (1985) (CS) stepwise
multiple comparison procedure
 #---- This function uses joint ranks of the data. Attention: In the CS algorithm,
the samples are jointly reranked!
 #----Reference: Gao, X. et al. (2008). Nonparametric Multiple Comparison Procedures
for Unbalanced One-Way Factorial Designs. JSPI 138, 2574 - 2591.
$Info
  Order Sample Size  Effect   Variance
1     1      0   10 0.19375 0.01643229
2     2      1   10 0.50500 0.05757639
```

9) Gao_CS는 Gao 등(2008)의 'Campbell과 Skillings(1985)에 의한 단계별 절차'의 수정을 의미함.

```
3     3     2   10 0.57875 0.07524479
4     4     3   10 0.72250 0.05256250

$Single.Analysis
  Comp Effect Statistic      DF  P.RAW p.BONF p.HOLM
1  3-0 0.5288    6.3656 14.1262 0.0000 0.0001 0.0001
2  2-0 0.3850    4.0210 12.7520 0.0015 0.0090 0.0075
3  3-1 0.2175    2.0725 17.9628 0.0529 0.3173 0.1587
4  1-0 0.3113    3.6180 13.7503 0.0029 0.0172 0.0115
5  2-1 0.0737    0.6399 17.6870 0.5304 1.0000 0.5304
6  3-2 0.1438    1.2715 17.4504 0.2202 1.0000 0.4404

$CS.Analysis
  Comp Effect Statistic      DF Quantiles  Adj.P  Alpha Rejected Layer
1  3-0 0.5288    9.0024 14.1262    4.1059  1e-04 0.0500     TRUE     1
2  2-0 0.4200    5.9397 14.1745    3.6962 0.0023 0.0500     TRUE     2
3  3-1 0.2650    3.1379 17.9953    3.6094 0.0949 0.0500    FALSE     2
4  1-0 0.3800    5.3725 16.8977    3.4699 0.0014 0.0253     TRUE     3
5  2-1 0.1000    1.0594 17.8029     3.453 0.4636 0.0253    FALSE     3
6  3-2 0.1750    1.9174 17.7942     3.453 0.1921 0.0253    FALSE     3
```

(해석) 위 결과는 두 부분 -Single Analysis와 CS Analysis-으로 나뉜다. Single Analysis는 원시 p-값과 함께 여러 가지 조정된 p-값을 제공하며, CS Analysis는 'Campbell & Skillings의 단계별 절차의 Gao 수정'에 의해 조정된 p-값을 제공한다. 모의실험에 의하면 CS Analysis의 결과가 보다 성능이 우수하므로 이 방법을 추천한다.

9장 다중비교 요약과 선택 전략

9.1 서론

다중비교에는 다양한 방법이 제시되어 있다. 실무에서 올바른 방법을 선택하여 사용하는 것이 중요하다. 이 장에서는 각 방법의 특징을 요약하고, 방법 간의 차이점과 비교를 제시한다. 여기에는 여러 가지(모수적, 비모수적) 다중비교 방법과 가정 및 다중비교의 선택 전략을 제시한다. 아울러 여러 가지(모수적, 비모수적) 다중비교를 통합적으로 수행해 주는 {PMCMRplus} 패키지를 소개하고, 그 활용 예를 소개한다.

9.2 다중비교 요약

[그림 9.1]은 여러 가지 사후검정 방법을 모수적, 비모수적 방법으로 구분하고, 각 방법의 적용 시 요구되는 가정(분산과 표본크기의 동일성)을 정리한 것이다. 이들 방법 중 두 조건을 모두 만족할 경우에는 Tukey, SNK, Dunnett, Duncan 방법 등이 사용되고, 표본의 크기가 다른 경우로의 확장으로 Fisher, Scheffe, Dunnett, Tukey-Kramer, Bonferroni, Sidak, Hochberg GT2, Gabriel 방법 등이 있으며, 이 중 Hochberg GT2와 Gabriel 방법은 둘 다 스튜던트화 최대 계수를 사용하는 방법으로 Gabriel 방법이 좀 더 효과적이다(특히, 반복수가 다양하게 분포할 경우). 이들 방법 중 대부분은 모든 가능한 비교 쌍에 대한 비교(MCA: All pair-wise multiple comparisons)를 수행하며, 이 가운데 Dunnett 방법은 각 그룹과 대조 그룹과의 비교(MCC;

multiple comparisons with control)를, Scheffe 방법은 특정 대비에 대한 검정을 지원하는 특징을 가진다. 특히, 분산의 동일성이 위배되는 상황에서는 Games-Howell, Dunnett T3, Dunnett C, Tamhane T2 방법이 사용된다. 아울러 Fisher의 LSD, Duncan의 다중범위검정 및 SNK 절차는 FWER을 통제하지 못하는 방법임에도 유의하기 바란다[10].

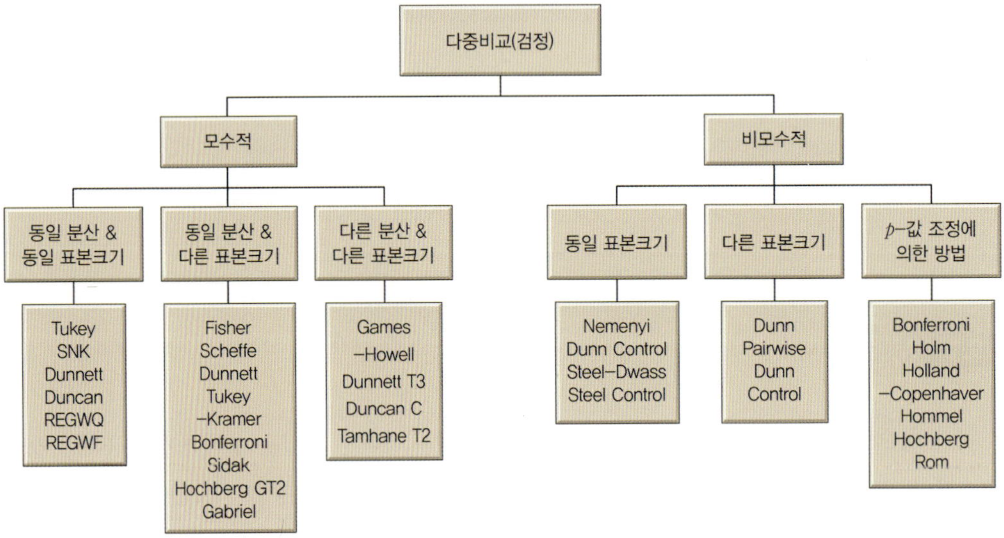

[그림 9.1] 여러 가지 다중비교의 분류(출처: Shingala & Rajyaguru, 2015)[11]

[그림 9.1]에서 모수적 방법은 모집단에 대해 정규성과 각 모집단으로부터의 표본의 독립성을 가정하고 있다. 이 가운데 특히, 분산이 다른 두 그룹의 경우에는(서로 독립인 두 개의 정규 모집단 가정하에서) 평균의 비교(Behrens-Fisher 문제로 알려져 있음)에 대한 정확한 해는 구현이 매우 어렵다. 이 문제에 대한 다양한 해결책(근사적인 방법 포함)이 제시되어 있으며, 이에 기초한 사후 분석 방법도 다양하다.

[표 9.1]은 분산이 다른 경우에 대한 여러 가지 사후검정법을 소개하고, 각 방법의 적용 범위와 특징을 제시하였다. 소개되는 방법들은 모두 동일한 검정통계량을 사용하며 임곗값 결정에 사용되는 분포만 다르다. Games-Howell 방법은 Tukey-Kramer 방법을 개선한 것으로 Welch 방식의 자유도를 이용하는 t-검정법이다. 이 방법은 실험별 오류율을 통제하나 각 군의 표본수

10) Shingala, M. C. and Rajyaguru, A. (2015). Comparison of post hoc tests for unequal variance, Int. J. of New Technologies in Science and Engineering, 2(5), 2015.

11) REGWQ와 REGWF는 각각 Ryan-Einot-Gabriel-Wel(s)ch의 스튜던트화 범위(Q)와 F-검정에 기초한 단계적 절차; SNK는 Student-Newman-Keul의 방법임.

가 작을 경우에는 오류의 통제에 관대해지는 문제가 있어서 적어도 표본의 수가 6개 이상인 경우에만 적용하는 것이 적절하다. Tamhane의 T2 방법은 Sidak의 부등식에 기초한 방법으로 t-분포를 사용하며, Games-Howell 방법에 비해서 조금 더 엄격한(보수적인) 방법이다. '곱셈 부등식(multiplicative inequality)'로 알려진 Sidak의 부등식은 각 사건의 교집합이 발생할 확률은 각 사건이 일어날 확률의 곱보다 크거나 같다는 정리이다. Dunnett의 T3 방법은 t-분포를 이용하지 않고 스튜던트화 최대절댓값 분포를 사용하며, 이로 인해 T2보다 항상 더 좁은 신뢰구간을 제공하게 된다. 자유도는 Games-Howell이나 T2와 같이 Welch 방식을 사용한다. Dunnett의 T3 방법은 각 군의 표본수가 50개 미만인 경우 Games-Howell보다 적절한 것으로 알려져 있다. Dunnett의 C 방법은 스튜던트화 범위 분포를 사용하는 방법으로 실험군의 표본수가 50 이상일 때 Games-Howell 방법보다 약간 좁은 신뢰구간을 제시하며 검정력은 Games-Howell보다 더 좋은 것으로 알려져 있다.

[표 9.1] **분산이 다른 경우에 대한 사후검정법(출처: Shingala & Rajyaguru, 2015)**

검정	검정통계량	표본크기의 동일성	표본크기	장점, 단점
Games-Howell (1976)	$\dfrac{\bar{x}_i-\bar{x}_j}{\sqrt{\dfrac{s_i^2}{n_i}+\dfrac{s_j^2}{n_j}}}$	비동일	>5	-비정규성에 대해 로버스트함 -비교적 덜 보수적이나, 그 정도가 심할 수 있음(n<15 경우)
Tamhane T2 (1977)		비동일	Small	-임의의 선형대비에 적용될 수 있음 -보수적임(Sidak의 부등식에 기초함)
Dunnett T3 (1980)		동일/비동일	Small (n<15)	-제1종 오류를 엄격하게 통제함 -비교의 수가 커질수록 제1종 오류의 확률이 증가
Dunnett C (1980)		동일/비동일	Large (n>50)	-Dunnett T3의 장, 단점과 동일 -비정규성에 대해 로버스트함

※ 위의 검정에서 기각역은 차례대로 다음과 같다.

[G-H] $q_{\alpha,r,\nu}$ (r: 그룹 수, ν: Welch의 자유도)

[Tamhane T2] $t_{\gamma,\hat{\nu}_{ij}}$, $\gamma=1-(1-\alpha)^{1/m}$ (m:비교 수, $\hat{\nu}_{ij}$: G-H의 자유도와 동일)

[Dunnett T3] $SMM_{\alpha,m,\nu_{ij}}$: 자유도 ν_{ij}인 r 비상관 정규 변량의 스튜던트화 최대절댓값 분포의 상위 α 분위수(m:비교 수, ν_{ij}: G-H와 동일)

[Dunnett C] $Q/\sqrt{2}$, $Q=A/B$ ($A=(q_{\alpha,r,\nu_i}S_i^2/n_i+q_{\alpha,r,\nu_j}S_j^2/n_j)$, $B=(S_i^2/n_i+S_j^2/n_j)$, $\nu_i=n_i-1, \nu_j=n_j-1$)

9.3 다중비교의 선택과 R 함수

[표 9.2]는 다중비교를 수행하는 R 함수를 요약한 것이다. Midway 등(2020)이 발표한 최근 논문[12]을 인용한 것으로, 이 책에서 다루어진 내용에 대한 보완으로 참고하면 좋을 것이다. 참고로, 해당 논문에서는 R 함수에 대응하는 SAS와 SPSS의 구문(옵션)도 제시하고 있다.

[표 9.2] 다중비교를 위한 R 함수

다중비교 검정	R 함수
Tukey's HSD (=Tukey-Kramer)	TukeyHSD{stats} HSD.test{agricolae} TukeyC{TukeyC} PostHocTest{DescTools}
t-test with Sidak correction	Sidak.p.adjust{MHTdiscrete} sidak{mutoss}
t-test with Bonferroni correction	p.adjust{stats} bonferroni{mutoss}
Scheffe's S	scheffe{agricolae} ScheffeTest{DescTools} snk.test{GAD} PostHocTest{DescTools}
Student-Newman-Keul	SNK.test{agricolae} snk.test{GAD} PostHocTest{DescTools}
Fisher's LSD	LSD.test{agricolae} lsdTest{PMCMRplus}
Fisher's LSD with Sidak correction	LSD.test{agricolae} Sidak.p.adjust{MHTdiscrete} sidak{mutoss}
Duncan's MRT (MRT=다중범위검정)	duncan.test{agricolae} duncanTest{Fisher's LSD}

아울러 Midway(2020) 논문에서는 최근 60년간 생태학 분야 논문에서 다중비교 방법에 대한 인용 횟수를 [표 9.3]과 같이 제시하고 있다. 이 표에서 모수적 방법으로 Bonferroni, Tukey's HSD, SNK 방법이, 비모수적 방법 중에는 Dunn과 Mann-Whitney-Wilcoxon U 방법이 많이 인용되고 있음을 알 수 있다.

12) Midway 등(2020). Comparing multiple comparisons: practical guidance for choosing the best multiple comparisons test, PeerJ.

[표 9.3] 다중비교 검정(MCT)과 최근 60년간(1960~2019) 인용된 수

검정	인용(n)	일반 응용
Bonferroni	20,801	모수적 상황
Tukey's HSD	7,800	모수적 상황
Tukey-Kramer	1,930	모수적 상황
Scheffe's S	1,370	모수적 상황
Dunn-Sidak(Sidak)	905	모수적 상황
Dunnett	332	모수적 상황
Ryan	108	모수적 상황
Waller-Duncan k	103	모수적 상황
Dunn Procedure	2,870	비모수적 상황
Mann-Whitney-Wilcoxon U	1,950	비모수적 상황
Games-Howell	248	비모수적 상황
Nemenyi	184	비모수적 상황
Steel-Dwass	94	비모수적 상황
Fligner-Policello	8	비모수적 상황
Student-Newman-Keuls(SNK)	1,800	비추천
Fisher's LSD	971	비추천
Duncan's MRT	1,707	비추천

※ 생태학 분야: 4만 개 이상 저널 조사
※ 마지막 3개 방법은 문헌에서 종종 비 추천함

또한, 이 논문에서는 실험설계별(균형, 불균형설계)로 모의실험을 통해 다중비교(검정) 방법에 따른 제1종 오류와 제2종 오류의 비율도 제시하고 있다. 모의실험 결과에서, 두 실험설계 모두에서 LSD와 DMRT 방법은 타 방법에 비해 다소 작은 제2종 오류에 비해 제1종 오류의 비율이 과다하게 나타났으며, SNK 방법도 정도는 약하지만 비슷한 결과를 보였다. 또한, 이들 검정(LSD, DMRT, SNK)은 통제되는 오류가 분명하지 않은 단점이 있다.

마지막으로 Midway 등(2020)에서는 다중비교 검정의 선택을 위한 고려 사항과 다중비교 방법을 추천하고 있다. [그림 9.2]는 (모수적 vs 비모수적) 모형, (계획된 vs 비-계획된) 검정에 따라 추천된 다중비교 방법이다. 여기서 계획된(planned) 검정이란 검정의 범위가 사전에(a priori) 계획된 것을 의미하며, 비-계획된(즉, post hoc) 검정보다 권장된다. 그 이유는 계획된 검정은 비교의 수가 작게 되고, 이는 실험별 오류율(FWER)에 대한 조정이 적음을 의미할 수 있으며, 따라서 유의한 임계값이 덜 엄격할 수 있기 때문이다. 또한 계획된 비교를 통해 의미 있고 흥미로운 가설만 유지되고, 흥미롭지 않거나 무의미한 비교를 기반으로 FWER이 조정되지 않도록 한다.

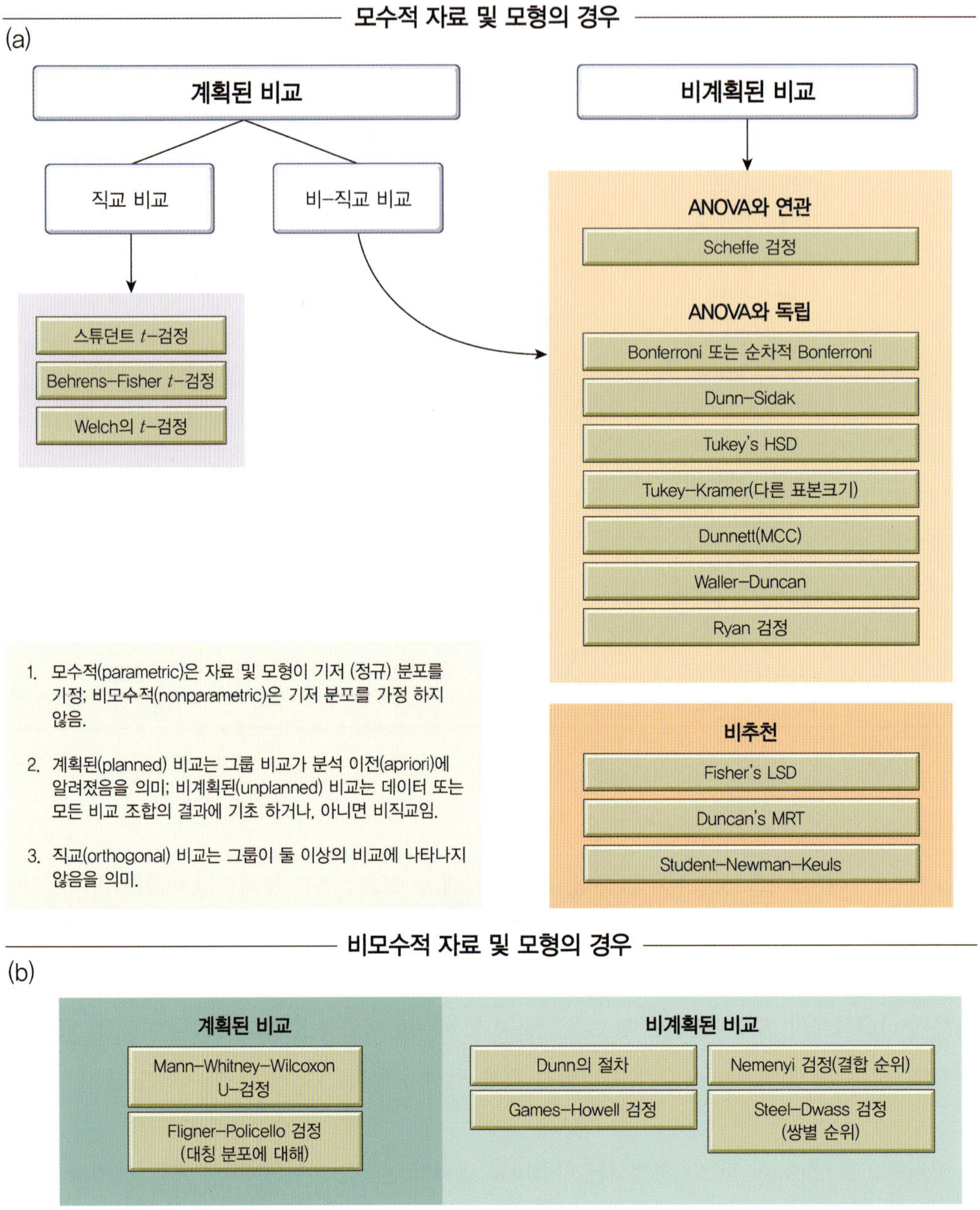

[그림 9.2] 다중비교 검정을 선택하기 위한 결정 다이어그램. (a) 모수적 자료와 모형을 기반으로 하는 다중비교 검정과 추가 진단(좌측 하단의 박스는 다이어그램에 사용된 용어 설명), (b) 비모수적 자료와 모형. (출처: Midway 등, 2020)

10장

{PMCMRplus} 패키지를 이용한 다중비교

10.1 {PMCMRplus} 패키지 소개

R의 {PMCMRplus} 패키지는 방대한 양의 다중비교 방법을 통합적으로 제공해 준다. 본서에서 소개한 많은 모수적, 비모수적 다중비교 방법을 포함하여 다양한 방법들을 제공한다. 패키지 명은 'Pairwise Multiple Comparisons of Mean Rank Sums Extended'를 의미한다.

일원배치 실험에서 일원배치 분산분석은 일반 검정으로 수행된다. 잔차의 정규성과 등분산(동일한 급 내 분산)하에서 모든 쌍별 다중비교 검정(Tukey-Kramer 테스트, Scheffe 테스트, LSD-test)과 다대일 검정(Dunnett 검정)을 제공한다. 또한, 잔차의 정규성과 이분산하에서의 모든 쌍별 검정(Games-Howell 검정, Tamhane의 T2 검정, Dunnett T3 검정, Ury-Wiggins-Hochberg 검정) 및 다대일 검정(Tamhane-Dunnett 검정)이 제공된다. 전체와 모든 쌍별 및 다대일 검정에 대한 van der Waerden의 정규 스코어 검정은 비정규 잔차와 등분산에 대해 제공된다. Kruskal-Wallis, BWS 및 Anderson-Darling 일반 검정과 모든 쌍별 검정(Nemenyi 검정, Dunn 검정, Conover 검정, Dwass-Steele-Critchlow-Fligner 검정) 뿐만 아니라 다대일 검정(Nemenyi 검정, Dunn 검정, U-검정)은 순위에 의한 분산분석에 대해 제공된다. 비모수적 추세검정(Jonckheere 검정, Cuzick 검정, Johnson-Mehrotra 검정, Spearman 검정)이 포함된다.

또한, 순위에 의한 완전임의블록계획(CRBD)에 대한 Friedman 검정과 불균형 CRBD에 대한 Skillings-Mack 검정은 연이어 모든 쌍별 검정(Nemenyi 검정, Siegel 검정, Miller 검정,

Conover 검정, 정확한 검정)과 다대일 검정(Nemenyi 검정, Demsar 검정, 정확한 검정)을 제공한다. Pages의 검정은 추세를 검정할 수 있다. 이원 균형불완비블록계획(BIBD)에 대한 Durbin의 검정이 제공될 뿐 아니라 셀 당 여러 관측값을 가지는 CRBD에 대한 Gore의 검정이 제공된다. 이상치 검정, Mandel의 k- 및 h- 통계량뿐 아니라 제1종 오류 및 검정력에 대한 함수와 일반 요약, 인쇄 및 플롯 방법이 제공된다.

R의 {PMCMRplus} 패키지에서 제공하는 다중비교를 수행하는 함수를 요약한 것이다(Quick Reference Guide; Pohlert, 2021). 함수명에서 괄호( )는 이전 버전의 패키지인 {PMCMR}에서의 함수명이다.

(a) 일원배치법(One factorial layout)

■ 일반 검정(Omnibus tests)

함수명	설명
kruskalTest	Kruskal-Wallis test
vanWaerdenTest (vanWaerden.Test)	van der Waerden's normal scores test
adKSampleTest	Anderson-Darling k-Sample Test
bwsKSampleTest	Murakami k-Sample BWS normal Test
normalScoresTest	Lu-Smith Normal Score Test

■ 다대일 검정(Many-to-One comparisons)

함수명	설명
dunnettTest	Dunnett's test for multiple comparisons with one control
ManyOneUTest	Multiple comparisons with one control (multiple U-test)
kwManyOneConoverTest	Pairwise Test for Multiple Comparisons of Mean Rank Sums with one control (Conover's-Test)
kwManyOneDunnTest (dunn.test.control)	Pairwise Test for Multiple Comparisons of Mean Rank Sums with one control (Dunn's-Test)
kwManyOneNdwTest	Pairwise Test for Multiple Comparisons of Mean Rank Sums with one control (Nemenyi-Damico-Wolfe Test)
tamhaneDunnettTest	Tamhane-Dunnett's test for multiple comparisons with one control
vanWaerdenManyOneTest	Multiple Comparisons of normal scores (van der Waerden test)
adManyOneTest	Anderson-Darling Many-To-One Comparison Test
bwsManyOneTest	BWS Many-To-One Comparison Test

■ 추세 검정(Trend tests)

함수명	설명
cuzickTest	Cuzick test for testing independent samples against ordered alternatives
johnsonTest	Johnson-Mehrotra test for testing independent samples against ordered alternatives
jonckheereTest (jonckheere.test)	Jonckheere-Terpstra test for testing k independent samples against ordered alternatives
leTest	Le's test for testing k independent samples against ordered alternatives
spearmanTest	Spearman test for testing k independent samples against ordered alternatives
bwsTrendTest	Murakami's BWS Trend Test
chackoTest	Chacko's Test

■ 모든 쌍별 비교(All-pairs comparisons)

함수명	설명
dscfAllPairsTest	Multiple Comparisons after Dwass, Steele, Critchlow and Fligner
dunnettT3Test	Dunnett's T3 test for multiple comparisons with unequal variances
gamesHowellTest	Games-Howel test for multiple comparisons with unequal variances
kwAllPairsConoverTest (posthoc.kruskal.conover.test)	Multiple Comparisons of Mean Rank Sums (Conover's-Test)
kwAllPairsDunnTest (posthoc.kruskal.dunn.test)	Pairwise Test for Multiple Comparisons of Mean Rank Sums (Dunn's-Test)
kwAllPairsNemenyiTes (posthoc.kruskal.nemenyi.test)	Pairwise Test for Multiple Comparisons of Mean Rank Sums (Nemenyi-Tests)
lsdTest	Least significant difference test for multiple comparisons
scheffeTest	Scheffe's test for multiple comparisons
tamhaneT2Test	Tamhane's T2 test for multiple comparisons with unequal variances
tukeyTest	Tukey's test for multiple comparisons
uryWigginsHochbergTest	Ury, Wiggins, Hochberg test for multiple comparisons with unequal variances
vanWaerdenAllPairsTest (posthoc.vanWaerden.test)	Multiple Comparisons of normal scores (van der Waerden test)
adAllPairsTest	Anderson-Darling All-Pairs Comparison Test
bwsAllPairsTest	BWS All-Pairs Comparison Test

(b) 이원배치법(Two factorial layout)

■ 일반 검정(Omnibus tests)

함수명	설명
durbinTest(durbin.test)	Durbin's test for two-way balanced incomplete block design
friedmanTest	Friedman Test
skillingsMackTest	Skillings-Mack Test
GoreTest	Gore Test

■ 다대일 검정(Many-to-One comparisons)

함수명	설명
frdManyOneDemsarTest	Multiple Comparisons of Mean Rank Sums with a Control for Unreplicated Blocked Data (Demsar-Test)
frdManyOneExactTest	Multiple Comparisons of Mean Rank Sums with a control for Unreplicated Blocked Data (Exact-Test)
frdManyOneNemenyiTest	Multiple Comparisons of Mean Rank Sums with a Control for Unreplicated Blocked Data (Nemenyi-Test)

■ 추세 검정(Trend test)

함수명	설명
pageTest	Page Rank Sum Test

■ 모든 쌍별 비교(All-pairs comparisons)

함수명	설명
durbinAllPairsTest (posthoc.durbin.test)	Multiple Comparisons of Mean Rank Sums (Durbin's test)
frdAllPairsConoverTest (posthoc.friedman.conover.test)	Multiple Comparisons of Rank Sums for Unreplicated Blocked Data (Conover-Test)
frdAllPairsExactTest	Multiple Comparisons of Mean Rank Sums for Unreplicated Blocked Data (Exact-Test)
frdAllPairsMillerTest	Multiple Comparisons of Mean Rank Sums for Unreplicated Blocked Data (Miller-Test)
frdAllPairsNemenyiTest (posthoc.friedman.nemenyi.test)	Multiple Comparisons of Mean Rank Sums for Unreplicated Blocked Data (Nemenyi-Test)
frdAllPairsSiegelTest	Multiple Comparisons of Mean Rank Sums for Unreplicated Blocked Data (Siegel-Test)
quadeAllPairsTest (posthoc.quade.test)	Multiple Comparisons of Rank Sums for Unreplicated Blocked Data (Quade multiple comparison test)

10.2 다중비교 예제 - 모수적 방법

이 절에서는 {PMCMRplus} 패키지를 이용한 모수적 다중비교를 소개한다.

예제 10.1 일원배치에서 모수적 방법: Dunnett 검정

모수적 방법인 Dunnett의 방법으로 대조 그룹과의 다중비교를 수행한다. Dunnett의 방법은 정규성과 공통분산의 가정을 요구하므로 이에 대한 검정을 선행한다.

- dunnettTest() 함수 이용

```
> library(PMCMRplus)
> fit <- aov(Y ~ DOSE, data = trout)
> shapiro.test(residuals(fit))     # 정규성 검정

        Shapiro-Wilk normality test

data:  residuals(fit)
W = 0.99074, p-value = 0.9109

> bartlett.test(Y ~ DOSE, data = trout)     # 등분산 검정

        Bartlett test of homogeneity of variances

data:  Y by DOSE
Bartlett's K-squared = 4.5611, df = 5, p-value = 0.4717

> ## aov 객체에 대해 dunnettTest() 함수 적용
> summary(dunnettTest(fit, alternative = "less"))

        Pairwise comparisons using Dunnett's-test for multiple
                         comparisons with one control

data: Y by DOSE
alternative hypothesis: less
P value adjustment method: single-step
H0
           t value   Pr(<t)
2 - 1 >= 0  -0.140 0.843923
3 - 1 >= 0  -2.669 0.022150 *
4 - 1 >= 0  -2.098 0.083125 .
5 - 1 >= 0  -2.902 0.012130 *
6 - 1 >= 0  -2.110 0.081040 .
---
Signif. codes: 0 '***' 0.001 '**' 0.01 '*' 0.05 '.' 0.1 ' ' 1
```

예제 10.2 일원배치에서 모수적 방법: Tukey 검정

모수적 방법인 Tukey의 방법으로 모든 쌍별 다중비교를 수행한다.

- tukeyTest() 함수 이용

```
> fit <- aov(weight ~ feed, chickwts)
> shapiro.test(residuals(fit))     # 정규성 검정

	Shapiro-Wilk normality test

data:  residuals(fit)
W = 0.98616, p-value = 0.6272

> bartlett.test(weight ~ feed, chickwts)     # 등분산 검정

	Bartlett test of homogeneity of variances

data:  weight by feed
Bartlett's K-squared = 3.2597, df = 5, p-value = 0.66

> anova(fit)     # ANOVA table; summary(fit)와 동일
Analysis of Variance Table

Response: weight
          Df Sum Sq Mean Sq F value    Pr(>F)
feed       5 231129   46226  15.365 5.936e-10 ***
Residuals 65 195556    3009
---
Signif. codes:  0 '***' 0.001 '**' 0.01 '*' 0.05 '.' 0.1 ' ' 1

> ## aov 객체에 대해 tukeyTest() 함수 적용
> res <- tukeyTest(fit)
> summary(res)

	Pairwise comparisons using Tukey's test

data: weight by feed
alternative hypothesis: two.sided
P value adjustment method: single-step
H0
                          q value    Pr(>|q|)
horsebean - casein == 0    -9.838 3.0702e-08 ***
linseed - casein == 0      -6.621 0.00021002 ***
meatmeal - casein == 0     -2.883 0.33245842
soybean - casein == 0      -5.057 0.00836531  **
sunflower - casein == 0     0.337 0.99989022
```

```
linseed - horsebean == 0      3.526 0.14133289
meatmeal - horsebean == 0     6.887 0.00010621 ***
soybean - horsebean == 0      5.370 0.00421665  **
sunflower - horsebean == 0   10.160 1.2199e-08 ***
meatmeal - linseed == 0       3.592 0.12769648
soybean - linseed == 0        1.814 0.79328532
sunflower - linseed == 0      6.958 8.8432e-05 ***
soybean - meatmeal == 0      -1.951 0.73913557
sunflower - meatmeal == 0     3.212 0.22069624
sunflower - soybean == 0      5.406 0.00388452  **
---
Signif. codes: 0 '***' 0.001 '**' 0.01 '*' 0.05 '.' 0.1 ' ' 1

> summaryGroup(res)

      Pairwise comparisons using Tukey's test

data: weight by feed
alternative hypothesis: two.sided
P value adjustment method: single-step
Different letters indicate significant differences Pr(>|q|) < 0.05

             mean     sd  n Sig. group
casein    323.583 64.434 12          a
horsebean 160.200 38.626 10          b
linseed   218.750 52.236 12         bc
meatmeal  276.909 64.901 11         ac
soybean   246.429 54.129 14          c
sunflower 328.917 48.836 12          a
```

10.3 다중비교 예제 - 비모수적 방법

이 절에서는 {PMCMRplus} 패키지를 이용한 비모수적 다중비교를 소개한다.

예제 10.3 **일원배치에서 비모수적 방법: K-W-형의 다중비교**

Conover, Dunn 및 Nemenyi에 의한 모든 쌍별 다중비교를 수행한다.

- Conover 검정: kwAllPairsConoverTest()
- Dunn 검정: kwAllPairsDunnTest()
- Nemenyi 검정: kwAllPairsNemenyiTest()

```
> data(InsectSprays)
> ## 전역 검정(Global test)
> kruskalTest(count ~ spray, data = InsectSprays)

	Kruskal-Wallis test

data:  count by spray
chi-squared = 54.691, df = 5, p-value = 1.511e-10

Warning message:
In kruskalTest.default(c(10, 7, 20, 14, 14, 12, 10, 23, 17, 20,  :
  Ties are present. Quantiles were corrected for ties.

> ## Conover의 모든 쌍별 비교 검정
> # "single-step"은 Tukey의 p-조정을 의미함
> ans <- kwAllPairsConoverTest(count ~ spray, data = InsectSprays,
                                p.adjust.method = "single-step")
Warning message:
In kwAllPairsConoverTest.default(c(10, 7, 20, 14, 14, 12, 10, 23,  :
  Ties are present. Quantiles were corrected for ties.
> summary(ans)

	Pairwise comparisons using Conover's all-pairs test

data: count by spray
P value adjustment method: single-step
H0
           q value   Pr(>|q|)
B - A == 0   0.890    0.98843
C - A == 0 -13.582 < 2.22e-16 ***
D - A == 0  -8.869 4.6072e-07 ***
E - A == 0 -10.955 1.1156e-09 ***
F - A == 0   1.154    0.96360
C - B == 0 -14.472 < 2.22e-16 ***
D - B == 0  -9.759 3.6083e-08 ***
E - B == 0 -11.844 7.5690e-11 ***
F - B == 0   0.264    0.99997
D - C == 0   4.713    0.01702   *
E - C == 0   2.627    0.43687
F - C == 0  14.736 < 2.22e-16 ***
E - D == 0  -2.085    0.68142
F - D == 0  10.023 1.6815e-08 ***
F - E == 0  12.109 3.0495e-11 ***
---
Signif. codes: 0 '***' 0.001 '**' 0.01 '*' 0.05 '.' 0.1 ' ' 1
```

```
>  summaryGroup(ans)

      Pairwise comparisons using Conover's all-pairs test

data: count by spray
P value adjustment method: single-step
Different letters indicate significant differences Pr(>|q|) < 0.05

  median   Q25   Q75  n Sig. group
A   14.0 11.50 17.75 12          a
B   16.5 12.50 17.50 12          a
C    1.5  1.00  3.00 12          b
D    5.0  3.75  5.00 12          c
E    3.0  2.75  5.00 12         bc
F   15.0 12.50 22.50 12          a

> ## Dunn의 모든 쌍별 비교 검정
> ans <- kwAllPairsDunnTest(count ~ spray, data = InsectSprays,
                              p.adjust.method = "bonferroni")
Warning message:
In kwAllPairsDunnTest.default(c(10, 7, 20, 14, 14, 12, 10, 23, 17,  :
  Ties are present. z-quantiles were corrected for ties.
> summary(ans)

      Pairwise comparisons using Dunn's all-pairs test

data: count by spray
alternative hypothesis: two.sided
P value adjustment method: bonferroni
H0
            z value   Pr(>|z|)
B - A == 0   0.313 1.00000000
C - A == 0   4.774 2.7080e-05 ***
D - A == 0   3.118 0.02735271   *
E - A == 0   3.851 0.00176790  **
F - A == 0   0.406 1.00000000
C - B == 0   5.087 5.4620e-06 ***
D - B == 0   3.430 0.00904373  **
E - B == 0   4.163 0.00047058 ***
F - B == 0   0.093 1.00000000
D - C == 0   1.657 1.00000000
E - C == 0   0.924 1.00000000
F - C == 0   5.180 3.3345e-06 ***
E - D == 0   0.733 1.00000000
F - D == 0   3.523 0.00639694  **
```

```
F - E == 0   4.256 0.00031202 ***
---
Signif. codes: 0 '***' 0.001 '**' 0.01 '*' 0.05 '.' 0.1 ' ' 1

>   summaryGroup(ans)

      Pairwise comparisons using Dunn's all-pairs test

data: count by spray
alternative hypothesis: two.sided
P value adjustment method: bonferroni
Different letters indicate significant differences Pr(>|z|) < 0.05

  median   Q25   Q75  n Sig. group
A   14.0 11.50 17.75 12          a
B   16.5 12.50 17.50 12          a
C    1.5  1.00  3.00 12          b
D    5.0  3.75  5.00 12          b
E    3.0  2.75  5.00 12          b
F   15.0 12.50 22.50 12          a

> ## Nemenyi의 모든 쌍별 비교 검정
> ans <- kwAllPairsNemenyiTest(count ~ spray, data = InsectSprays)
Warning message:
In kwAllPairsNemenyiTest.default(c(10, 7, 20, 14, 14, 12, 10, 23,  :
  Ties are present, p-values are not corrected.
> summary(ans)

      Pairwise comparisons using Tukey-Kramer-Nemenyi all-pairs test with Tukey-Dist
approximation

data: count by spray
alternative hypothesis: two.sided
P value adjustment method: single-step
H0
           q value   Pr(>|q|)
B - A == 0   0.441 0.99960707
C - A == 0   6.738 2.7914e-05 ***
D - A == 0   4.400 0.02292762   *
E - A == 0   5.435 0.00169497  **
F - A == 0   0.572 0.99861029
C - B == 0   7.179 5.7061e-06 ***
D - B == 0   4.841 0.00812908  **
E - B == 0   5.876 0.00046606 ***
F - B == 0   0.131 0.99999905
D - C == 0   2.338 0.56300179
```

```
E - C == 0   1.303 0.94108652
F - C == 0   7.311 3.4955e-06 ***
E - D == 0   1.035 0.97809294
F - D == 0   4.973 0.00584731  **
F - E == 0   6.007 0.00031142 ***
---
Signif. codes: 0 '***' 0.001 '**' 0.01 '*' 0.05 '.' 0.1 ' ' 1

>  summaryGroup(ans)

     Pairwise comparisons using Tukey-Kramer-Nemenyi all-pairs test with Tukey-Dist approximation

data: count by spray
alternative hypothesis: two.sided
P value adjustment method: single-step
Different letters indicate significant differences Pr(>|q|) < 0.05

  median   Q25   Q75  n Sig. group
A   14.0 11.50 17.75 12          a
B   16.5 12.50 17.50 12          a
C    1.5  1.00  3.00 12          b
D    5.0  3.75  5.00 12          b
E    3.0  2.75  5.00 12          b
F   15.0 12.50 22.50 12          a
```

예제 10.4 Friedman-형의 다중비교

아래의 함수를 이용해 블록인자를 가지는 이원배치설계(Friedman-형)에서 모든 쌍별 다중비교를 수행한다.

- frdAllPairsExactTest()
- frdAllPairsConoverTest()
- frdAllPairsNemenyiTest()
- frdAllPairsMillerTest()
- frdAllPairsSiegelTest()

```
> # 분석 자료
> y <- matrix(c(
    3.88, 5.64, 5.76, 4.25, 5.91, 4.33, 30.58, 30.14, 16.92,
    23.19, 26.74, 10.91, 25.24, 33.52, 25.45, 18.85, 20.45,
    26.67, 4.44, 7.94, 4.04, 4.4, 4.23, 4.36, 29.41, 30.72,
    32.92, 28.23, 23.35, 12, 38.87, 33.12, 39.15, 28.06, 38.23,
    26.65), nrow=6, ncol=6,
    dimnames=list(1:6, LETTERS[1:6]))
```

```
> print(y)
     A     B     C    D     E     F
1 3.88 30.58 25.24 4.44 29.41 38.87
2 5.64 30.14 33.52 7.94 30.72 33.12
3 5.76 16.92 25.45 4.04 32.92 39.15
4 4.25 23.19 18.85 4.40 28.23 28.06
5 5.91 26.74 20.45 4.23 23.35 38.23
6 4.33 10.91 26.67 4.36 12.00 26.65
```

(해석) 6명(블록)에게 6가지 다른 이뇨제(처리 A~F)를 처치하였다. 반응은 각 처치 2시간 후에 측정된 소변의 Na-농도(mval)이다.

```
> friedmanTest(y)

	Friedman rank sum test

data:  y
Friedman chi-squared = 23.333, df = 5, p-value = 0.0002915

> ## Exact Test(Eisinga 등, 2017)
> frdAllPairsExactTest(y=y, p.adjust = "bonferroni")

	Pairwise comparisons using Eisinga, Heskes, Pelzer & Te Grotenhuis all-pairs
test with exact p-values for a two-way balanced complete block design

data: y

  A       B       C       D       E
B 0.34101 -       -       -       -
C 0.12897 1.00000 -       -       -
D 1.00000 0.78175 0.34101 -       -
E 0.04094 1.00000 1.00000 0.12897 -
F 0.00025 1.00000 1.00000 0.00197 1.00000

P value adjustment method: bonferroni

> ## Conover's test
> frdAllPairsConoverTest(y=y, p.adjust = "bonferroni")

	Pairwise comparisons using Conover's all-pairs test for a two-way balanced
complete block design

data: y

  A   B   C   D   E
```

```
B 0.551 -     -     -     -
C 0.289 1.000 -     -     -
D 1.000 1.000 0.551 -     -
E 0.147 1.000 1.000 0.289 -
F 0.017 1.000 1.000 0.035 1.000

P value adjustment method: bonferroni

> ## Nemenyi's test
> frdAllPairsNemenyiTest(y=y)

    Pairwise comparisons using Nemenyi-Wilcoxon-Wilcox all-pairs test for a
two-way balanced complete block design

data: y

  A      B      C      D      E
B 0.1880 -      -      -      -
C 0.0917 0.9996 -      -      -
D 0.9996 0.3388 0.1880 -      -
E 0.0395 0.9898 0.9996 0.0917 -
F 0.0016 0.6363 0.8200 0.0052 0.9400

P value adjustment method: single-step

> ## Miller et al.
> frdAllPairsMillerTest(y=y)

    Pairwise comparisons using Miller, Bortz et al. and Wike all-pairs test for a
two-way balanced complete block design

data: y

  A     B     C     D     E
B 0.374 -     -     -     -
C 0.230 1.000 -     -     -
D 1.000 0.546 0.374 -     -
E 0.126 0.996 1.000 0.230 -
F 0.011 0.794 0.910 0.027 0.973

P value adjustment method: none

> ## Siegel-Castellan's test
> frdAllPairsSiegelTest(y=y, p.adjust = "bonferroni")

    Pairwise comparisons using Siegel-Castellan all-pairs test for a two-way
```

```
balanced complete block design

data: y

  A      B      C      D      E
B 0.3096 -      -      -      -
C 0.1307 1.0000 -      -      -
D 1.0000 0.6729 0.3096 -      -
E 0.0506 1.0000 1.0000 0.1307 -
F 0.0017 1.0000 1.0000 0.0058 1.0000

P value adjustment method: bonferroni
```

{PMCMRplus} 패키지에 대한 보다 자세한 안내는 다음의 사이트에서 제공하는 Quick Reference Guide(Pohlert, 2021)를 참고하기 바란다.

https://cran.r-project.org/web/packages/PMCMRplus/vignettes/QuickReferenceGuide.html

[참고 문헌]

- Bretz, F., Hothorn, T. and Westfall, P. (2011). Multiple comparisons using R, Chapman & Hall/CRC.
- Conover, W. J. (1999). Practical nonparametric statistics, 3rd ed., Wiley.
- Hsu, J. (1996). Multiple comparisons: theory and methods, Chapman & Hall/CRC.
- Lee, S. S. and Lee, D. K. (2018). What is the proper way to apply the multiple comparison test, Korean J. of Anesthesiology, 71, 353–360.
- Miller, R. G., Jr. (1981). Simultaneous statistical inference, 2nd ed., Springer–Verlag.
- Steel, R., Torri, J. and Dickey, D. (1997). Principles and procedures of statistics: a biometrical approach, McGraw–Hill.
- 각 패키지들의 vignettes.

2부

다중검정

11장

다중검정 기초

11.1 서론

다중검정은 두 개 이상의 가설을 동시에 검정하는 모든 경우를 말한다. 개별 가설에 대한 결정이 미조정된(unadjusted) 주변 p−값에 기초하는 경우, 전형적으로 실제 참인 귀무가설 중 일부가 기각될 확률이 커지게 된다. 불행히도 이러한 현상은 일반적이다. 이 장에서는 다중검정의 문제를 보다 형식적으로 기술하고 다중성 문제를 설명하는 방법을 제시한다. 여기서 다중성 문제(multiplicity issue)란 다중검정의 결과로 제1종 오류의 잠재적 인플레이션을 의미한다. 다중검정에서는 다중성을 설명하기 위해 실험의 전반적인 유의수준을 조정하는 방법을 다룬다.

참고

다중비교(multiple comparisons)와 다중검정(multiple testing)은 통계적으로 유의미한 차이가 없는 상황에서 귀무가설을 잘못 기각할 위험이 부풀려지는 유사한 문제를 다룬다. 그러나 다중비교는 주어진 결과 변수에 대해 3개 이상의 개별 그룹이 비교되는(한 번에 두 개) 상황을 나타내며, 주로 분산분석(ANOVA) 후에 수행된다. 반면 다중검정은 연구에서 여러 관련된 통계 검정이 수행되는 상황을 말하지만, 특정 결과 변수에 대해 반드시 여러 그룹이 필요한 것은 아니다. 예를 들어, 증상이 다른 두 그룹의 환자들의 여러 변수(예를 들어, 유전자 변수들) 간에 유의한 차이가 있는지를 동시에 검정하는 것이다.

11.2 다중검정과 통제오류

다중검정에서 제1종 오류를 통제하는 접근 방식은 다양하다. 여기서는 다중검정에서 사용되는 대표적인 통제 오류인 FWER과 FDR을 소개한다.

- 가족별 오류율(family-wise error rate, 이하 FWER): 여러 개의 가설을 동시에 검정하는 다중검정에서 '적어도 한 개(한 개 또는 그 이상)의 거짓양성(또는 제1종 오류)의 확률'을 의미한다. 여기서 가족(family)은 '비교를 위해 구성한 짝들의 집합(the set of comparisons)'을 의미하며, 보다 형식적으로 "오류의 어떤 결합된 척도를 고려하는 것이 의미를 가지는 추론들의 집합"으로 정의한다(Hochberg & Tamhane, 1987). 동일한 의미로 '연구별 오류율(study-wide error rate)'의 표현을 쓰기도 한다,

- 위발견율 또는 오탐지율(false discovery rate, 이하 FDR): 다중검정에서 '기각된 가설 중 거짓양성(제1종 오류)의 기대비율'을 말한다. FDR은 FWER과는 다른 종류의 오류로, 이를 통제하는 검정이 대규모의 다중검정(예를 들어, 유전학 분야) 등에서 더 효과적일 수 있다.

참고

다중비교에서 '비교 그룹의 수' 또는 '가족의 크기(family size)'는 매우 중요한 요소이다. Westfall 등(1999)은 FWER을 통제하는 분석과 그렇지 않은 통계적 분석에서의 결론의 차이는 가족의 크기와 직접적으로 관련이 있음을 강조하였다. 특히, FWER의 통제하에서, 가족의 규모가 클수록 개별검정이 통계적으로 유의하게 나타날 가능성은 줄어든다. 따라서 실제 차이를 감지하고 다중성 효과(multiplicity effects)에 대한 통제를 유지하기 위해 Westfall 등(1999)은 "작게 선택하고, 광범위한 가족보다는 집중된 가족(focused family), 그리고 (속임수를 피하기 위해) 그 결정이 사전에 우선적으로 이루어져야 한다"고 주장한 바 있다. FWER 비율은 참인 귀무가설의 수뿐만 아니라 자료의 분포 특성과 검정통계량 간의 상관관계에 따라 달라지며, 이러한 이유로 FWER을 통제하기 위한 여러 가지 다중비교 절차가 개발되어 왔다.

11.3 통제 오류별 다중검정

이 절에서는 통제 오류에 따른 다중검정 방법을 개략적으로 소개한다. 다중검정의 결과로 제시되는 조정된 p-값에 대한 해석을 포함한다. 각 방법에 대한 자세한 설명은 다음 장에서 다루기로 한다.

11.3.1 Bonferroni 방법

Bonferroni 검정은 유의수준 α/m로 개별검정을 수행하여, FWER이 α 이하가 되도록 통제하는 검정이다. 가령 m개의 귀무가설($H_{01},\cdots,H_{0m}$)이 모두 참인 경우, Bonferroni 부등식에 의해

$$\begin{aligned}\text{FWER} &= P(\text{at least one of } H_{01},\cdots,H_{0m} \text{ is rejected}) \\ &\le \sum_{i=1}^{m} P(H_{0i} \text{ is rejected})\end{aligned}$$

이다. m개의 귀무가설 각각에 대한 제1종 오류를 α/m로 통제한다면, FWER을 α 이하로 통제할 수 있다. 즉,

$$\text{FWER} \le \sum_{i=1}^{m} \frac{\alpha}{m} = \alpha$$

이다.

- Bonferroni 방법은 비교별 p-값이 α/m보다 작으면 해당 귀무가설을 기각한다.
- Bonferroni 방법은 m이 작을 때 잘 작동한다.
- Bonferroni 방법은 $m > 10$일 때, 너무 보수적이 되기 시작한다. 실제의 FWER은 α보다 훨씬 작을 수 있다.

11.3.2 FWER 통제 검정법

FWER을 통제하는 검정 방법에는 Bonferroni 방법 외에 Holm, Hochberg, Hommel, Westfall-Young의 방법 등이 있다. 실제 분석에서 개별검정의 결과로 주어지는 p-값들은 이들 검정 방법들에 의해 조정된 값으로 제공된다(이 값들은 전체 가설의 수에 의존함). 예를 들어,

Bonferroni 방법에 의해 조정된 p-값(adjusted p-value)이 0.03이라 함은 해당 검정의 p-값이 (다중검정에서) FWER 3% 수준에서 귀무가설을 기각할 수 있는 정도(수준)임을 의미한다.

11.3.3 FDR 통제 검정법

FDR을 통제하는 검정법으로는 Benjamini–Hochberg와 Benjamini–Yekutieli 방법이 있다. FDR은 FWER보다 덜 엄격한 조건이므로, 이 방법은 다른 방법들보다 검정력이 우수하다. 실제 분석에서는 FDR이 기준값 이하가 되는 검정을 수행하거나, 개별검정에서의 p-값에 대응하는 FDR 수준(이를 q-값이라 함)을 제시한다. q-값(q-value) 역시 일종의 조정된 p-값으로, 해당 귀무가설을 기각하게 되는 FDR의 최솟값을 의미한다. 예를 들어, q-값이 0.05라 함은 FDR 오류를 5% 이상 허용할 때 귀무가설을 기각하는 정도임을 의미한다. 다른 해석으로, 만약 유전자 X가 0.013의 q-값을 가진다면, 이는 유전자 X의 p-값보다 더 작거나 같은 유전자의 1.3%는 거짓양성임을 의미한다.

11.4 R 기본 함수 소개

이상을 요약하면, 개별검정에서의 p-값과 다중검정에서의 조정된 p-값(또는 q-값)은 (단순 또는 다중)검정에서 어떠한 형태의 오류를 통제하느냐의 문제와 연결된다. [표 11.1]은 R의 p.adjust{stats}에서 제공하는 다중검정을 정리한 것이다. 여기서 FWER을 통제하는 방법 중 "bonferroni"는 가장 보수적이며(큰 FN을 가짐) 가설에 대해 독립의 가정을 요구한다. "holm"(1979)은 임의의 가정에서 유효하며, "hochberg"(1988)와 "hommel"(1988)은 가설이 독립이거나 비-음의 연관을 가질 때 유용하며, 대등한 결과를 제공한다. FDR을 통제하는 검정법으로 "BH"(Benjamini–Hochberg, 1995)와 "BY"(Benjamini–Yekutieli, 2001)가 있다.

[표 11.1] 다중검정에서의 오류 통제

검정	검정 결과	통제하는 오류	R의 p.adjust{stats} 함수에서 method= 옵션
단일 가설	p-값(p-value)	제1종 오류	
다중 가설	조정된 p-값 (adjusted p-value)	FWER	"bonferroni", "holm", "hochberg", "hommel"
	q-값(q-value)	FDR	"BH"(or "fdr"), "BY"

FWER: 전체 가설에서 거짓양성(FP)의 비율
FDR: 양성 판정 내에서 거짓양성(FP)의 비율

예제 11.1

Garcia-Arenzana 등(2014)은 스페인 여성에서 유방암의 중요한 위험인자인 유방 조영밀도(mammographic density)와 25가지 식이변수(dietary variables)와의 연관성을 검정하였다([표 11.2]의 1~2열). 이를 이용하여 여러 가지 방법으로 조정된 p-값을 구한 결과를 [표 11.2]에 제시하였다(3~8열).

[표 11.2] 25가지 식이변수와의 연관성 검정 결과와 다중검정에서의 조정된 p-값

식이 변수	p-값	조정된 p-값(FWER 수준)				q-값(FDR 수준)	
		Bonferroni	Holm	Hochberg	Hommel	BH	BY
Total_calories	<0.001	0.025	0.025	0.025	0.025	0.025	0.095
Oliver_oil	0.008	0.200	0.192	0.192	0.192	0.100	0.382
Whole_milk	0.039	0.975	0.897	0.882	0.682	0.210	0.801
White_meat	0.041	1.000	0.902	0.882	0.697	0.210	0.801
Proteins	0.042	1.000	0.902	0.882	0.714	0.210	0.801
Nuts	0.060	1.000	1.000	0.986	0.840	0.250	0.954
Cereals_and_pasta	0.074	1.000	1.000	0.986	0.962	0.264	1.000
White_fish	0.205	1.000	1.000	0.986	0.986	0.491	1.000
Butter	0.212	1.000	1.000	0.986	0.986	0.491	1.000
Vegetables	0.216	1.000	1.000	0.986	0.986	0.491	1.000
Skimmed_milk	0.222	1.000	1.000	0.986	0.986	0.491	1.000
Red_meat	0.251	1.000	1.000	0.986	0.986	0.491	1.000
Fruit	0.269	1.000	1.000	0.986	0.986	0.491	1.000
Eggs	0.275	1.000	1.000	0.986	0.986	0.491	1.000
Blue_fish	0.340	1.000	1.000	0.986	0.986	0.533	1.000
Legumes	0.341	1.000	1.000	0.986	0.986	0.533	1.000
Carbohydrates	0.384	1.000	1.000	0.986	0.986	0.565	1.000
Potatoes	0.569	1.000	1.000	0.986	0.986	0.782	1.000
Bread	0.594	1.000	1.000	0.986	0.986	0.782	1.000
Fats	0.696	1.000	1.000	0.986	0.986	0.870	1.000
Sweets	0.762	1.000	1.000	0.986	0.986	0.907	1.000
Dairy_products	0.940	1.000	1.000	0.986	0.986	0.986	1.000
Semi_skimmed_milk	0.942	1.000	1.000	0.986	0.986	0.986	1.000
Total_meat	0.975	1.000	1.000	0.986	0.986	0.986	1.000
Processed_meat	0.986	1.000	1.000	0.986	0.986	0.986	1.000

[표 11.2]에서 유의수준 5%의 개별검정에서 유의한 변수는 5개이나, 이 가운데 1~2개는 거짓양성일 것으로 예상된다($0.05 \times 25 = 1.25$이므로). Bonferroni 조정을 적용할 경우, 임곗값은 0.05/25=0.002이므로 p-값<0.002이면 유의하게 판정하며 단지 1개만이 이에 해당된다. FWER을 통제하는 4가지 검정법(Bonferroni, Holm, Hochberg, Hommel)은 모두 FWER 2.5% 수준에서 단지 1개 변수만이 유의한

것으로 나타났다. 반면 FDR을 통제하는 검정에서는(BH와 BY), FDR을 25% 허용할 경우 각각 6개, 1개의 변수가 유의한 것으로 나타났다.

[표 11.2]에 제시된 결과는 R의 p.adjust() 함수를 통해 다음과 같이 구할 수 있다.

```
> p <- c(0.001, 0.008, ... , 0.986)
> p.adjust(p, method="bonferroni")
```

p.adjust() 함수의 일반 형식과 주요 옵션은 다음과 같다.

```
p.adjust(p, method = p.adjust.methods, n = length(p))
```

- p: p-값의 수치형 벡터(NA도 포함 가능)
- method= 조정 방법을 지정. "holm", "hochberg", "hommel", "bonferroni", "BH", "BY", "fdr", "none"
- n= 비교의 수를 지정(필요시에 지정하되, length(p) 이상으로)

아래의 [그림 11.1]은 [표 11.2]의 결과를 쉽게 비교하기 위한 것이다. B-H를 제외한 나머지 방법들이 비슷한 패턴을 보인다. 그림에서 점선은 비교를 위한 직선이다.

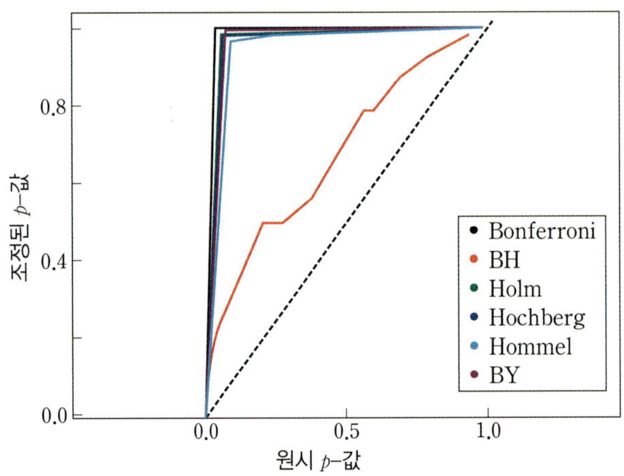

[그림 11.1] 다중검정에서의 조정된 p-값: [표 11.2]의 요약

참고

1. **(조정 방법의 선택)** p–값의 조정 방법에 대한 명쾌한 선택 기준은 없다. 일반적으로 연구 분야별로 친숙한 방법을 선택하는 것이 좋을 것이다. 더불어 제2종 오류에 대한 제1종 오류를 범할 확률의 균형을 맞추는 방법을 선택하는 논리도 가능하다. 가령, 예비연구에서는 향후 연구에서 중요할 수 있는 인자가 사전에 배제되지 않도록 완화된 기준을 적용한다거나, 고가의 치료가 고려되는 의학적 연구에서 한 치료가 다른 치료보다 우수하다는 결론은 보다 높은 수준의 확신이 요구된다는 점을 반영하는 것이다.
2. **(조정 방법의 비교: 모의실험)** 여러 가지 다중검정의 비교를 위해 모의실험의 결과를 [그림 11.2]에 제시하였다. 그림에서 (a)는 균일분포 $U(0, 1)$로부터 발생된 50개의 난수를 p–값으로 간주하여 $(m=50)$, p–값의 변화에 따른 조정된 p–값을 그림으로 나타낸 것이며, (b)는 0.1보다 작은 p–값에서의 변화를 살펴보기 위해 5개$(m=5)$의 p–값(0.001, 0.01, 0.025, 0.05, 0.1)에서 그 결과를 그린 것이다.

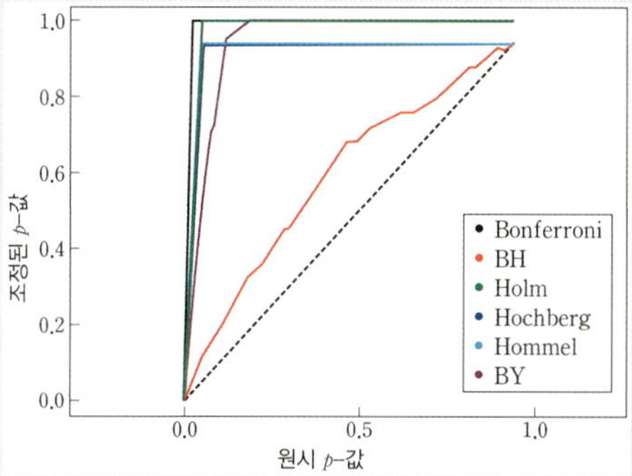

(a) 50개의 비교(p–값의 범위: 0~1)

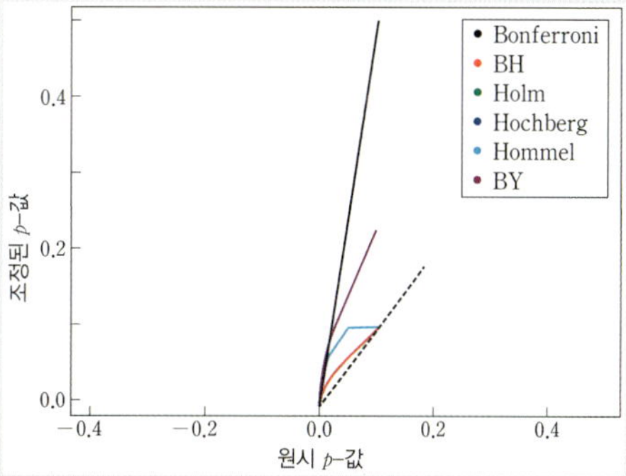

(b) 5개의 비교(p–값의 범위: 0~0.1)

[그림 11.2] p–값에 따른 다중검정에서의 조정된 p–값

12장 다중검정의 이론

12.1 서론

이 절에서는 FWER 또는 FDR을 통제하는 다중검정의 이론을 구체적으로 소개한다.

먼저, m개 가설에 대한 검정 결과가 [표 12.1]과 같이 주어졌다고 하자. 여기서 m과 R을 제외한 모든 변수는 관측되지 않으며, 우리는 일반적으로 V와 R의 크기의 조정에 관심이 있다.

[표 12.1] m개 가설 검정의 결과

실제 검정 결과	H_0 : 채택 (유의하지 않음)	H_0 : 기각 (유의함)	합계
H_0 : 참	U	V	m_0
H_0 : 거짓	T	S	m_1
합계	$m-R$	R	m

다중검정에서 FWER을 조정하는 방법은 한 번 이상의 제1종 오류를 범할 확률, 즉 $P(V \geq 1)$이 기준 이하가 되도록 기각의 횟수 R을 조정하는 방법이다. 반면 FDR은 유의하게 판정한 검정 결과 중에서 잘못된 검정 비율, 즉 $E(V/R)$ ($R > 0$인 경우)이 기준 이하가 되도록 조정하는 방법이다.

다중검정에서 FWER과 FDR 중 어떤 오류를 조정하는 것이 합리적인지에 대한 판단은 주관적이다. FWER 통제는 모든 거짓양성으로부터 보호하려는 경우, 즉 제1종 오류를 허용하지 않아야 하는 경우에 적합한 방법이다. 그러나 비교 수가 많을 경우 검정력이 낮아진다는 점에서 지나치게 보수적인 결과로 이어질 수 있다. 반면 FDR 통제는 일부 거짓양성을 허용함으로써 검정력을 높이는 방법으로 사용된다. 예를 들어, 유전체학 등에서 유의하게 판정된 가설의 수에 비해 거짓양성의 수가 적다면 일부 거짓양성을 허용하는 방식으로 검정을 수행할 수 있다.

참고 강한 또는 약한 통제

- 기댓값과 확률은 참인 귀무가설에 대한 조건부 값이다.
- 강한 통제(strong control): 참 및 거짓인 귀무가설의 모든 조합에서 제1종 오류율을 통제함을 의미한다. 즉, [표 12.1]에서 m_0가 m의 임의의 부분 집합인 상황을 의미한다. 마이크로어레이 분석에서는 제1종 오류율의 강한 통제가 필수적이다.
- 약한 통제(weak control): 모든 귀무가설이 참인 경우[13]에만(비현실적임) 제1종 오류율을 통제함을 의미한다. 즉, [표 12.1]에서 $m_0 = m$인 상황에서만 통제함을 의미한다.

이론 소개에 앞서 이 절에서 사용되는 표기법은 다음과 같다.

13) 모든 귀무가설이 참인 경우를 '완전(complete) 귀무가설'이라 한다.

표기법

1. m개의 귀무가설 $H_j(j=1,\cdots,m)$에 대해,
   - 관측된 검정통계량: t_j
   - 관측된 비조정된 p-값: p_j
2. 순서화된(ordered) p-값과 검정통계량: $\{r_j\}_{j=1,\cdots,m}$에 대해
   $p_{r_1} \le p_{r_2} \le \cdots \le p_{r_m}$ & $|t_{r_1}| \ge |t_{r_2}| \ge \cdots \ge |t_{r_m}|$ 임.

12.2 FWER 통제 방법

다중가설(총 가설의 수: m)에서 적어도 한 개의 제1종 오류를 범할 확률(즉, FWER)을 일정 수준 이하로 통제하는 검정법을 소개한다.

12.2.1 단일-단계(single-step) 절차

(a) Bonferroni 방법

가장 널리 알려진 다중검정 방법으로 이 방법은 각 p-값에 대해 동일한 값(m)을 이용하여 조정한다. 검정 방법은 조정된 p-값이 정해진 FWER 수준(α)보다 작으면(또는 각 p_j가 α/m보다 작으면) 해당 귀무가설을 기각한다.

- Bonferroni의 조정된 p-값: $\tilde{p}_j = \min\{mp_j, 1\}$.

(b) Sidak 방법

Bonferroni 방법과 밀접한 관련이 있다. 조정되지 않은 p-값이 $U(0,1)$로 독립적으로 분포할 때, 완전 귀무가설하에서 FWER을 정확하게 통제한다. 그러나 많은 상황에서 검정통계량 및 비조정된 p-값은 종속적이다(예: 마이크로어레이 실험).

- Sidak의 조정된 p-값: $\tilde{p}_j = 1-(1-p_j)^m$.

(c) Westfall과 Young(1993)의 단일-단계 minP/maxT 방법

Westfall과 Young(1993)이 제안한 방법으로, 검정통계량 간의 종속구조를 고려한 덜 보수적인 다중검정 방법이다.

- 단일-단계 minP 조정된 p-값: $\tilde{p}_j = P\left(\min_{1 \le l \le m} P_l \le p_j \mid H_0^C\right)$.

여기서 H_0^C는 완전 귀무가설로 m개의 귀무가설이 모두 참인 경우를 나타내며(즉, $H_0^C = \cap_{j=1}^{m} H_j$ with $m_0 = m$), P_l은 l-번째 가설의 비조정된 p-값에 대한 확률변수이다.

W-Y는 p-값 대신 검정통계량을 이용한 다음의 방법도 함께 제안하였다.

- 단일-단계 maxT 조정된 p-값: $\tilde{p}_j = P\left(\max_{1 \le l \le m} |T_l| \ge |t_j| \mid H_0^C\right)$.

단일-단계 Westfall-Young 방법의 적용을 위해서는 완전 귀무가설하에서 $\min P_l$(또는 $\max|T_l|$)의 분포가 필요하다. 이 분포는 순열 방법을 이용하여 구할 수 있다(이 방법은 유전자 자료 행렬의 열들을 순열배치(permute)함으로써 유전자 간의 의존성 구조를 이용한다). 단일-단계 minP(또는 maxT) 방법은 약한(weak) FWER 통제를 제공한다.

12.2.2 하향식(step-down) 절차

단일-단계의 방법과는 달리 귀무가설들을 검정통계량의 크기에 따라 순차적으로 검정을 수행하는 방법을 소개한다. 하향식(step-down) 절차는 검정통계량이 작아지는 순서에 따라 순차적으로 검정을 수행하며, 그 반대의 경우는 상향식(step-up) 절차이다.

(a) Holm(1979)의 방법

이 방법은 작은 p-값으로부터 검정을 수행하되 $p_{r_j} > \alpha/(m-j+1)$를 만족하면 직전까지의 가설을 기각하는 절차를 따른다. 이때 처음으로 채택이 결정되면, 이후의 모든 가설을 채택하고 검정을 종료한다. 즉, $j^* = \min\{j : p_{r_j} > \alpha/(m-j+1)\}$일 때 가설 H_{r_j}, $j = 1, \cdots, j^* - 1$을 기각한다. 이를 만족하는 j^*가 없을 때는 모든 가설을 기각한다.

- Holm의 조정된 p-값: $\tilde{p}_{r_j} = \max_{k=1,\cdots,j}\{\min((m-k+1)p_{r_k}, 1)\}$.

예제 12.1 Holm의 방법

검정의 수 $m=1000$일 때, Holm의 조정된 p-값은 다음과 같이 주어진다.

$$\tilde{p}_{r_1} = 1000 \cdot p_{r_1},\ \tilde{p}_{r_2} = 999 \cdot p_{r_2}, \cdots,\ \tilde{p}_{r_m} = 1 \cdot p_{r_m}.$$

검정 방법은 조정된 p-값을 순차적으로($\tilde{p}_{r_1}, \tilde{p}_{r_2}, \cdots$ 순으로) 정해진 FWER 수준($\alpha = 0.05$)과 비교해 나가되 처음으로 채택(>0.05)이 일어나면 이후의 귀무가설은 모두 채택하게 된다.

순위	p-값	조정된 p-값	H_o를 기각	검정 순서
1	0.00002	0.00002×1000=0.02	1	⇓(시작)
2	0.00004	0.00004×999=0.039	1	
3	0.00009	0.00009×998=0.090	0	
…	…	…	…	…

Holm의 절차는 표준 Bonferroni 절차에 비해 덜 보수적이며, $\min((m-k+1)p_{r_k}, 1)$의 연이은 최댓값(successive maxima)은 조정된 p-값의 단조성을 보장한다. 즉, $\tilde{p}_{r_1} \le \tilde{p}_{r_2} \le \cdots \le \tilde{p}_{r_m}$이고, 특정 가설은 더 작은 비조정된 p-값을 가지는 모든 가설이 기각되는 경우에만 기각될 수 있다.

(b) Sidak의 방법

Holm과 유사한 방법으로 Sidak의 하향식 절차에 의한 조정된 p-값은 다음과 같다.

- Sidak의 조정된 p-값(하향식 방법): $\tilde{p}_{r_j} = \max_{k=1,\cdots,j}\{1-(1-p_{r_k})^{(m-k+1)}\}$.

(c) Westfall-Young(1993)의 minP/maxT 방법

Westfall-Young의 하향식 minP/maxT 방법의 조정된 p-값은 다음과 같다. 이 방법은 Holm의 방법에 비해 덜 보수적이며, FWER을 강하게 통제한다.

- minP 조정된 p-값(하향식 방법): $\tilde{p}_{r_j} = \max_{k=1,\cdots,j}\left\{P\left(\min_{l\in\{r_k,\cdots,r_m\}} P_l \le p_{r_k} \mid H_0^C\right)\right\}$.

- maxT 조정된 p-값(하향식 방법): $\tilde{p}_{r_j} = \max_{k=1,\cdots,j}\left\{P\left(\max_{l\in\{r_k,\cdots,r_m\}}|T_l| \ge |t_{r_k}| \mid H_0^C\right)\right\}$.

여기서 $|t_{r_1}| \ge |t_{r_2}| \ge \cdots \ge |t_{r_k}|$은 관측된 순서화된 검정통계량이다.

W-Y의 단일-단계 절차와 마찬가지로 순열 방법을 통해 검정통계량의 연이은 최솟값(또는 최댓값)의 완전 귀무분포를 구할 수 있다. W-Y의 절차를 간략히 소개하면 다음과 같다(더 자세한 내용은 16장을 참고하기 바란다).

[W-Y의 하향식 minP 절차]

1) 원본 데이터 세트를 기반으로 각 유전자에 대해 p-값을 계산하고 순위를 지정한다.
2) 순열 방법은 데이터를 인위적으로 치료군과 대조군으로 나누어 의사(pseudo) 데이터 세트를 생성한다.
3) 모든 유전자에 대한 p-값을 의사 데이터 세트에서 계산한다.
4) 새로운 p-값의 연이은 최솟값(successive minima)을 유지하고 원래 p-값과 비교한다.
5) 이 과정을 여러 번 반복하고 최소 의사 p-값이 원래 p-값보다 작은 재표본 데이터 세트의 비율을 조정된 p-값으로 한다.

[W-Y의 하향식 maxT 절차]

minP 방법과 유사한 방법으로 p-값 대신 통계량(T) 자체를 사용하는 방법이다. 그 절차는 위의 minP 경우와 동일하다. 다만 통계량과 p-값은 반비례하므로, 통계량(T)에 대해 연이은 최솟값 대신 '연이은 최댓값(successive maxima)'을 사용한다.

Westfall과 Young(1993)의 절차와 같이 검정통계량의 결합분포를 고려하는 것은 검정력의 측면에서 근본적인 이득을 가져온다. 또한, 이 방법은 다음 장에 소개되는 FDR을 통제하는 절차에도 사용될 수 있다. 다만 이 방법은 순열로 인해 매우 느리다.

12.2.3 상향식(step-up) 절차

(a) Simes(1986) 방법

이 방법은 고전적인 Bonferroni 방법을 개선한 것으로, $p_{r_j} \le j\alpha/m$일 때 가설 H_{r_j}를 기각하는 방법이다($j = 1,\cdots,m$).

(b) Hochberg(1988)의 상향식 절차

Hochberg는 Holm의 방법과 대비되는 상향식 방법을 소개하였다. 이 방법은 큰 p-값으로부터 비교를 수행하되 $p_{r_j} \le \alpha/(m-j+1)$을 만족하기 전까지의 귀무가설을 기각하지 않는다. 이를 만족하는 경우 이후의 모든 귀무가설을 기각한다. 즉, $j^* = \max\{j : p_{r_j} \le \alpha/(m-j+1)\}$ 일 때 가설 H_{r_j}, $j=1,\cdots,j^*$를 기각한다. 이를 만족하는 j^*가 없을 때는 기각되는 가설이 없다.

Hochberg 방법이 여러 개의 가설을 한꺼번에 기각할 수 있으므로 Holm의 방법보다 검정력이 좋다고 할 수 있다.

- Hochberg의 조정된 p-값: $\tilde{p}_{r_j} = \min\limits_{k=j,\cdots,m} \{\min((m-k+1)p_{r_k}, 1)\}$.

다음의 [표 12.2]는 주요 다중비교 절차를 비교한 것이다.

[표 12.2] 주요 다중비교 방법의 비교

관측된 p-값	Bonferroni	Holm의 하향식 (↓)	Hochberg 상향식 (↑)
p_{r_1}	α/m	α/m	α/m
p_{r_2}	α/m	$\alpha/(m-1)$	$\alpha/(m-1)$
$\vdots$	$\vdots$	$\vdots$	$\vdots$
p_{r_j}	α/m	$\alpha/(m-j+1)$	$\alpha/(m-j+1)$
$\vdots$	$\vdots$	$\vdots$	$\vdots$
p_{m-1}	α/m	$\alpha/2$	$\alpha/2$
p_m	α/m	α	α

12.3 FDR 통제 방법

FWER을 통제하는 방법들은 전반적으로 기각하는 귀무가설의 숫자가 매우 적어서 대량(유전체학 등에서 수천~수백만 개)의 가설을 동시에 검정할 때 적합하지 않은 경우가 종종 발생한다. 이러한 단점을 보완하기 위하여 Benjamini와 Hochberg(1995)는 새로운 개념의 오류인 FDR을 소개하였다.

Benjamini와 Hochberg(1995)는 FDR을 “기각된 가설 가운데 제1종 오류(잘못 기각)의 기대비율”로 다음과 같이 정의하였다.

$$FDR = E(Q),\quad \text{여기서 } Q = \begin{cases} \dfrac{V}{R}, & \text{if } R > 0 \\ 0, & \text{if } R = 0 \end{cases}$$

$$= E\left(\frac{V}{R} \mid R > 0\right) P(R > 0) + 0 \cdot P(R = 0)$$

$$= E\left(\frac{V}{R} \mid R > 0\right) P(R > 0).$$

편의상 $R = 0$이면 $Q = 0$이라 할 때, FDR을 통제하는 방법은 $E(V/R)$이 기준 이하가 되도록 검정을 수행하는 것이다. FDR을 통제하는 방법을 소개하면 다음과 같다.

12.3.1 Benjamini–Hochberg 방법

Benjamini–Hochberg(1995, 이하 B–H) 방법은 p–값이 큰 값으로부터 순차적으로 검정을 수행하며, 작은 p–값에 대해 보다 엄격한 기준을 적용한다. 검정통계량 관점에서 작은 값에서 큰 값 순으로 검정을 수행하며, 선형적으로 작아지는 기준값을 적용하므로 선형 상향식(linear step–up) 방법이라고도 한다. B–H의 FDR을 α로 통제하는 검정은 $j^* = \max\{j : p_{r_j} \le (j/m)\alpha\}$일 때 $H_{r_j}, j = 1, \cdots, j^*$를 기각하는 절차를 따른다. 이러한 j^*가 존재하지 않으면 아무런 가설도 기각하지 못한다.

- B–H의 조정된 p–값: $\tilde{p}_{r_j} = \min_{k = j, \cdots, m}\left\{\min\left(\frac{m}{k} p_{r_k}, 1\right)\right\}.$

예제 12.2 Benjamini–Hochberg 방법

검정의 수 $m = 10$이고, FDR 수준을 $\alpha = 0.05$으로 통제하는 B-H 검정은 다음과 같다. 여기서 p_{r_j}는 j-번째 크기에 해당하는 p-값이다.

‘$p_{r_j} \le \left(\frac{j}{m}\right) \times \alpha$이면 해당 귀무가설을 기각’

순위	p-값	$(j/m)\times\alpha$	H_o를 기각	검정 순서
1	0.0008	0.005	1	⇑(끝)
2	0.009	0.010	1	
3	0.165	0.015	0	
4	0.205	0.020	0	
5	0.396	0.025	0	
6	0.450	0.030	0	
7	0.641	0.035	0	
8	0.781	0.040	0	
9	0.900	0.045	0	
10	0.993	0.050	0	⇑(시작)

즉, p-값을 오름차순으로 정렬한 다음 큰 값에서 작은 값(표에서 아래 → 위 방향) 순으로 검정을 수행하되, 점점 엄격한(선형적으로 작아지는) 기준값이 적용된다. 이 과정에서 처음으로 기각하는 지점이 발생하면, 더는 검정을 진행시키지 않고 이후의 해당 귀무가설을 모두 기각하는 것으로 한다.

예제 12.3 Benjamini-Hochberg 방법: [예제 11.1] 자료

[예제 11.1]의 자료에 대해 FDR 25% 수준($\alpha = 0.25$)에서 B-H 검정을 실시한다. [표 12.3]에서 (아래 → 위) 방향으로 p-값과 $(i/m)\times\alpha$를 비교해 나가면, 순위 6에서 처음으로 p-값이 작음을 알 수 있다. 따라서 이후의 모든 가설이 모두 기각되어, 총 6개가 유의한 것으로 나타남을 확인할 수 있다([표 11.2]의 결과와 동일). 여기서는 고정된 FDR 수준에서의 검정을 제시하였으나, [예제 11.1]과 같이 q-값(각 검정에서 요구되는 FDR 수준)을 제시하는 것이 보다 유용하다.

[표 12.3] FDR 25% 수준에서 B-H 검정 절차([예제 11.1] 자료)

식이 변수	p-값	순위	$(i/m)\times\alpha$	H_o를 기각	검정 순서
Total_calories	<0.001	1	0.010	1	⇑(끝)
Oliver_oil	0.008	2	0.020	1	
Whole_milk	0.039	3	0.030	1	
White_meat	0.041	4	0.040	1	
Proteins	0.042	5	0.050	1	
Nuts	0.060	6	0.060	1	
Cereals_and_pasta	0.074	7	0.070	0	
White_fish	0.205	8	0.080	0	
Butter	0.212	9	0.090	0	
Vegetables	0.216	10	0.100	0	

식이 변수	p-값	순위	$(i/m)\times\alpha$	H_o를 기각	검정 순서
Skimmed_milk	0.222	11	0.110	0	
Red_meat	0.251	12	0.120	0	
Fruit	0.269	13	0.130	0	
Eggs	0.275	14	0.140	0	
Blue_fish	0.340	15	0.150	0	
Legumes	0.341	16	0.160	0	
Carbohydrates	0.384	17	0.170	0	
Potatoes	0.569	18	0.180	0	
Bread	0.594	19	0.190	0	
Fats	0.696	20	0.200	0	
Sweets	0.762	21	0.210	0	
Dairy_products	0.940	22	0.220	0	
Semi_skimmed_milk	0.942	23	0.230	0	
Total_meat	0.975	24	0.240	0	
Processed_meat	0.986	25	0.250	0	⇑ (시작)

[그림 12.1]은 B-H 방법을 나타낸다. 그림에서 점선은 개별검정에서의 p-값을 나타내며, 실선은 다중검정에서의 임곗값을 나타낸다(B-H의 경우 p-값이 작아짐에 더 작은 기준값이 적용됨). 비교를 위해 고정된 값을 기준으로 하는 Bonferroni 방법도 같이 제시하였으며, Holm의 방법도 이와 유사하다(이 경우, [그림 12.1]에서 Bonferroni와 유사하나 매우 완만한 기울기의 임곗값이 사용됨). 고정된 임곗값을 사용하는 Bonferroni 방법은 매우 보수적인 결과를 제공하는 반면, B-H 방법은 거짓양성(FP)을 허용하는 대가로 덜 보수적인 검정을 수행한다(임곗값 조정을 통해).

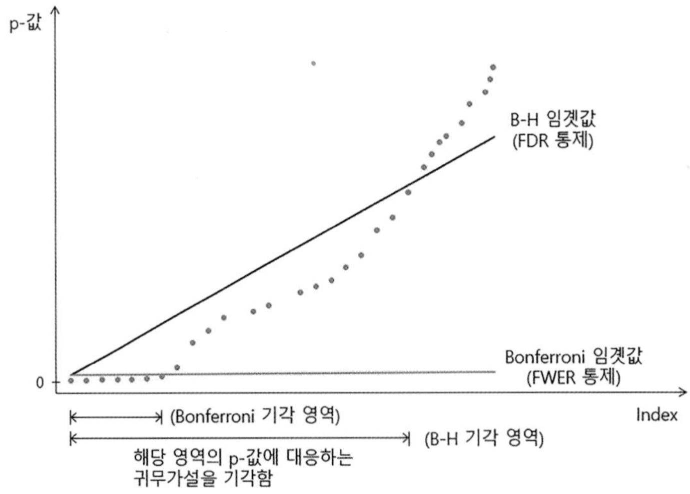

[그림 12.1] Benjamini–Hochberg 검정

여기서 B-H 방법의 검정력을 앞서 소개한 여러 가지 방법과 비교하면 [표 12.4]와 같다.

[표 12.4] 다중검정의 조정 방법에 따른 검정력 비교

조정 방법	비교	통제 오류
Bonferroni	⇑ (More FN)	FWER
Holm		FWER
Westfall & Young		FWER
B-H		FDR
None	⇓ (More FP 또는 Power)	PCER

12.3.2 Benjamini-Yekutieli 방법

Benjamini-Yekutieli(2001, 이하 B-Y)는 B-H 절차가 특정 종속구조(예: 양의 회귀종속)에서 FDR을 통제한다는 것을 증명했다. 또한 임의의 종속구조에 대한 FDR을 통제하는 B-H 절차의 단순하고 보수적인 수정을 제안했다. B-Y의 상향식 절차의 조정된 p-값은 다음과 같다. B-H와의 차이점은 (m/k) 대신 $(m\sum 1/j)/k$이 사용된 것이다. 이 값은 다중성에 대해, 미조정된 p-값에, 부여하는 벌점의 차이로 이해될 수 있다.

- B-Y의 조정된 p-값: $\tilde{p}_{r_j} = \min_{k=j,\cdots,m}\left\{\min\left(\frac{m\sum_{j=1}^{m} 1/j}{k} p_{r_k}, 1\right)\right\}$.

B-H와 B-Y는 모두 FDR을 통제하는 방법이다. B-H는 독립인 검정통계량을 가정하는 반면, B-Y는 임의의 종속구조에 대해 적용된다.

B-H 절차는 이 상향식 절차에 대해 $E(Q) \le (m_0/m)\alpha \le \alpha$인 것으로 나타났으므로 독립인 경우에서조차 보수적일 수 있다. 최근까지, 대부분의 FDR 통제 절차는 독립인 검정통계량에 대해 고안되거나 검정통계량 간의 종속구조를 고려하지 않았다. FWER 통제를 위한 Westfall과 Young(1993)의 재표본 절차의 정신에 따라 Yekutieli와 Benjamini(1999)는 재표본 기반의 조정된 p-값을 사용하여 검정통계량 간에 특정 유형의 종속구조를 통합하는 새로운 FDR 통제 절차를 제안하였다(이 절차는 무엇보다도 참인 귀무가설에 대한 미조정된 p-값이 거짓 귀무가설에

대한 p-값과 독립이라고 가정한다). FDR 통제 절차에 대한 또 다른 연구로는 Genovese와 Wasserman(2001), Storey(2002), Storey와 Tibshirani(2001)가 있다(Dudoit 등(2003)의 References를 참고할 것).

수천 개의 검정이 동시에 수행되고 상당히 많은 수의 유전자가 차등적으로 발현될 것으로 예상되는 마이크로어레이 설정에서 FDR 통제 절차는 FWER 접근 방식에 대한 유망한 대안을 제시한다. 이러한 맥락에서, 기각된 가설의 수에 비해 그 수가 적은 몇 개의 거짓 긍정은 기꺼이 감수할 수 있다.

참고 **FDR의 두 가지 성질**

FWER과 관련하여 FDR의 두 가지 중요한 성질을 소개한다.

(i) 모든 귀무가설이 참(즉, $m=m_0$)일 때, FDR은 FWER의 통제를 의미한다.

(증명) 모든 귀무가설이 참($m=m_0, S=0, V=R$)이라는 것은 모든 발견이 거짓발견임을 의미한다. 관례에 따라 $V=0$이면 $Q=0$으로 설정하고 그렇지 않으면 $Q=1$로 설정한다.

$$\begin{aligned} FDR &= E(Q) \\ &= \sum_{all\ q} q \cdot P(Q=q) \\ &= 0 \cdot P(Q=0) + 1 \cdot P(Q=1) \\ &= P(Q=1) \\ &= P(V \geq 1). \end{aligned}$$

위 식의 마지막 항은 FWER과 같다. 이것은 모든 귀무가설이 참일 때 FDR이 FWER을 통제함을 의미한다. 이때의 통제는 모든 귀무가설이 참인 경우에 해당하므로 약한 통제이다.

(ii) 귀무가설의 일부만 참(즉, $m_0 < m$)인 경우, FWER $\geq$ FDR이고 이는 FWER이 FDR의 상한을 제공함을 의미한다.

(증명) 귀무가설 중 일부만 참이면 $m_o < m$이고 만약 $V > 0$이면 $Q = V/R \leq 1$이다. 적어도 하나의 거짓 기각이 있는 경우 값 1을 취하는 지시함수 $I(V \geq 1)$는 Q보다 작을 수는 없다. 즉, $I(V \geq 1) \geq Q$이다. 양변에 기댓값을 취하면 $E[I(V \geq 1)] = P(V \geq 1) = FWER \geq E(Q) = FDR$이다. S가 큰 경우에서와 같이 이들 오류율이 상당히 다를 때 엄격도가 낮아지고 검정력의 이득을 기대할 수 있다 ($S \uparrow \Rightarrow FDR \downarrow$ 이므로).

12.4 pFDR

Storey의 양성 거짓발견율($pFDR$, positive FDR)은 '발견(discoveries)이 거짓인 비율'로 $pFDR = E\left[\frac{V}{R} \mid R > 0\right] (\approx \frac{E(V)}{E(R)}$ for very large m)으로 정의된다(대부분의 유전학 실험에서 $p(R > 0) \approx 1$ 이므로, FDR과 pFDR은 매우 유사함).

12.5 q-값

q-값(q-value)은 해당 변수(유전자)가 유의하다고 불릴 때 기대되는 FDR의 최솟값으로 정의된다. 추정된 q-값은 해당 검정에 대한 p-값과 고려되는 검정 가족으로부터 전체 p-값의 분포의 함수이다(Storey & Tibshiriani, 2003).

q-값에 대한 자세한 설명은 다음과 같다. m개의 p-값들의 히스토그램이 다음 [그림 12.2]와 같이 주어질 때, 빈도가 평평해지는 기준값(λ)보다 더 큰 값은 귀무가설이 참인 경우에서 발생되었다고 볼 수 있다(기준값으로 0.5를 사용하기도 함). 따라서 전체 가설에서 참인 귀무가설의 비율(π_0)을

$$\hat{\pi}_0(\lambda) = \frac{\#\{p_i > \lambda\}}{m(1-\lambda)}$$

으로 추정할 수 있다. 그 이유는 모든 귀무가설이 참일 때 p-값은 균일분포 $U(0, 1)$을 따르기 때문이다(아래 그림에서 점선 부분: 12.6.1절 참고). 특히 $1-\hat{\pi}_0$은 참인 대립가설의 비율(proportion of truly alternative tests)로, 이는 특히 유용하다.

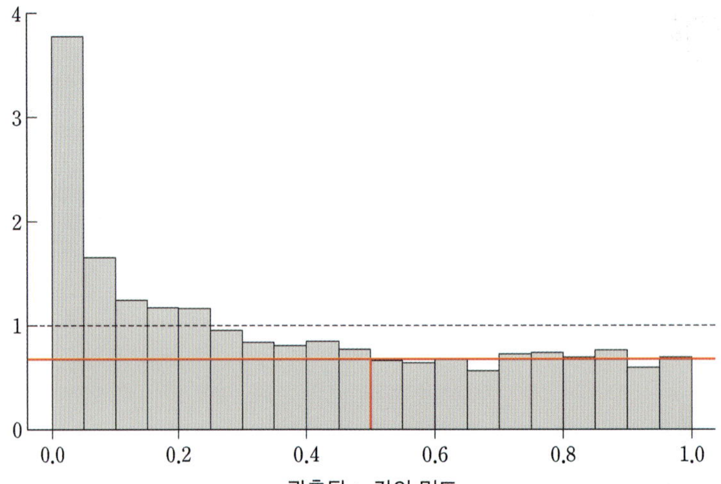

[그림 12.2] p-값의 분포

참고 π_0의 추정

귀무가설이 참인 가설의 비율(π_0)을 추정할 때, λ의 선택은 편향-분산 간의 균형(tradeoff)을 고려하는 것이 합리적이다: 작은 λ는 귀무가설이 참이 아닌 가설을 포함할 가능성이 높은 반면, 큰 λ에서는 표본의 크기가 작게 된다. 예를 들어, [그림 12.3]의 경우 $\lambda=0.6$이 적당해 보이며 이때 $\hat{\pi}(0.6)=0.56$이다. 즉, 유전자의 44%는 두 그룹 간에 차이가 있는 것으로 추정한다.

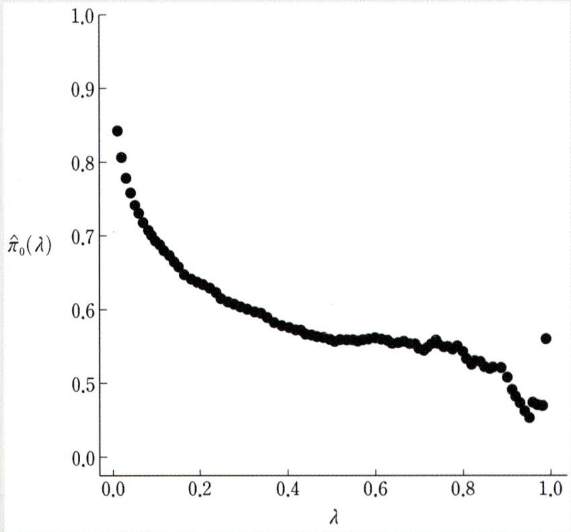

[그림 12.3] Golub 자료의 경우

만약 모든 가설에 대해 t를 기준으로 검정을 수행할 때(즉, $p_i \leq t$이면 H_0^i를 기각, $i = 1, \cdots m$), 다중검정의 pFDR 수준은 다음과 같이 추정된다.

$$p\widehat{FDR}(t) = \frac{\hat{\pi}_0 m \cdot t}{\#\{p_i \leq t\}}.$$

위 식에서 분자는 '거짓긍정의 수'이고(추정 값), 분모는 '귀무가설을 기각한 경우의 수'이다.

이때, 각 p_i에 대응하는 q-값은 다음과 같이 추정된다.

$$\hat{q}(p_i) = \min_{t \geq p_i} p\widehat{FDR}(t).$$

즉, q-값의 의미는 p-값이 유의하게 되는 FDR의 최솟값으로 이해할 수 있다. 다시 말해 q_i는 p_i가 유의하게 되는 최소의 FDR 수준을 의미한다.

유의

1. 위의 q-값의 정의에서 pFDR은 FDR로 대체 되어도 무방하다(Storey 2002, Storey 2003).
2. 또한 q-값은 '$\pi_0 \times$(B-H의 조정된 p-값)'으로 이해될 수 있으며(이 사실은 B-H보다 좀 더 낮은 수준의 FDR에서 기각함을 의미하므로 B-H보다는 검정력이 다소 높은 방법임을 의미함), 다음과 같이 구할 수 있다(Storey와 Tibshirani, 2003).

$$\hat{q}_i(p_i) = \min\left\{\frac{\hat{\pi}_0 m \cdot p_i}{i}, \hat{q}(p_{i+1})\right\}, \; p_1 \leq p_2 \leq \cdots \leq p_m.$$

12.6* p-값과 q-값의 의미

이 절에서는 p-값 및 q-값에 대한 올바른 이해와 함께 다중검정에서의 의미를 살펴보기로 한다.

12.6.1 p-값은 확률변수인가?

정답은 "예"이다. 통계학 초심자에게는 다소 당혹스러울 수 있는 이 답에 대한 이유를 이 절에서 설명한다.

귀무가설 H_0, 대립가설 H_1 및 검정통계량 T가 주어질 때, Moore(2007)는 p-값을 'H_0가 참이라는 가정하에서 계산된 검정통계량이 실제 관측된 값만큼 극단적이거나 더 극단적인 값을 취할 확률'로 정의하였다. 이를 식으로 나타내면 다음과 같다.

$$p = P(T \geq t_{obs} | H_0).$$

p-값에 대한 해석으로 Moore(2007)는 "p-값이 작을수록 데이터에 의해 제공되는 H_0에 반하는 증거가 더 강한 것"이라고 하였다.

이제 p-값이 확률변수임을 다음의 절차에 따라 이해하기로 한다.

- 먼저 p-값은 검정통계량의 단순한 변환이다.
- H_0하에서의 검정통계량의 CDF를 F_0라고 할 때, $p = 1 - F_0(t_{obs})$이다.
- H_0하에서 p는 $U(0,1)$을 따른다. 즉, $p \overset{d}{\underset{H_0}{\sim}} U(0,1)$이다.
- 검정통계량(T)이 H_1하에서 더 커지는 경향이 있으므로 p는 더 작아질 것이다. Moore의 해석은 이 진술을 뒷받침한다.

p-값은 확률변수이므로 모의실험을 통해 분포를 연구하는 것이 당연하다. 아래 [그림 12.4]는 10,000번 모의실험을 통한 p-값 분포의 예를 보여준다.

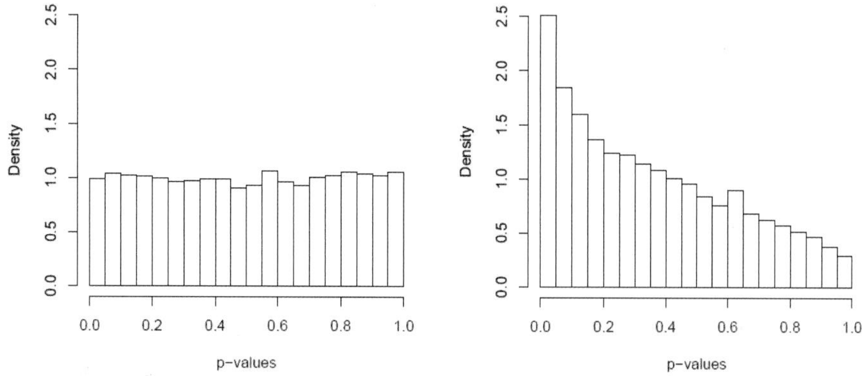

(a) H_0 하에서의 p-값 분포 (b) H_1 하에서의 p-값 분포

[그림 12.4] 모의실험 된 p-값 분포(반복 수=10,000회)

[그림 12.4]에서 귀무가설하에서 p-값은 0과 1 사이에 균일하게 분포하는 반면, 대립가설하에서는 영(0)쪽으로 치우친 형태를 보여준다.

[예제 12.4]~[예제 12.6]은 p-값의 분포에 대한 모의실험 결과를 보다 구체적으로 제시한 예이다.

예제 12.4 일표본 t-검정

정규모집단 $N(\mu, \sigma^2)$으로부터 크기 $n=4$인 확률표본을 $X_1, \cdots, X_4$라고 하자. 가설 '$H_0 : \mu = 0$ vs $H_1 : \mu > 0$'에 대한 검정통계량(T)은 귀무가설하에서 자유도가 3인 t-분포를 따른다. 즉,

$$T = \frac{\overline{X}}{S/\sqrt{n}} \underset{H_0}{\overset{d}{\sim}} t(3).$$

[그림 12.5]는 모의실험의 결과로 μ값의 변화($\mu = 0, 0.5, 1$)에 따른 p-값의 분포를 나타낸다.

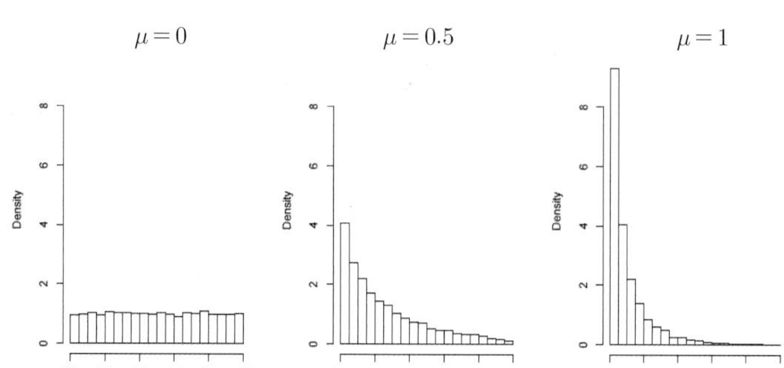

[그림 12.5] 모의실험된 p-값의 분포(반복 수=10000회)

(해석) H_0하에서 p-값의 분포는 대략 $U(0,1)$을 따름을 알 수 있다. H_1하에서 p-값의 분포는 μ가 귀무가설로부터 멀어질수록 작은 값 쪽으로 치우침이 큼을 알 수 있다.

아래의 [그림 12.6]과 [그림 12.7]은 [예제 12.4]의 모의실험 결과에 대한 직관적인 이해를 위한 그림이다(그림 내의 번호순으로 이해하기 바람). 두 그림으로부터 '임의표본(random samples)은 p-값에 대한 임의분포(random distribution)를 생성함'을 알 수 있다. 즉, 귀무가설이 참인 경우에는 $U(0,1)$ 분포를, 대립가설하에서는 검정력이 증가된, 즉 변동성(variability)이 감소된 형태로 주어진다.

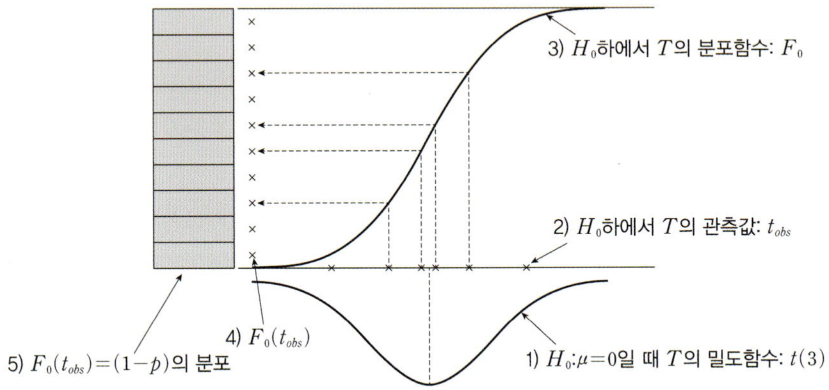

[그림 12.6] 귀무가설($H_0 : \mu = 0$)하에서 p-값의 분포

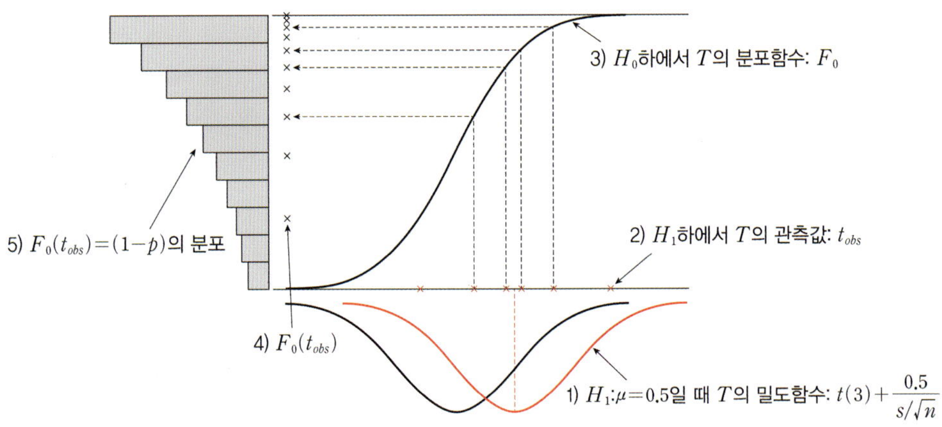

[그림 12.7] 대립가설($H_1 : \mu = 0.5$)하에서 p-값의 분포

예제 12.5 [예제 12.4]의 계속

만약 H_0가 복합가설인 경우에는 p-값의 분포는 어떤 모양을 취할까? 아래 가설

$$H_0 : \mu \le 0 \quad vs \quad H_1 : \mu > 0$$

에 대한 모의실험 결과는 [그림 12.8]과 같다.

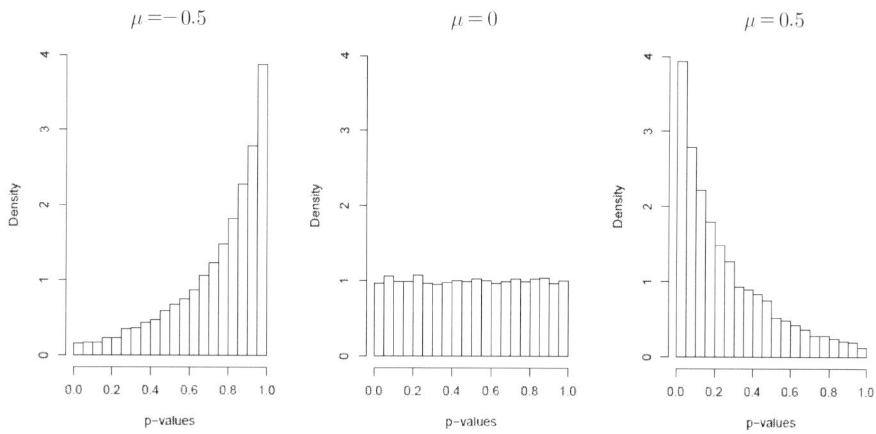

[그림 12.8] 모의실험된 p-값의 분포(반복 수=10,000회)

(해석) 위의 질문에 대한 답으로, H_0하에서 p-값의 분포가 일정하지 않음을 알 수 있다. p-값의 분포가 H_1하에서는 작은 값 쪽으로 치우친 반면, H_0하에서는 $\mu = 0$으로부터 멀어질수록 오른쪽으로 치우침이 커짐을 예상할 수 있다.

예제 12.6 **가정이 위배될 경우**

만약 모집단에 대한 분포 가정이 실제와 다를 경우에는 p-값의 분포가 어떻게 될까? 즉, $X_1, \cdots, X_n$의 모 분포가 정규분포($N(\mu, \sigma^2)$)가 아니라 실제로는 평균이 1인 지수분포($\mathrm{Exp}(1)$)를 따른다고 할 때 다음 가설

$$H_0 : \mu = 1 \quad vs \quad H_1 : \mu \ne 1$$

에 대한 (잘못된 가정에 기초한) p-값의 분포는?

[그림 12.9]는 $n = 5$와 30인 경우, p-값의 귀무분포를 모의실험한 결과이다. 소표본($n = 5$)의 경우에는 $U(0,1)$로부터 크게 벗어나지만, 표본이 커지면($n = 30$) 다소 개선됨을 알 수 있다.

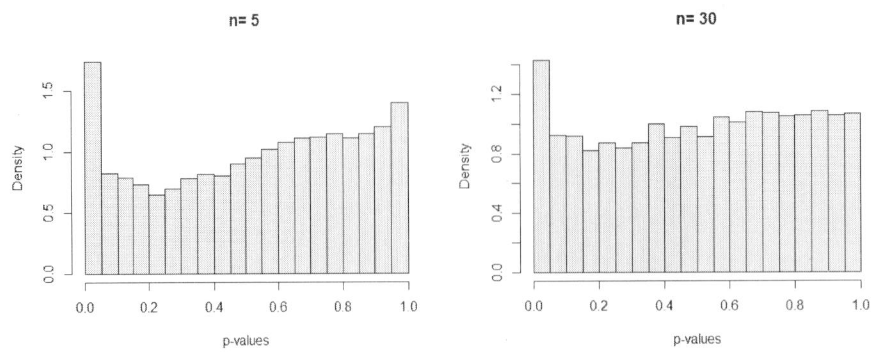

[그림 12.9] 모의실험된 p−값의 귀무분포(반복 수=10,000회)

시사점 p−값은 아마도 과학 출판물에서 가장 유명한 용어일 것이다. 하지만 데이터 분석에서 '유의함(significance)'을 선언하는 방식으로 사용되면서 혼란과 논란을 일으켜 왔다. p−값의 정의에 따르면 유효한 p−값은 $U(0,1)$에 가까운 분포를 가져야 한다. $U(0,1)$에서 멀리 벗어나는 p−값의 분포는 모형이 잘못 지정되었음을 나타낼 수 있다.

아래의 [표 12.5]는 p−값을 신뢰구간과 대비하여 정리한 것이다. (ⅰ) 임의표본이 관측되기 전에는, 신뢰구간이 확률구간(random interval)인 것처럼 p−값은 (검정통계량의 함수로) 일종의 확률변수(random variable)이다. (ⅱ) 임의표본이 관측된 후에는, 확률구간과 확률변수의 실현치로 상수구간 또는 상수값이 된다.

[표 12.5] p**−값과 신뢰구간에 대한 이해**

	임의표본(random sample)		
	관측 전	관측	관측 후
신뢰구간	확률구간 $\hat{\theta} \pm (\text{임곗값}) \times SE(\hat{\theta})$	$\hat{\theta}$	상수구간
p−값	확률변수 $P(T \geq t_{obs} \mid H_0)$	t_{obs}	상수$(0 \sim 1)$

두 경우 모두 정의로 사용될 수 있음

[표 12.5]에서 두 경우(자료 관측 전과 후) 모두가 신뢰구간과 p−값의 정의로 사용되고 있음에 유의하기 바란다. 그 예로, 신뢰구간에 대한 정의를 아래의 [참고]에 제시하였다.

참고 신뢰구간의 정의

모수(θ)에 대한 신뢰수준 γ인 신뢰구간
(ⅰ) (위키피디아)
$P\{L(X) \le \theta \le U(X)\} = \gamma$인 확률구간 $(L(X), U(X))$.
(ⅱ) (Moore & McCabe, 2003) '모수의 참값을 포함하는 구간을 생성할 확률 γ를 갖는 방법에 의해 표본 데이터에서 계산된 구간', 즉 모수의 참값을 포함할 확률이 γ인 확률구간(random interval)의 실현치([그림 12.10] 참조).

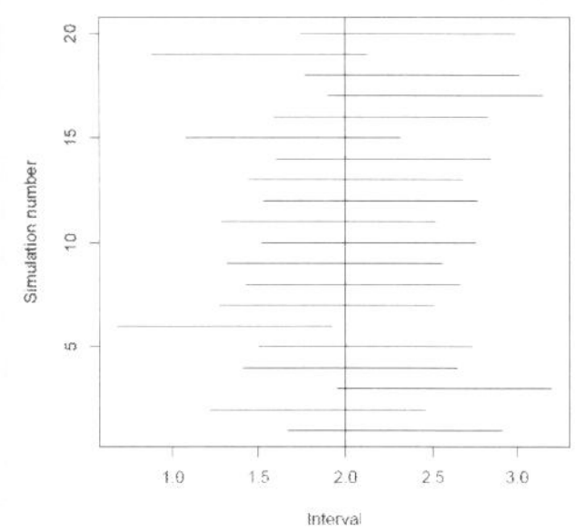

[그림 12.10] 모의실험된 신뢰구간

마지막으로, p-값에 대해 흔히 범하는 잘못된 해석을 소개하면 다음과 같다.

① 귀무가설이 참일 확률 $\Leftrightarrow$ $P(H_0 | data)$.
② 발견(finding)이 '단순한 우연'일 확률.
③ 귀무가설을 잘못 기각할 확률 $\Leftrightarrow$ $P\{H_0 \cap (t_{obs} \ge \text{임계값})\}$.
④ 반복 실험이 동일한 결론을 내지 않을 확률.

12.6.2 p-값, FDR 및 q-값에 대한 이해[14)]

이 절에서는 p-값과 q-값에 대한 올바른 의미와 해석을 소개하고, 이를 통해 어떤 관점에서 다중비교를 수행해야 하는지를 제시한다.

(a) p-값이란 무엇인가?

차등 분석(differential analysis)의 목적은 실험 그룹 사이에 큰 차이를 보이는 화합물을 찾아 연구자가 관심을 갖는 어떤 생물학적 과정에 관여할 수 있음을 나타내는 것이다. 우연으로 인해 그룹 간에는 항상 약간의 차이가 있을 것이다. 그러나 이 차이가 중요한지 아닌지를 알려주는 것은 분산과 비교한 이 차이의 크기이다. 따라서 차이가 크지만 분산도 큰 경우 차이가 유의하지 않을 수 있는 반면, 아주 작은 분산과 결합된 작은 차이가 중요할 수 있다(t- 또는 ANOVA 검정을 사용하여 판단할 수 있음). 검정은 평균 차이, 분산 및 표본크기를 고려한 p-값을 반환한다. p-값은 실제 차이가 없는 경우 이 화합물 데이터를 얻을 가능성을 측정한 것이다. 따라서 작은 p-값은 실제 차이가 존재하지 않는 경우 이 데이터를 얻을 가능성이 적음을 나타내며, 따라서 그룹에서 차이가 큰 데이터는 유의하다고 결정한다. 작다는 것은 일반적으로 0.05의 확률을 의미한다.

14) 출처: https://www.nonlinear.com/support/progenesis/comet/faq/v2.0/pq-values.aspx

(b) q–값이란 무엇이며 왜 중요한가?

○ 거짓양성

양성은 유의한 결과, 즉 p–값이 임곗값(일반적으로 0.05)보다 작음을 의미한다. 거짓양성은 실제로는 존재하지 않는 유의한 차이를 얻는 경우이다. 위에서 언급했듯이 p–값은 실제로 차이가 없는 경우 이 데이터가 발생할 수 있는 기회를 말한다. 따라서 0.05의 임곗값을 선택한다는 것은 잘못된 결정을 내릴 확률이 5%라는 것을 의미한다.

○ 다중검정 문제

예를 들어, p–값 임곗값을 0.05로 설정하면 결과가 거짓양성일 확률이 5%라는 의미이다. 즉, 통계적으로 유의한 결과를 얻었지만 이 가운데 5%는 실제로는 그룹 평균에 차이가 없다. 한 개 검정에 대해서는 5%가 허용되는 수준일지라도 데이터에 대해 많은 테스트를 수행하면 이 5%가 많은 오탐지 결과를 초래할 수 있다. 예를 들어, 실험에 2,000개의 화합물이 있고 각각에 ANOVA 또는 t–검정을 적용하면 우연히 100개(즉, 5%)의 거짓양성을 얻을 것으로 예상된다. 이를 다중검정 문제라고 한다.

○ 다중검정과 FDR

다중검정으로 인한 문제를 극복하기 위한 여러 가지 접근 방식이 있지만 모두 각 검정에 조정된 p–값을 할당하거나 p–값에 대한 임곗값을 5%에서 보다 합리적인 값으로 줄이려고 한다. Bonferroni 보정과 같은 많은 기존 방법은 거짓양성의 수를 줄이는 동시에 참인 발견의 수도 감소시킨다는 점에서 너무 보수적이다. FDR 접근법은 보다 최근에 개발된 것이다. 이 방식 또한 각 검정에 대해 조정된 p–값을 결정한다. 그러나 발견(즉, 유의한 결과)으로 나타나는 검정에서 거짓발견의 수를 제어한다. 이 때문에 이 방식은 Bonferroni 접근 방식보다 덜 보수적이며 '참인(truely) 유의한 결과'를 찾는 더 큰 능력(즉, 검정력)을 가지고 있다.

차이(difference)를 살펴보는 또 다른 방법은 p–값이 0.05라는 것은 모든 검정의 5%가 거짓양성을 초래한다는 것을 의미한다는 것이다. 0.05의 FDR 조정 p–값(또는 q–값)은 유의한 검정의 5%가 거짓양성으로 나타남을 의미한다. 후자는 더 적은 거짓양성을 초래할 것이다.

○ q–값

[그림 12.11]은 일반적인 p–값의 분포를 나타낸다. 두 그림에서 각 막대의 너비는 0.05이며 전체 면적은 1이다. 그림에서 빨간색과 초록색은 임곗값을 0.05로 설정할 때 유의한 값을 나타낸다.

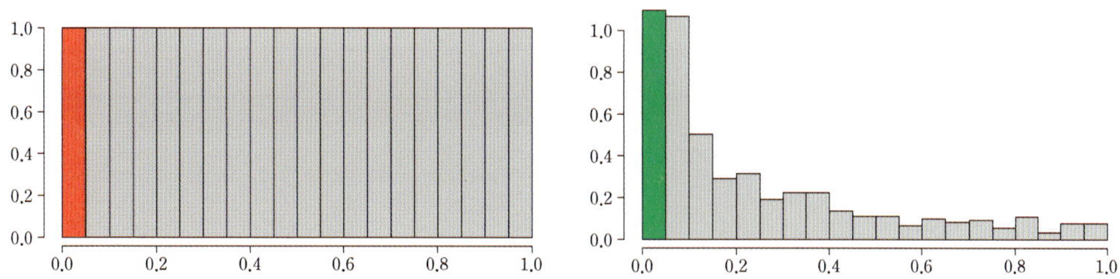

(a) 귀무가설이 모두 참인 경우 (b) 참인 대립가설이 포함된 경우

[그림 12.11] p–값의 분포

실험에서 유의한 변화가 없다면 [그림 12.11]의 (a)와 비슷한 분포를 기대할 수 있으며, 유의한 변화가 있는 실험은 (b)와 같은 분포를 보일 것이다. 따라서 실험에 유의한 변화가 없더라도 우연히 'p–값<0.05'를 얻을 것으로 예상한다. 이들은 거짓 긍정이며 빨간색으로 표시되었다. 유의한 변화(초록색)가 있는 실험에서도 'p–값<0.05'가 참인 발견을 나타내는지 아니면 거짓양성을 나타내는지는 여전히 확실하지 않다. 이제 q–값 접근 방식은 p–값 분포가 평평해지는 높이를 찾고 이 높이 값을 FDR 조정 p–값 계산에 통합한다. 아래 히스토그램에서 이를 확인할 수 있다. 이 접근 방식은 얼마나 많은 유의한 값이 실제로 거짓양성인지(초록색 막대의 빨간색 부분)를 설정하는 데 도움이 된다.

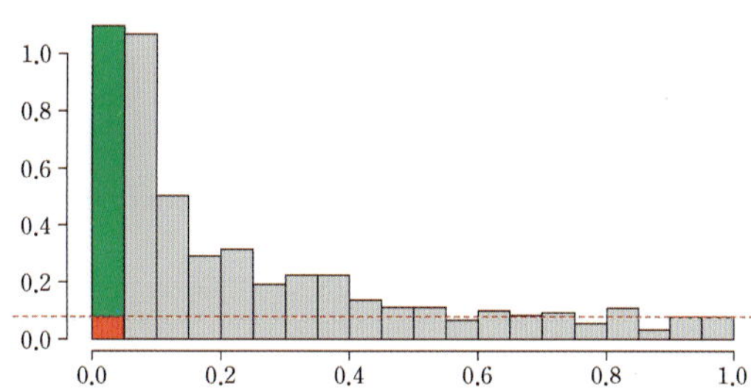

이제 q–값은 0과 1 사이에 있는 값의 집합일 뿐이다. 또한 q–값을 계산하는 데 사용되는 p–값을 정렬하면 q–값도 정렬된다.

q–값을 해석하려면 q–값의 정렬된 목록을 살펴봐야 한다([표 12.6] 참고).

[표 12.6] q-값 목록 예시

화합물	p-값(ANOVA)	q-값
106	0.00997	0.0169
1,723	0.0101	0.0172
1,486	0.0101	0.0172
1,558	0.0102	0.0173
2,643	0.0103	0.0174
1,588	0.0103	0.0174
52	0.0103	0.0174
885	0.0104	0.0176

[표 12.6]는 총 3,516개 화합물에 대한 검정 결과의 일부이다. 미지의 화합물 1,723을 예로 들면 p-값이 0.0101이고 q-값이 0.0172임을 알 수 있다. 0.0101의 p-값은 1.01%의 거짓양성 확률을 의미하므로 3,516개의 화합물에서 약 36개의 거짓양성이 예상된다(즉, 3,516 × 0.0101 = 35.51). 이 실험에는 0.0101 이하의 값을 가진 800개의 화합물이 있으므로 이 중 36개가 거짓양성이다.

반면, q-값은 0.0172이며, 이는 q-값이 이보다 작은 모든 화합물의 1.72%가 거짓양성일 것으로 예상해야 함을 의미한다. 이것은 훨씬 더 나은 상황이다. 우리는 800개의 화합물이 0.0172 이하의 q-값을 가지고 있다는 것을 알고 있으므로 예측된 36개보다 800×0.0172=13.76개의 거짓양성을 예상해야 한다. 다시 말해서, p-값에 따른 거짓 긍정은 우리가 볼 것으로 예상해야 하는 거짓 긍정의 수를 결정할 때 3,516개의 모든 값을 고려하는 반면, q-값은 우리가 선택한 임곗값보다 q-값이 작은 검정만 고려한다. 물론 q-값이 거짓 긍정을 덜 초래하는 경우가 항상 있는 것은 아니지만 주어진 임곗값에 대한 거짓 긍정의 수준을 훨씬 더 정확하게 표시한다고 말할 수 있다.

대사체학(metabolomics) 실험과 같이 많은 검정을 수행할 때, 각 값을 개별적으로 보는 것보다 이러한 방식으로 전체 값 목록을 보고 p-값 및 q-값을 해석하는 것이 더 직관적이다. 이러한 방식으로 임곗값 0.05는 전체 실험에 걸쳐 의미가 있다. 임곗값을 결정할 때, 임의로 0.05의 p-값 또는 q-값을 선택하고 p-값이 이보다 작은 모든 화합물이 유의하다고 말하는 것이 아니라, 이로 인해 얼마나 많은 거짓양성(오탐지)이 발생할 것인지의 관점에서 이 작업을 수행해야 한다.

13장

모의실험을 통한 통제 오류 비교

13.1 오류 통제의 방법과 비교

(a) 통제 오류

다중검정에서 제1종 오류를 통제하는 방법을 정리하면 [표 13.1]과 같다.

[표 13.1] 제1종 오류를 통제하기 위한 다양한 접근 방식

통제 오류	정의	설명
PCER (Per comparison error rate)	$\frac{E(V)}{m}$	전체 가설 수에 대한 제1종 오류 수의 기댓값
PFER (Per-family error rate)	$E(V)$	제1종 오류의 기대 수
FWER (Family-wise error rate)	$P(V \geq 1)$	적어도 한 개의 제1종 오류의 확률
FDR (False discovery rate)	$E(\frac{V}{R}\|R>0)P(R>0)$	기각된 가설 가운데 제1종 오류의 기대비율
pFDR (positive false discovery rate)	$E(\frac{V}{R}\|R>0)$	발견이 거짓인 비율

* m = 전체 가설의 수, V = 제1종 오류(거짓양성)의 수, R = 기각된 가설의 수

실제 \ 검정 결과	H_0: 채택	H_0: 기각	합계
H_0: 참	U	V	m_0
H_0: 거짓	T	S	m_1
합계	$m-R$	R	m

* 1열(통제 오류)은 차례대로 비교당 오류율, 가족당 오류율, 가족별 오류율, 위발견율, 양성 위발견율임

(b) 제1종 오류율 비교

일반적으로 주어진 다중검정 절차에 대해 PCER ≤ FWER ≤ PFER이 성립한다. 따라서 제1종 오류율을 통제하기 위한 고정된 기준 α 에 대한 기각의 수(R)는 그 반대이다: PFER을 통제하는 절차는 일반적으로 FWER이나 PCER을 통제하는 절차보다 더 보수적이어서 더 적은 기각으로 이어진다. FWER을 통제하는 절차는 PCER을 통제하는 절차보다 더 보수적이다.

다양한 제1종 오류율의 성질을 설명하기 위해 각 가설 H_j가 수준 α_j에서 개별적으로 검정되고 이 가설을 기각할지 여부에 대한 결정이 해당 검정에만 기초한다고 가정하자. 완전 귀무 가설에서 PCER은 단순히 α_j의 평균이고 PFER은 α_j의 합이다. 반면, FWER은 검정 크기 α_j 만의 함수가 아니라 검정통계량 T_j의 결합분포도 포함한다.

$$
\begin{aligned}
PCER &\leq \frac{\alpha_1 + \alpha_2 + \cdots \alpha_m}{m} \leq \max(\alpha_1, \alpha_2, \cdots, \alpha_m) \\
&\leq FWER \leq PFER = \alpha_1 + \alpha_2 + \cdots + \alpha_m .
\end{aligned}
$$

FDR 또한 검정통계량의 결합분포에 따라 달라지며, 고정 절차의 경우 FDR≤FWER이며 FDR=FWER은 완전 귀무가설에서 성립한다(Benjamini와 Hochberg, 1995). 다중검정에 대한 고전적인 접근 방식은 FWER의 강력한 통제를 요구한다(참조: Bonferroni 절차). Benjamini와 Hochberg(1995)의 제안은 FWER을 약한 의미로 통제하며(완전 귀무가설에서 FDR=FWER이므로) 그렇지 않으면 FWER보다 덜 보수적일 수 있다. PCER을 통제하는 절차는 일반적으로 FDR 또는 FWER을 통제하는 것보다 덜 보수적이지만 다중성 문제를 완전히 무시하는 경향이 있다.

13.2 모의실험을 통한 비교

이 절에서는 모의실험을 통해 다양한 오류 통제 방법을 비교한다.

모의실험의 절차는 다음과 같다. 먼저 정규분포로부터 1,000개의 난수를 생성하자. 처음 900개는 $N(0,1)$ 분포로부터, 마지막 100개는 $N(3,1)$ 분포로부터 생성하였다. 각 자료를 1,000개의 모집단으로부터 크기가 1인 관측값으로 간주하고, 다음의 가설을 검정하는 문제를 생각하자.

$$H_0^i : \mu = 0 \qquad \text{vs} \qquad H_1^i : \mu > 0, \quad i = 1, 2, \cdots, 1000.$$

이 경우, 우리는 참모수의 값을 알고 있으므로, 처음 900개의 관측값은 귀무가설을 채택할 것이며, 마지막 100개는 귀무가설을 기각할 것임을 알고 있다.

이제 앞서 설명한 여러 가지 다중검정을 수행하고 그 결과를 비교해 보기로 하자.

```
> ## 분석 자료 생성과 검정 결과
> set.seed(333)
> x <- c(rnorm(900), rnorm(100, mean=3))
> p <- pnorm(x, lower.tail=FALSE)     # P(Z> x), Z~ N(0,1)
> plot(p)
```

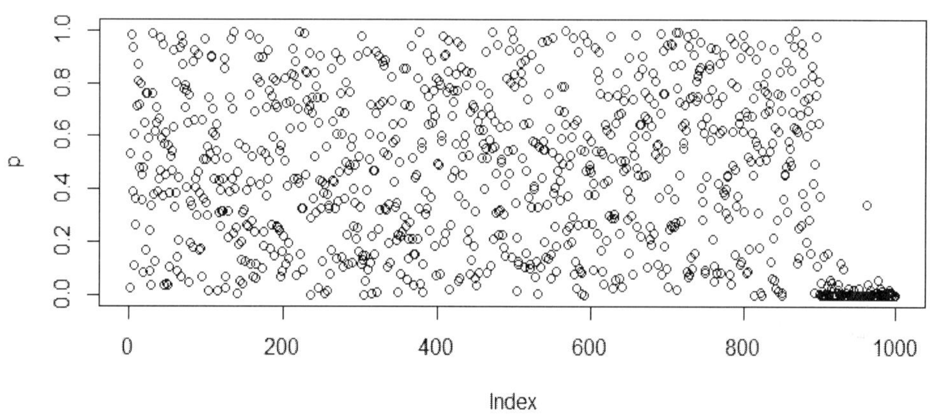

(1) 비조정(No correction)

```
> test <- p>0.05
> summary(test[1:900])
   Mode    FALSE    TRUE      # FALSE: H0 기각, TRUE: H0 채택
logical      43     857

> summary(test[901:1000])
   Mode    FALSE    TRUE
logical      93       7
```

(해석) 유의수준 5%인 개별검정을 실시한 결과, 제1종 오류(거짓양성)의 비율은 43/900=0.048이고, 제2종 오류의 비율은 7/100=0.07이다.

(2) Bonferroni 조정

```
> bontest <- p>0.00005
> summary(bontest[1:900])
   Mode    TRUE    # FALSE: H0 기각, TRUE: H0채택
logical     900

> summary(bontest[901:1000])
   Mode   FALSE    TRUE
logical      21      79
```

(해석) 제1종 오류의 비율은 0/900=0이며, 제2종 오류의 비율은 79/100=0.79로 매우 높다. 이는 거짓음성(FN)의 대가로 거짓양성(FP)을 줄인 것으로 이해할 수 있다. 이 사실은 거짓양성과 거짓음성 가운데 어느 것이 더 중요한가의 문제와 결부되며, 이 판단은 문제의 성격에 따라 다른 점에 유의할 필요가 있다.

(3) FDR 통제

```
> psort <- sort(p)
> i=1000
> while(psort[i] > i*0.05/1000) {
     i=i-1
     if(i==0) break
     }
> fdrtest <- rep(TRUE, 1000)
> fdrtest[match(psort[0:i], p)] <- FALSE

> summary(fdrtest[1:900])
   Mode   FALSE    TRUE    # FALSE: H0 기각, TRUE: H0채택
logical       6     894

> summary(fdrtest[901:1000])
   Mode   FALSE    TRUE
logical      65      35
```

(해석) 제1종 오류는 6/900=0.007이고, 제2종 오류는 35/100=0.35이다. Bonferroni에 비해 크게 개선되었음을 알 수 있다(제1종 오류는 조금 증가한 반면, 제2종 오류는 크게 감소함).

(4) pFDR 통제

```
> install.packages("BiocManager")
> BiocManager::install("qvalue")
```

```
> library(qvalue)
> pfdrtest <- qvalue(p)$qvalue > 0.05
> summary(pfdrtest[1:900])
   Mode   FALSE    TRUE    # FALSE: H0 기각, TRUE: H0 채택
logical       8     892

> summary(pfdrtest[901:1000])
   Mode   FALSE    TRUE
logical      69      31
```

(해석) 제1종 오류는 8/900=0.009이고, 제2종 오류는 31/100=0.31로 FDR의 결과와 유사함을 알 수 있다.

검정 방법과 오류의 수준에 따라 다중검정을 수행한 결과를 [표 13.2]~[표 13.4]에 제시하였다. [표 13.2]는 수준 α(비교당 오류율, FWER 또는 FDR 수준)에서 기각된 귀무가설의 수를, [표 13.3]은 제1종 오류의 비율, [표 13.4]는 제2종 오류의 비율을 나타낸다.

[표 13.2] 기각된 귀무가설의 수(R)

Correction \ α	0.0001	0.001	0.01	0.025	0.05	0.1
Uncorrected	23	49	90	110	136	192
Bonferroni	0	2	8	13	21	23
FDR	0	3	39	50	71	89
pFDR	0	8	41	56	77	92

[표 13.3] 제1종 오류(FP)의 비율

Correction \ α	0.0001	0.001	0.01	0.025	0.05	0.1
Uncorrected	0.000	0.001	0.018	0.028	0.048	0.108
Bonferroni	0.000	0.000	0.000	0.000	0.000	0.000
FDR	0.000	0.000	0.001	0.001	0.007	0.017
pFDR	0.000	0.000	0.001	0.003	0.009	0.018

[표 13.4] 제2종 오류(FN)의 비율

Correction \ α	0.0001	0.001	0.01	0.025	0.05	0.1
Uncorrected	0.77	0.52	0.26	0.15	0.07	0.05
Bonferroni	1.00	0.98	0.92	0.87	0.79	0.77
FDR	1.00	0.97	0.62	0.51	0.35	0.26
pFDR	1.00	0.92	0.60	0.47	0.31	0.24

주목 다중검정에서 조정이 불필요한 경우

다중검정에서 Bonferroni, FDR, pFDR 등의 조정된 검정은 거짓양성(FP)[15]을 적절하게 통제하는 (또는 조절하는) 것에 그 목적이 있다. 그러나 불행히도, FP를 줄일수록, 조정된 검정은 그 대가로 거짓음성(FN)을 증가시킨다. 만약 거짓음성이 매우 비용 소모적일 경우 조정된 방법을 원하지 않을 수 있다.

15) 거짓양성(FP)은 매우 당황스럽고, 혼란스러움과 불필요한 시간 낭비를 유발한다.

[참고 문헌]

- Benjamini, Y. and Hochberg, Y. (1995). Controlling the false discovery rate: a practical and powerful approach to multiple testing, J. R. Statist. Soc. B, 57, 289–300.
- Benjamini, Y. and Hochberg, Y. (2000). On the adaptive control of the false discovery rate in multiple testing with independent statistics, J. Educ. Behav. Stat., 25, 60-83.
- Benjamini, Y. and Yekutieli, D. (2001). The control of the false discovery rate under dependency, Ann. Stat., 29, 1165-1188.
- Dudoit, S., Shaffer, J. P. and Boldrick, J. C. (2003). Multiple hypothesis testing in microarray experiments, Statistical Science, 18, 71–103.
- Ge, Y., Dudoit, S. and Speed, T. P. (2003). Resampling–based multiple testing for microarray data analysis, TEST, 12, 1–77.
- Golub, T. R. et al. (1999). Molecular classification of cancer: class discovery and class prediction by gene expression monitoring, Science, 286, 531–537.
- Hochberg, Y. (1988). A sharper Bonferroni procedure for multiple tests of significance, Biometrika, 75, 800– 802.
- Holm, S. (1979). A simple sequentially rejective multiple test procedure, Scand. J. Statist., 6, 65–70.
- Storey, J. D. and Tibshiriani, R. (2003). Statistical significance for genomewide studies, Proceedings of the National Academy of Sciences of the United States of America, 100, 9440–9445.
- Westfall, P. H. and Young, S. S. (1993). Resampling–based multiple testing: examples and methods for p–value adjustment, John Wiley & Sons.
- Yekutieli, D. and Benjamini, Y. (1999). Resampling–based false discovery rate controlling multiple test procedures for correlated test statistics, J. Stat. Plan Infer., 82, 171-196.

14장 Local FDR

14.1 Local-FDR 소개

Benjamini와 Hochberg(1995)가 도입한 FDR은 다중검정에 널리 사용되는 오류 측정법이다. 차등 유전자 발현의 맥락에서, FDR은 차등 발현된(differentially expressed) 모든 유전자 가운데 거짓으로 차등 발현된 유전자의 기대비율로 정의된다. FDR을 통제하거나 추정하는 여러 가지 접근 방식이 있다(Reiner 등(2003) 참고). FDR의 단점은 단일 유전자가 아니라 유전자 목록을 참조한다는 것이다. Efron 등(2001)은 단일 유전자에 대한 불확실성 측도로 지역-FDR(Local-FDR, 이하 LFDR)을 소개하였다[16]. LFDR은 관측된 검정통계량 또는 p-값이 주어질 때 해당 유전자가 '실제로(truely) 차등 발현되지 않을(귀무가설이 참일)' 확률로 정의된다. 즉, 검정통계량의 정확한 값이 주어질 때, 검정 결과가 거짓양성(FP)일 확률을 의미한다.

귀무가설과 대립가설하에서 검정통계량의 확률밀도함수를 각각 $f_0(z)$와 $f_1(z)$라고 할 때, LFDR은 베이지안의 관점에서 다음과 같이 정의된다.

$$fdr(z) = P(H_0^i = \text{참} \mid Z_i = z) = \frac{\pi_0 f_0(z|\theta)}{f(z)}.$$

16) 이 책에서 Local-FDR의 표현으로 LFDR과 fdr을 혼용하여 사용한다.

여기서 $f(z) = \pi_0 f_0(z|\theta) + \pi_1 f_1(z)$이다($\pi_0 + \pi_1 = 1$). 위 식에서 z는 유의확률(p)의 프로빗 변환 값이다(즉, $z = \Phi^{-1}(p)$이다). 정의로부터, LFDR은 주어진 유의확률의 프로빗 변환 값이 주어질 때, 해당 귀무가설이 참일 사후확률로 해석될 수 있다(베이지안 관점에서의 해석).

fdr이 밀도함수를 기반으로 정의되는 반면, 꼬리영역(tail area)에 기초하는 Fdr은 다음과 같이 정의된다.

$$Fdr(z) = P(H_0^i = \text{참} \mid Z_i \geq z) = \frac{\pi_0 \, (1 - F_0(z|\theta))}{1 - F(z)}.$$

여기서 $F(z) = \pi_0 F_0(z|\theta) + (1 - \pi_0) F_1(z)$이다.

직관적으로, 꼬리영역 기반의 Fdr은 단지 다중성에 대한 p-값의 수정인 반면, fdr은 대응되는 확률 값이다.

FDR(fdr 또는 Fdr)의 추정을 위해서는 위의 혼합모형을 관측된 자료에 적합하여야 한다. 여기에는 대립가설 모형(f_1과 F_1)을 식별하고 귀무가설의 비율 π_0와 모수 θ에 대한 적절한 추정치를 찾는 과정이 포함된다. 이것은 쉬운 작업이 아니며 이를 수행하는 다양한 알고리즘이 제안되어 있다(15장의 [표 15.1] 참고). 'Fdr'과 'fdr'은 임의의 검정통계량에 대해 정의되지만 'Fdr'의 추정에는 p-값을, 'fdr'의 계산에는 z-점수를 사용하는 것이 일반적이다.

비교 **베이지안 관점에서의 pFDR**

앞서 소개된 Storey(2001)의 pFDR은 다음과 같이 표현될 수 있다.

$$pFDR = \frac{\pi_0 t}{F(t)} = \frac{\pi_0 P(p_i \leq t \mid H_0^i = \text{참})}{P(p_i \leq t)} = P(H_0^i = \text{참} \mid p_i \leq t).$$

즉, pFDR은 유의확률이 주어진 임곗값 t보다 작을 때, 해당 귀무가설이 참일 사후확률로 해석될 수 있다.

또한, Efron(2007)은 Fdr과 fdr 간에 다음의 관계가 성립함을 보였다.

$$Fdr(z) = \int_z^\infty fdr(Z)f(Z)dZ \Big/ \int_z^\infty f(Z)dZ$$
$$= E_f[fdr(Z) \mid Z \geq z].$$

여기서 E_f는 $f(z)$에 대한 기댓값을 의미한다. 또한 작은 Fdr값에 대해 다음이 성립함을 보였다.

$$fdr(z) \doteq \frac{Fdr(z)}{\alpha} \quad .$$

[그림 14.1]은 FDR과 LFDR의 차이를 시각적으로 보여준다. [그림 15.1]에서 두 곡선은 각각 귀무 및 대립가설이 참일 때 검정통계량의 분포를 나타낸다. 이때 FDR은 임곗값 $z = 1.96$(정규검정의 경우 p−값 0.05에 해당)보다 큰 '두 우측 꼬리확률의 합'에서 작은 면적이 차지하는 비율인 반면, LFDR은 임곗값에서 '두 밀도함수 값의 합'에서 작은 높이가 차지하는 비율을 의미한다.

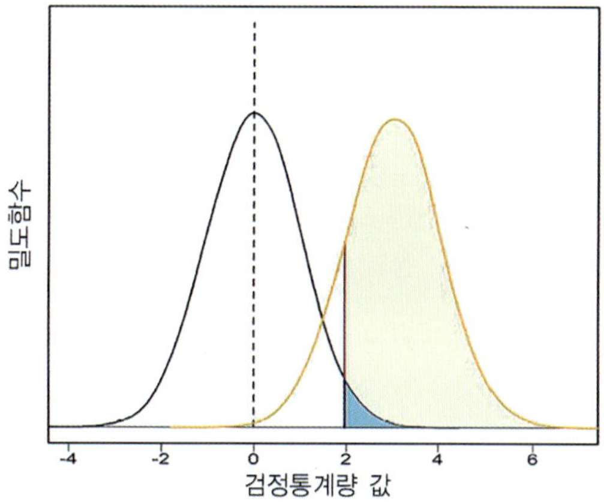

[그림 14.1] FDR과 LFDR의 비교

14.2 LFDR 예제

14.2.1 모의실험 예제

이 절에서는 LFDR을 추정하는 방법에 대한 간단한 사례를 보여주기 위해 모의실험된 자료를 사용한다. 이 자료는 20,000개의 검정이 있고 2개의 그룹에 각 5명의 개인이 있다고 가정한다.

80%의 검정에서는 그룹 간에 차이가 없지만 20%의 검정에서는 차이가 있고, 그 차이가 모두 양(+)의 값이 되도록 자료를 구성하였다. 이 자료에 대해 t-검정을 사용하여 t-통계량을 생성한다.

```
> n <- 10; m <- 20000
> set.seed(100)
> pre.mu <- c(rep(0,.8*m), sort(runif(.2*m,0,2)))
> diff <- rep(c(FALSE,TRUE), c(.8,.2)*m)
> summary(diff)
   Mode   FALSE    TRUE
logical   16000    4000
> x <- rep(1:0, each=n)
> f <- factor(x)

> install.packages("BiocManager")
> BiocManager::install("genefilter")
> library(genefilter)
> library(genefilter)
> mu <- outer(pre.mu, x)
> y <- matrix(rnorm(m * 2 * n, mean=mu), nrow=m)
> t <- rowttests(y, f)
> ls(t)
[1] "dm"         "p.value"   "statistic“
```

유의 rowttests() 함수는 다른 많은 방법들(예: lm 및 대부분의 다른 Bioconductor 패키지)과는 반대 부호의 결과를 제공하므로, t$p.value를 제외한 결과 객체(t)의 원소들(statistic, dm, diff)의 부호를 모두 바꾸어준다(아래 코드 참고).

```
> library(magrittr)
> t$statistic %<>% (function(x) -1 * x)
> t$dm %<>% (function(x) -1 * x)
> t$diff.1 <- factor(diff, levels=c(TRUE,FALSE))
> t$diff.2 <- factor(diff)
```

다음 그림은 모든 20,000개의 검정에 대한 p-값과 $-\log_{10}$ 척도에서의 p-값 그림이다. 20,000개 검정 가운데 후반부(그림 내에서 오른쪽 부분)는 대립가설이 참인 경우 p-값이 작은 값을 가짐을 확인할 수 있다.

```
> plot(t$p.value[seq(1,m,by=50)])
> plot(-log10(t$p.value[seq(1,m,by=50)]))
> hist(t$p.value, col="grey", breaks=0:20/20)
> abline(h=.8*m/20, col="red", lwd=2)
```

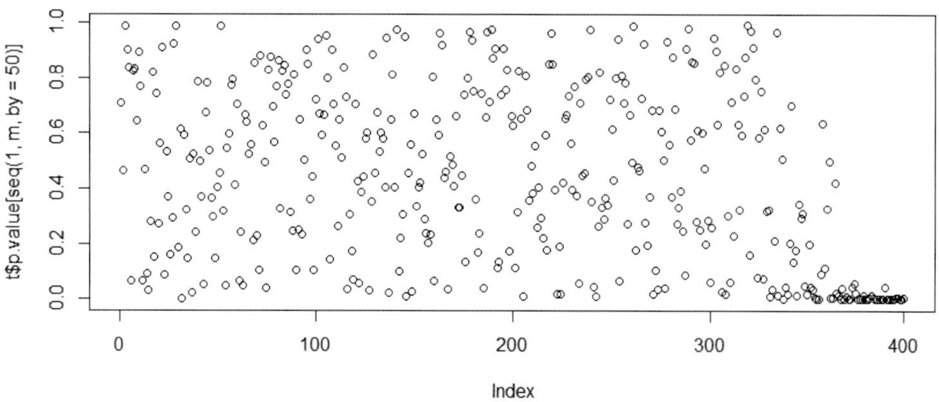

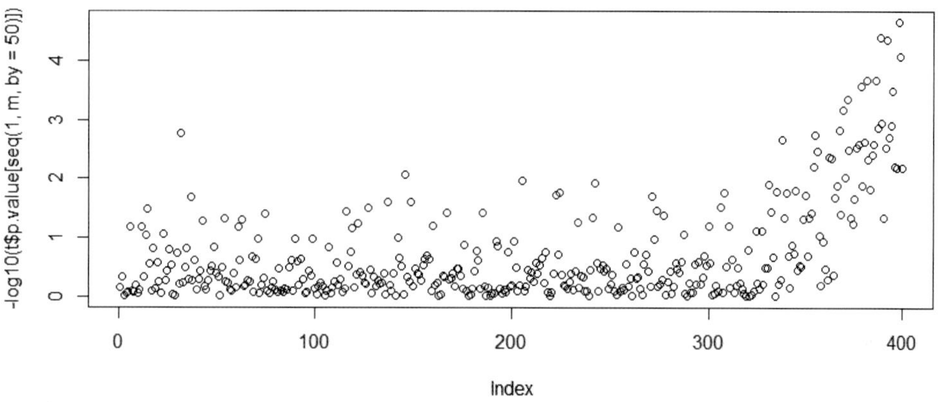

또한, p-값의 히스토그램에서 대립가설 세트를 볼 수 있다. 알려진 귀무분포의 비율(추정값이 아님에 유의) $\pi_0 = 0.8$을 사용하여 수평선을 그린다.

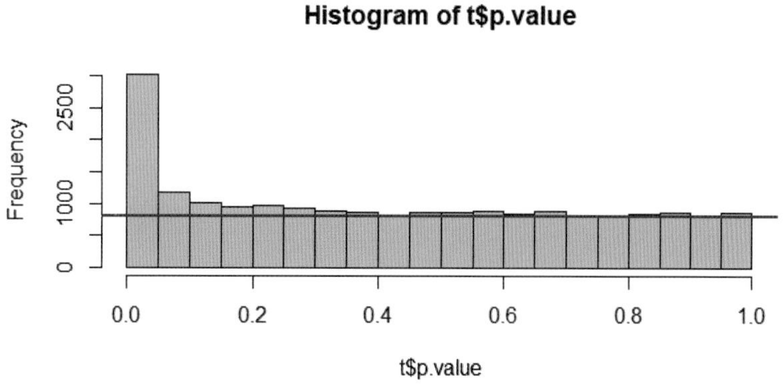

그러나 p-값을 보는 것 외에도 t-통계량만 볼 수 있다. 모의실험을 사용했기 때문에 귀무 또는 대립가설 집합에 속하는 검정에 색상을 지정할 수 있다. 두 그룹 간의 양의 차이를 모의실험했으므로 대립가설에 대한 t-통계량은 전체 분포에 대해 오른쪽 꼬리를 형성한다.

LFDR의 기본 아이디어는 전체 분포에서 귀무분포를 추정하려고 할 수 있다는 것이다. 우리는 주어진 관찰된 t-통계량에 대해 수직 슬라이스의 초록색 비율이 근처의 t-통계량(따라서 '로컬')에 대한 거짓발견의 예상 비율이라고 말할 수 있다. 일반적인 경우에 우리는 엄밀히 양의 차이를 가지지 않을 것이므로 혼합된 귀무 및 대립 검정통계량 분포의 중심에서 귀무분포를 추정하는 데 도움이 될 수 있는 복잡한 통계 방법이 상당히 많이 있다(Efron(2004)의 '3절. 경험적 귀무분포의 추정' 참고).

```
> library(ggplot2)
> ggplot(t, aes(x=statistic,fill=diff.1)) + geom_histogram(bins=100)
```

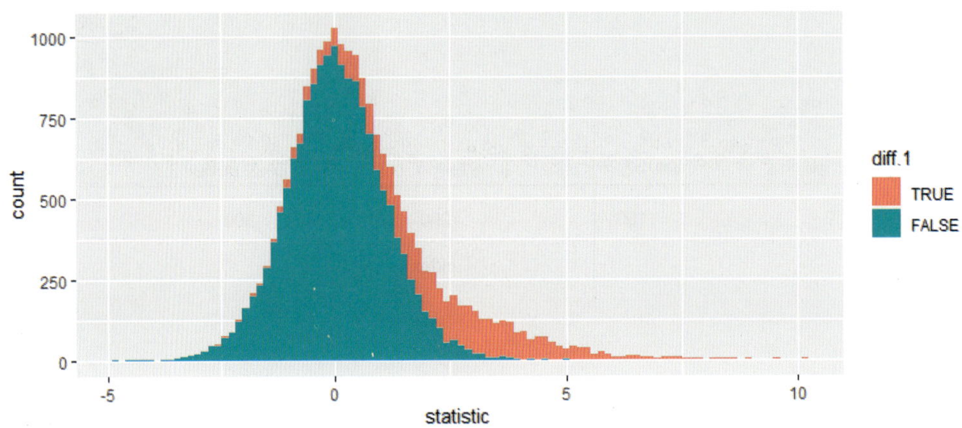


```
> # 위의 그림에 대한 대안적인 그림으로 의미는 동일함
> ggplot(t, aes(x=statistic,fill=diff.2)) + geom_histogram(bins=100)
```

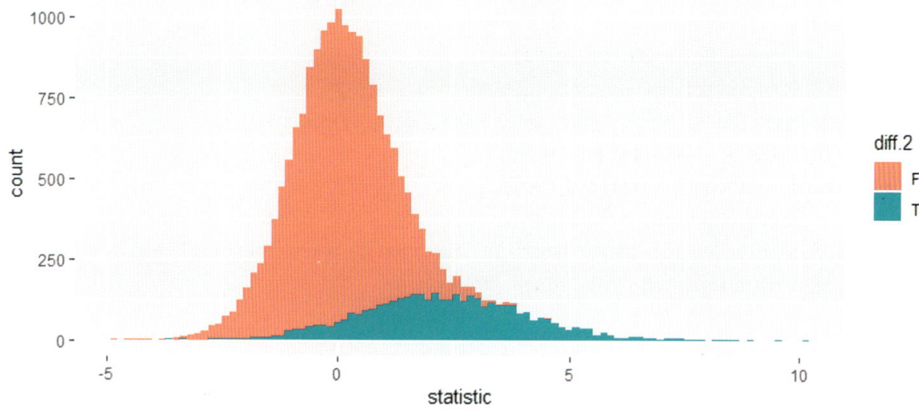

여기에서 차이가 양인 경우 사용할 수 있는 단계를 소개한다. 우리는 전체 분포를 추정해야 하고 π_0도 추정해야 한다. 이 경우의 전체 분포는 기본적으로 0.8만큼 축소된 표준정규분포를 포함함을 알 수 있다(좀 더 정확한 것을 원하면 자유도가 (10−2)인 t-분포를 사용할 수 있다).

```
> max.t <- max(abs(t$statistic))
> brks <- seq(from=-max.t, max.t, length=100)
> h <- hist(t$statistic, breaks=brks, col="grey", freq=FALSE, ylim=c(0,0.4))
> pi0 <- .8
> s <- seq(from=-5,to=5,length=200)
> lines(s, dnorm(s), col="blue", lwd=2)
> lines(s, pi0*dnorm(s), col="red", lwd=2)
```

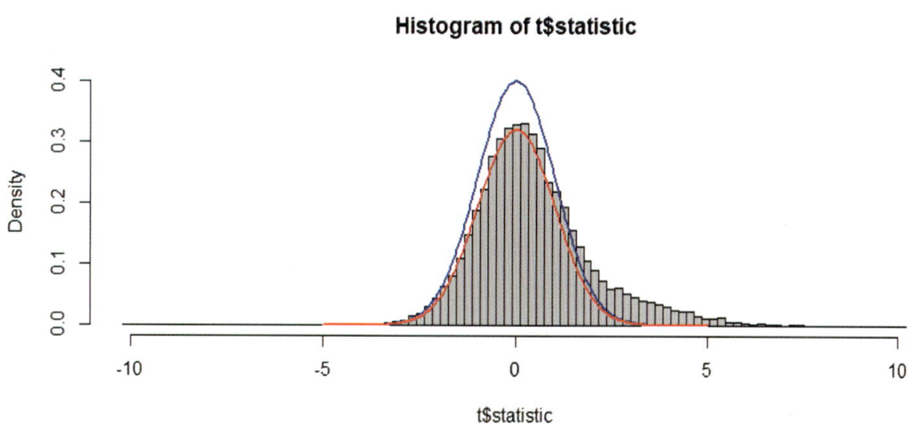

분포의 왼쪽을 보면 π_0를 추정할 수 있다. 예를 들어, t-통계량의 빈(bins)을 따라 특정 카운트 세트를 관찰하고 모든 귀무가설이 참인 경우 예상 카운트를 플롯할 수 있다.

```
> delta <- 0.1
> brks <- seq(from=-20, to=20, by=delta)
> h <- hist(t$statistic, breaks=brks, plot=FALSE)
> df <- data.frame(mids=h$mids, counts=h$counts, density=h$density)
> df <- df[df$mids > -3 & df$mids < 0,]
> plot(df$mids, df$counts, ylim=c(0,800))
> brks <- seq(from=-3, to=0, by=delta)
> expected <- sapply(seq_len(length(brks)-1), function(i) pnorm(brks[i+1]) - pnorm(brks[i]))
> points(df$mids, m*expected, col="blue", type="o")
```

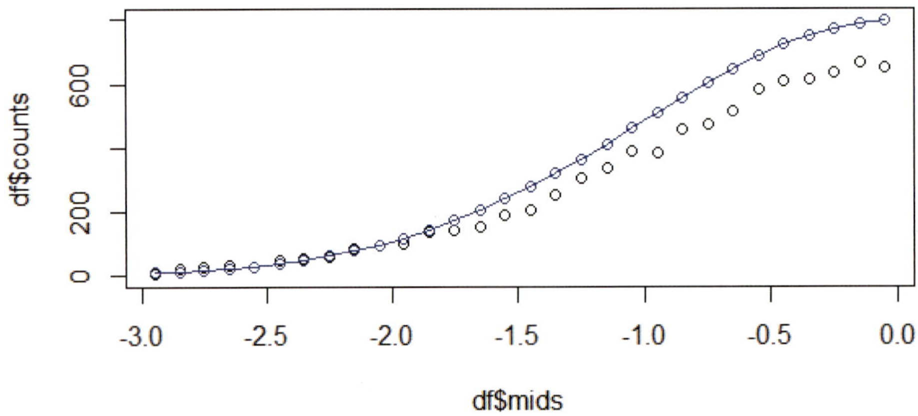

우리는 카운트로 작업하기 때문에 분산 안정화에 도움이 되는 제곱근을 취하여 조금 더 잘 수행할 수 있다. 그런 다음 제곱근 변환 후 예상 카운트보다 관찰 카운트에 선을 맞추려고 시도할 수 있다. 그런 다음 π_0를 이 선의 기울기 제곱으로 추정한다. 추정치가 실제 값 0.8(80%의 가설이 귀무가설에 속함)에 매우 가까운 값으로 추정되었음을 확인할 수 있다.

```
> exp.counts <- m * expected
> plot(sqrt(exp.counts), sqrt(df$counts), ylim=c(0,30))
> fit <- lm(sqrt(df$counts) ~ 0 + sqrt(exp.counts))
> abline(0,1, col="blue")
> abline(fit, col="red")
> pi0.hat <- coef(fit)[1]^2
> pi0.hat
sqrt(exp.counts)
       0.8271941
```

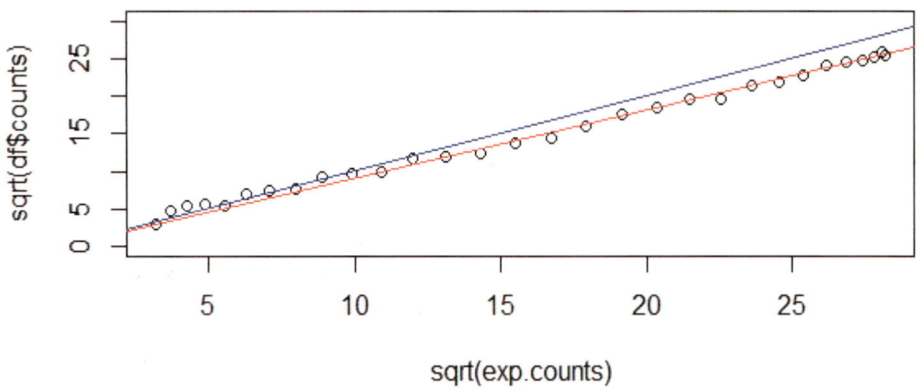

그런 다음 새로운 곡선을 사용하여 분포의 왼쪽에 관찰된 t-통계량의 카운트를 표시할 수 있다.

```
> plot(df$mids, df$counts)
> points(df$mids, m*pi0.hat*expected, col="blue", type="o")
```

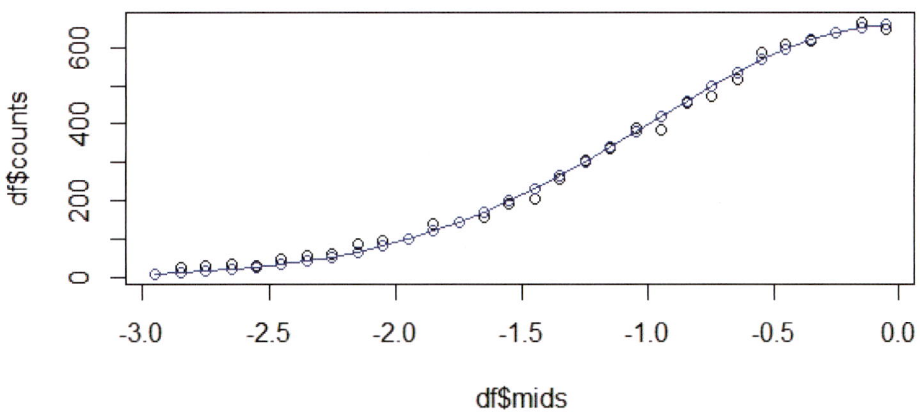

마지막으로, 분포의 우측을 플로팅하고 lowess() 함수로 평활선을 그린다.

```
> df <- data.frame(mids=h$mids, counts=h$counts, density=h$density)
> df <- df[df$mids > -1 & df$mids < 5,]
> plot(df$mids, df$counts, ylim=c(0,max(df$counts)))
> lines(lowess(df$counts ~ df$mids, f=.15))
```

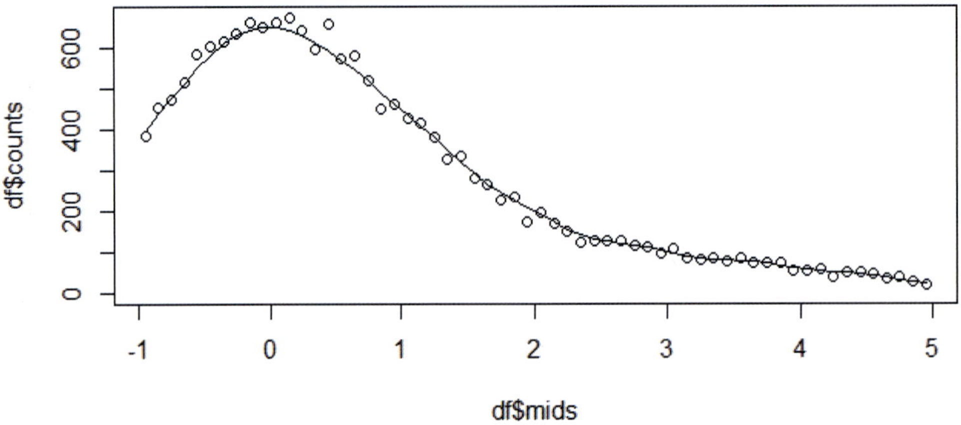

추정된 척도 조정된 귀무 밀도함수를 추가하면 앞서 그린 히스토그램과 유사한 것을 볼 수 있다(히스토그램에서 누적 막대가 귀무가설 집합에 속하는지 아니면 대립가설 집합에 속하는지에 따라 색을 구분하였음). 아래 그림에서 우리는 검정색 선에서 빨간색 선의 비율을 사용하여 주어진 t-통계량에 대한 LFDR을 추정할 수 있다.

```
> brks <- seq(from=-1, to=5, by=delta)
> expected <- sapply(seq_len(length(brks)-1), function(i) pnorm(brks[i+1]) - pnorm(brks[i]))
> points(df$mids, m*pi0.hat*expected, col="red", type="o")
```

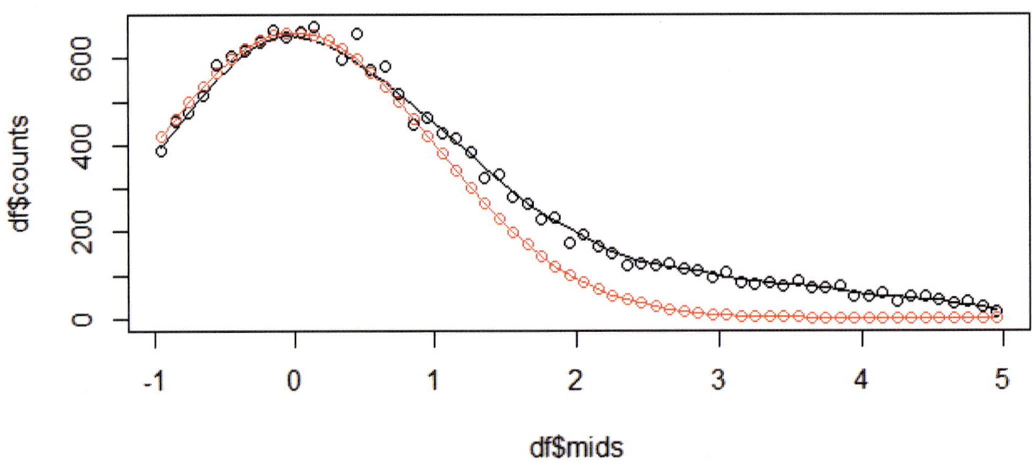

14.2.2 Leukemia 자료

이 절에서는 LFDR에 대한 개념적 이해를 위해 Leukemia 자료(7129행)에 대한 분석 결과를 중심으로 소개한다. 아래에 소개되는 내용은 양측검정에 기초한 결과이다.

[그림 14.2]의 검정통계량의 분포에서 (a)는 $\hat{\pi}_0 = 1$을 가정한 그림으로, 귀무밀도(파란색 선)가 주변밀도(빨간색 선)를 크게 초과하므로 $z = 0$ 주변에서 명백한 일부 불일치를 초래한다. (b)는 $\hat{\pi}_0 = 0.56$을 사용한 결과로 귀무분포(파란색 선)와 비-귀무분포(빨간색 히스토그램)에 대한 보다 현실적인 추정을 보여준다.

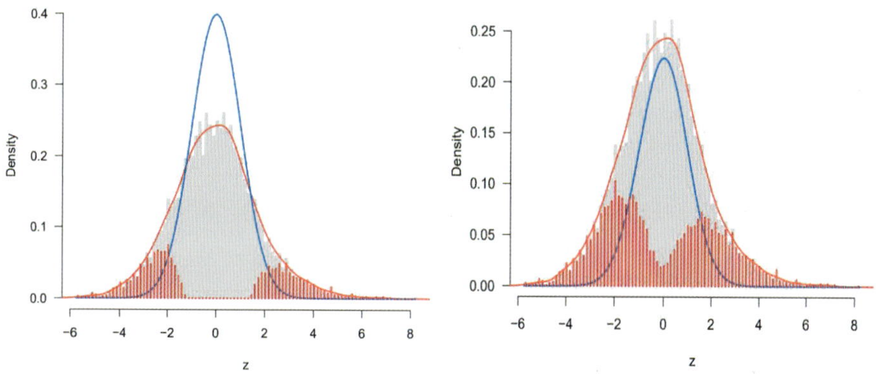

(a) $\hat{\pi}_0 = 1$ (b) $\hat{\pi}_0 = 0.56$

[그림 14.2] $\hat{\pi}_0$에 따른 주변밀도와 귀무밀도

[그림 14.3]은 검정통계량에 대한 LFDR 그림이다. LFDR 20%의 임곗값을 사용할 경우, 다음의 결과를 얻게 된다.

- $\hat{\pi}_0 = 1$ 사용 시 z의 임곗값=2.67; 937개의 유의한 결과.
- $\hat{\pi}_0 = 0.56$ 사용 시 z의 임곗값=2.35; 1,328개의 유의한 결과.

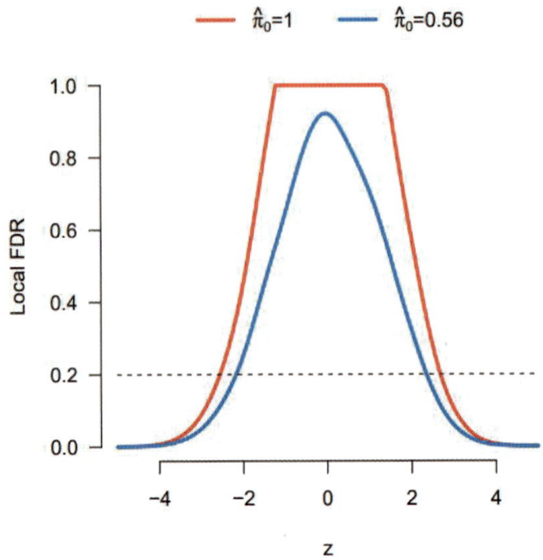

[그림 14.3] $\hat{\pi}_0$에 따른 LFDR 그림

LFDR을 계산해 주는 R 패키지는 매우 다양하며, 모두 다른 방식으로 주변밀도와 귀무밀도를 추정한다.

또한, 동일한 임곗값 수준이 LFDR과 FDR에서 가지는 의미는 다르나, 주어진 임곗값 수준에서 LFDR은 FDR에 비해 결과가 유의하다고 선언하는 것에 대해 상당히(더) 보수적이다. 예를 들어, 위의 자료의 경우 $\hat{\pi}_0 = 1$과 10% 임곗값 수준에서 다음과 같다.

- FDR: z의 임곗값=2.02; 1,537개의 유의한 결과.
- LFDR: z의 임곗값=2.49; 640개의 유의한 결과.

[그림 14.4]는 LFDR과 FDR의 차이를 기하학적으로 나타낸 것이다. 그림에서 FDR은 해당 점을 원점과 연결하는 할선의 기울기인 반면, LFDR은 접선의 기울기이다. 접선은 분포의 꼬리 부분에서 더 큰 기울기를 갖는다(주변 분포의 꼬리가 귀무분포보다 두꺼운 경우).

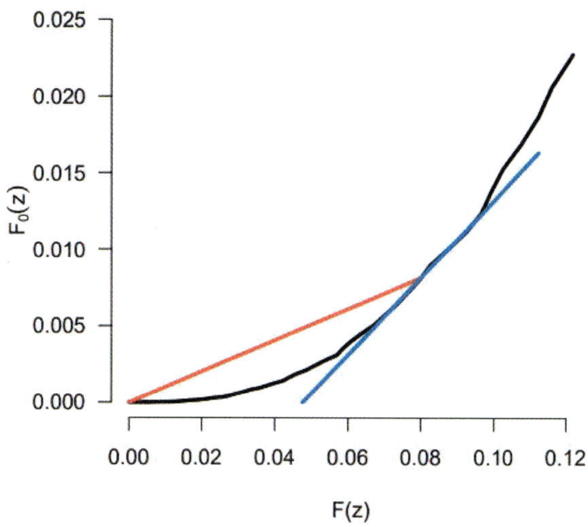

[그림 14.4] LFDR과 FDR의 기하학적 그림

14.3 {locfdr} 패키지

{locfdr} 패키지는 LFDR(fdr)을 계산해 준다. locfdr() 함수의 일반 용법과 주요 옵션은 다음과 같다.

```
locfdr(zz, bre=120, df=7, pct=0, pct0=1/4, nulltype=1,
     type=0, plot=1, mult, mlests, main=" ", sw=0)
```

(해석) 옵션에 대한 자세한 설명에 앞서 위의 디폴트 지정에 대한 간략한 설명은 다음과 같다. zz는 검정통계량 벡터, bre=120은 히스토그램의 break 수, df=7은 f 추정 시 자유도, pct=0은 f 적합 시 제거된 꼬리 비율, pct0=1/4은 f_0 적합에 사용된 zz 분포의 비율, nulltype=1은 귀무가설의 형태(0~3), type=0은 f의 적합 유형(0:자연 스플라인, 1:다항식), plot=1은 플롯 유형(0~4), mult는 Efdr값 계산에 사용되는 스칼라 배수(선택적), mlests는 ML 추정의 초깃값(선택적), sw=0은 출력 결과의 유형을 지정한다(2,3,4).

- **(중요)** zz: 요약 통계량 벡터. zz를 변환하여 해당 요소가 귀무가설하에서 이론적인 N(0,1) 분포이도록 하면 결과를 개선할 수 있음(예를 들어, t-통계량을 사용할 때 변환 zz=qnorm(pt(t,df))을 이용함). 계산은 길이가 200을 초과하는 큰 케이스의 자료를 가정함(length(zz)>200). zz의 히스토그램이 평균 0과 분산 1로부터 멀리 떨어진 것처럼 보이면 재중심화와 재척도화가 필요할 수 있음. 표본 zperm과

함께 순열 귀무분포를 사용할 때 원래 통계량(zorig)을 zz=qnorm(ecdf(zperm(zorig))으로 변환함. 이러한 변환은 이론적 귀무 옵션이 호출될 때 특히 중요함(아래 nulltype= 옵션 참조).

- bre= z-점수 축의 이산화의 breaks 수 또는 breakpoints 벡터

- df= 밀도함수 $f(z)$의 추정을 위한 자유도(type= 옵션 참고). 급격한 굴곡이나 불규칙성이 있는 경우에는 더 큰 df 값이 필요함.

- pct= f를 적합할 때 zz의 제외되는 꼬리 비율. pct=0(디폴트)은 zz의 전체 범위를 포함함. pct는 적합 범위를 나타내는 2-벡터일 수도 있음.

- pct0= CL(central matching)에 의해 귀무밀도 f_0의 적합에 사용되는 zz 분포의 비율. 2-벡터인 경우, 예를 들어 pct0=c(0.25,0.60)이면 [pct0[1], pct0[2]]가 사용됨. 스칼라인 경우는 [pct0, 1-pct0]가 사용됨.

- nulltype= fdr 계산에 사용하기 위해 f_0를 추정할 때 가정하는 귀무가설의 유형
  - 0: 이론적인 귀무분포 $N(0,1)$이며, 귀무가설에서 zz가 $N(0,1)$ 분포를 갖도록 척도화되었다고 가정함.
  - 1(디폴트): 최대가능도 방법으로 추정된 모수를 가지는 경험적 귀무분포.
  - 2: CL(central matching)에 의해 추정된 모수를 가지는 경험적 귀무분포.
  - 3: 2의 'split normal' 버전으로, $f_0(z)$가 최댓값의 양쪽에서 다른 척도를 가질 수 있음. sw= 옵션이 2 또는 3으로 설정되지 않은 경우 이론적, ML 및 CL 추정치 모두 행렬 fp0에 출력되고, 이론적 및 지정된 nulltype은 모두 mat의 계산 출력에 사용되지만, 지정된 nulltype만 출력 fdr (모든 경우에 대한 fdr 추정값)의 계산에 사용됨.

- type= f의 적합에 사용되는 유형. 0: 자연 스플라인. 1: 다항식. 두 경우 모두 f는 자유도 df로 적합함(절편을 포함한 총 자유도는 df+1 임).

- plot= 0: 플롯을 제공하지 않음. 1(기본값): zz 및 적합 혼합밀도 f(녹색 실선 곡선) 및 귀무 하위밀도(subdensity) $p_0 f_0$(파란색 점선 곡선)의 히스토그램을 보여주는 단일 플롯을 제공함. 컬러 히스토그램 막대는 추정된 비-귀무 카운트를 나타냄. zz축의 노란색 삼각형은 $fdr(z) \leq 0.2$(존재하는 경우)인 임곗값을 나타냄. 2: fdr의 그림과 오른쪽 및 왼쪽 꼬리영역 Fdr 곡선을 제공함. 3: 추정된 fdr 곡선의 f_1 cdf를 대신 제공함. 4: 세 가지 플롯을 모두 제공함. 히스토그램에 대한 $p_0 f_0$의 적합성을 확인하려면 플롯을 1 이상으로 설정하는 것이 좋음(적합이 좋지 않으면 다른 nulltype 또는 mrest 인수의 다른 값을 시도하기 바람).

- mult= 대응되는 가상(hypothetical) Efdr 값의 계산을 위한 표본크기의 스칼라 배수(또는 배수 벡터)(선택적)

- mlests= 최대가능도 반복에서 (δ_0, σ_0)에 대한 초깃값 벡터(선택적). 또한 이들은 최대가능도 추정이 수행되는 간격을 결정하는 데 사용됨. 예를 들어, zz가 F 통계량으로부터 분위수별로 변환된(transformed quantile-wise) 경우 흥미로운 특징에 해당하는 대부분의 zz 요소는 양수임. 이러한 요소에서 간격을 이동하려면 mlests의 첫 번째 요소인 δ_0에 대해 음수 초깃값을 지정하기 바람. 디폴트로 인해 첫 번째 플롯의 히스토그램에 대해 $p_0 f_0$가 잘 맞지 않는 경우 mrest를 설정하여 히스토그램에서 제안한 값으로 추정치를 이동해 보기 바람.

- sw= 원하는 출력 유형을 결정함. 2: 마지막 5개 값으로 구성된 리스트를 제공함. 3: log(fdr)의 영향함수를 나타내는 차원 (bre−1)의 정방행렬을 제공함. 행렬의 (i, j) 원소는 bin j의 카운트 값에 대한 bin i의 중간점에서 log(fdr)의 도함수임. 그 외 값: 처음 7개(mult가 제공된 경우에는 8개)값으로 구성된 리스트를 제공함.

예제 14.1

lfdrsim{locfdr} 자료를 이용하여 fdr을 추정한다.

```
> library(locfdr)
> data(lfdrsim)
> str(lfdrsim)
'data.frame':   2000 obs. of  2 variables:
 $ mu : num  5.66 5.37 5.2 5.08 4.98 4.9 4.83 4.76 4.71 4.66 ...
 $ zex: num  4.88 6.05 4.93 5.6 5.52 4.98 6.31 3.87 4.25 4.06 ...
```

(해석) 2,000개의 유전자 모의실험 자료이다. 각 유전자는 검정통계량 z_i(zex)를 제공한다. 즉, $z_i \sim \text{indep.}$ $N(\mu_i, 1)$ $(i = 1, \cdots, 2000)$이다. 여기서 μ_i는 (우리가 잡음을 더해 관찰하게 되는) 유전자 i의 참값이다. 1,800개(90%)의 μ_i는 0이고, 나머지 200개(10%)의 μ_i는 3이다.

```
> par(mfrow=c(1,2))
> hist(lfdrsim$mu); hist(lfdrsim$zex)
> summary(lfdrsim)
       mu              zex
 Min.   :0.0000   Min.   :-3.3210
 1st Qu.:0.0000   1st Qu.:-0.5595
 Median :0.0000   Median : 0.1341
 Mean   :0.2992   Mean   : 0.3136
 3rd Qu.:0.0000   3rd Qu.: 0.9347
 Max.   :5.6600   Max.   : 7.1200
```

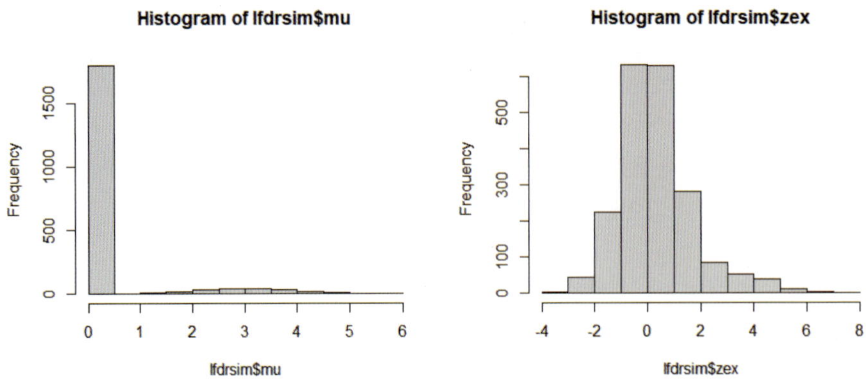


```
> zex <- lfdrsim[, 2]
> w <- locfdr(zex)
```

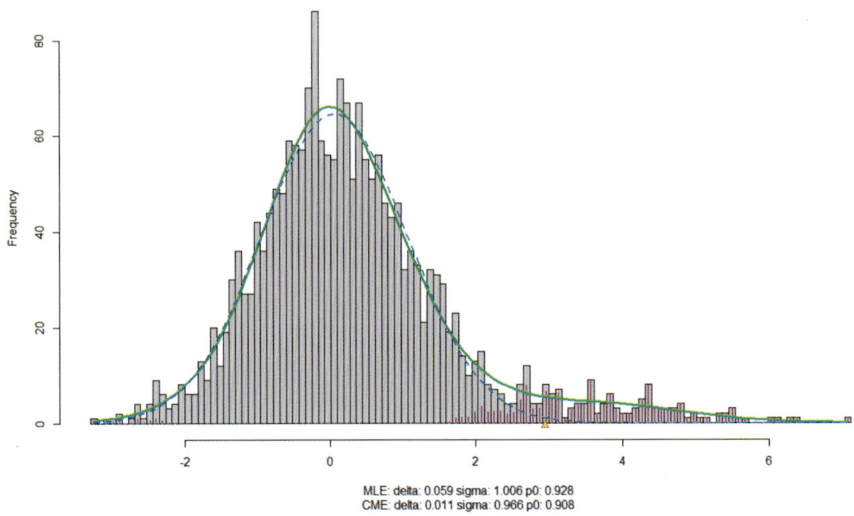

(해석) 녹색 실선은 혼합밀도함수 f의 스플라인-기반 추정치이다. 파란색 점선은 디폴트(nulltype=1)인 최대가능도방법으로 추정된 귀무 하위밀도(subdensity) $p_0 f_0$이다. 어떤 귀무 유형(nulltype)이 지정되든 locfdr은 모든 세 가지 귀무 유형의 모수와 대응되는 귀무에 속하는 비율 p_0를 표준오차와 함께 포함하는 행렬 fp0을 반환해 준다. 이 예에서 귀무분포는 $N(0,1)$이고, MLE와 CME(Central Maching Estimates)가 이것에 가깝다.

```
> names(w)
[1] "fdr"  "fp0"  "Efdr" "cdf1" "mat"  "z.2"  "call“
```

(해석) fdr은 각 케이스에 대한 추정된 fdr이다. fp0는 귀무가설 분포의 모수 추정치(delta: f_0의 평균, sigma: f_0의 표준편차, p_0: null인 검정의 비율)를 포함하는 행렬이다. Efdr은 비-귀무가설 케이스에 대

한 기대 fdr로 실험의 검정력을 나타내는 측도이다. 즉, 큰 Efdr(예: Efdr>0.4)은 낮은 검정력을 나타낸다. cdf1은 비-귀무분포 f_1하에서 fdr의 추정된 cdf이다. 작은 fdr 값에 대한 큰 cdf 값은 우수한 검정력을 나타낸다. mat은 비교와 시각화를 위한 여러 가지 결과를 제공한다. z.2는 위의 그림에서 노란색 삼각형의 지점을 나타낸다. 이 값보다 바깥쪽(왼쪽 또는 오른쪽 꼬리 부분)의 z값에 대해 fdr(z)<0.2를 만족한다(위의 그림에서 w$z.2는 (NA 2.936514)으로 주어진다).

```
> w$fp0
          delta      sigma         p0
thest 0.00000000 1.00000000 0.93488483
theSD 0.00000000 0.00000000 0.01638130
mlest 0.05913609 1.00598987 0.92793692
mleSD 0.02853215 0.02970003 0.01121705
cmest 0.01137651 0.96576676 0.90831871
cmeSD 0.04211370 0.03380724 0.01381380
```

(해석) 결과에서 delta, sigma, p0는 f_0의 평균, 표준편차 및 (귀무가설이 참인 검정의) 비율에 대한 추정치이다.

```
> w$mat[1:5,]
             x       fdr   Fdrleft  Fdrright         f        f0    f0theo
[1,] -3.277130 0.4476285 0.4476285 0.9279369 0.5902186 0.2847162 0.3260307
[2,] -3.189391 0.4938541 0.4728980 0.9280787 0.7117024 0.3787727 0.4329734
[3,] -3.101651 0.5408582 0.4998939 0.9282333 0.8579789 0.5000824 0.5705853
[4,] -3.013912 0.5881378 0.5284586 0.9283997 1.0338087 0.6552407 0.7461681
[5,] -2.926172 0.6351747 0.5583867 0.9285759 1.2447492 0.8520333 0.9682989
      fdrtheo counts    lfdrse      p1f1
[1,] 0.5164208      1 0.5319658 0.3260199
[2,] 0.5687493      0 0.4945655 0.3602252
[3,] 0.6217304      1 0.4576673 0.3939340
[4,] 0.6747682      1 0.4214070 0.4257867
[5,] 0.7272533      2 0.3859218 0.4541160
```

(해석) mat은 각 빈(bin)의 중간점(midpoint) x에 대한 LFDR(fdr)의 추정치와 기타 함수의 추정치를 제공한다. mat에서 행의 수는 (bre-1)=119개 이다(bre=120: 디폴트). x는 빈의 중간점. fdr은 x에서 추정된 fdr. Fdrleft와 Fdrright는 각각 x에서 추정된 left tail FDR과 right tail FDR. f와 f0는 x에서 추정된 혼합밀도와 귀무밀도 추정치. f0theo는 x에서 추정된 귀무밀도 추정치로 이론적인 귀무분포 $N(0, 1)$을 사용하여 계산되며, 합이 length(zz)와 같아지도록 척도화 됨. fdrtheo는 x에서 추정된 fdr로 지정된 type와 nulltype=0에 기초하여 계산됨. count는 bin에 포함된 zz 원소의 수. lfdrse는 지정된 nulltype에 대한 log(fdr)의 표준오차에 대한 델타-방법(delta-method) 추정 값, 이 값은 zz 값의 독립성을 가정하며 일반적으로 참 표준오차의 하한으로 간주되어야 함. p1f1은 비-귀무가설 검정으로부터 나온 zz 원소의 추정된 하위밀도(subdensity). p1f1은 합이 대략 (1-p0)*length(zz) 즉, '추정된 비-귀무가설의 수'가 되도록 척도화됨.

```
> # 출력 결과 fdr로부터 LFDR이 기준값(0.2) 이하인 유전자 목록을 제시
> which(w$fdr<.2)
  [1]    1    2    3    4    5    6    7    8    9   10   11   12   13   14
 [15]   15   16   17   18   19   20   21   23   24   25   26   27   28   29
 [29]   30   31   32   33   35   37   38   39   41   42   43   45   46   47
 [43]   48   49   51   52   54   55   56   57   58   59   60   61   62   63
 [57]   66   67   69   70   71   73   74   75   77   78   79   83   85   88
 [71]   89   90   92   94   95   96   98  100  103  104  106  107  109  112
 [85]  113  118  121  122  125  127  128  132  133  135  136  137  141  150
 [99]  151  160  161  162  165  166  168  170  324 1508 1732 1898
```

(해석) 각 검정통계량(z_i)에 대한 LFDR(fdr) 추정치가 제공되며, 이 벡터를 사용하여 관심(interesting) 사례 목록을 만들 수 있다. 즉, 위의 결과는 거짓양성(FP)의 확률이 기준값 0.2 에서(fdr < 0.2인) 기각된 유전자의 번호의 목록이다. 그 결과, 4개의 유전자를 제외하고, 대부분 앞부분(200번 이하)의 유전자에서 발생했음을 알 수 있다.

```
> sum(which(w$fdr<.2)>200)/sum(w$fdr<.2)
[1] 0.03636364
```

(해석) 여기서 0.2는 경험에 의한 임곗값이다. 모의실험 자료에서 처음 200개의 케이스는 실제 μ_i가 0이 아님을 알고 있다. 따라서 관측된 꼬리 거짓발견 비율(observed tail false discovery proportion)을 찾을 수 있다. 위의 결과에서 4개의 유전자만이 거짓양성(FP)이므로 이 값은 $4/110 \approx 0.036336$이 된다.

```
> # 출력 결과 mat으로부터 추정된 꼬리(right 또는 left) FDR 출력
> w$mat[which(w$mat[,"fdr"]<.2)[1], "Fdrright"]
  Fdrright
0.03863531
```

(해석) 총 119개 빈(bin)의 중앙값 중 72번째 값에 대한 우측(right) FDR은 0.0386이다. 꼬리 FDR(Fdr)은 전체 꼬리에 대한 평균 LFDR(fdr)이며, 따라서 (해당 지점에서의) fdr 임곗값(72번째 bin에서의 fdr: w$mat[72,][2]=0.192)보다 작다.

```
> which(w$mat[,"fdr"]<.2)
 [1]  72  73  74  75  76  77  78  79  80  81  82  83  84  85
[15]  86  87  88  89  90  91  92  93  94  95  96  97  98  99
[29] 100 101 102 103 104 105 106 107 108 109 110 111 112 113
[43] 114 115 116 117 118 119
> which(w$mat[,"fdr"]<.2)[1]
[1] 72

> # 그림(plot=4 옵션 사용)
> locfdr(zex, plot=4)
```

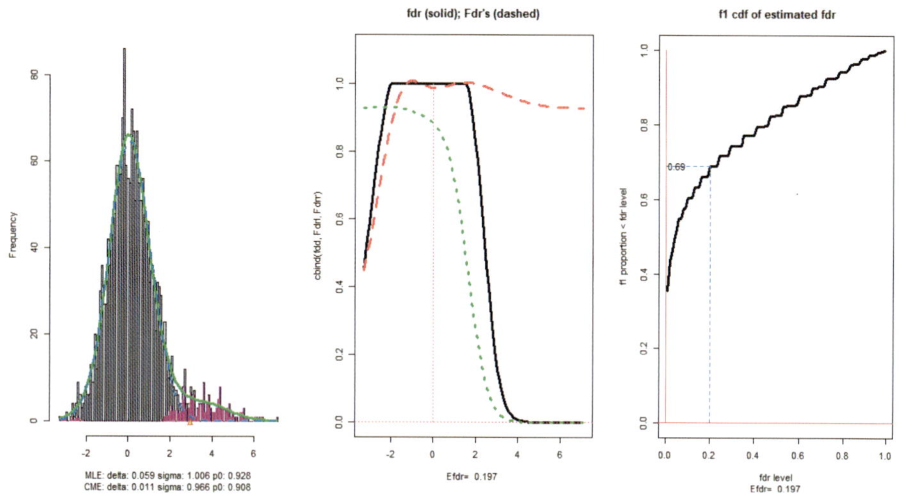

(해석) 위의 그림에서 (좌측)은 z-값의 히스토그램과 이 값으로부터 z-값의 전체분포(초록색) 및 귀무분포(파란색)를 추정한 것이다(크게 겹쳐있음에 유의). 히스토그램에서 분홍색은 대립가설이 참인 빈도를 나타내며, 주로 오른쪽에 위치한다. (중간)은 fdr과 FDR을 나타낸 그림이다. 검은색 선은 fdr을 나타내고, 두 개의 점선은 left FDR(빨간색)과 right FDR(초록색)을 나타낸다. Efdr은 비-귀무가설 케이스에 대한 기대 fdr로 그 값이 작을수록 높은 검정력을 나타낸다(여기서 Efdr=0.197임). (우측)은 추정된 fdr에 대한 비-귀무분포 f_1의 분포함수이다. 즉, fdr 0.2 이하인 대립가설의 비율은 69%이며, 작은 fdr 값에 대한 큰 cdf 값은 우수한 검정력을 나타낸다.

[참고 문헌]

- Benjamini, Y. and Hochberg, Y. (1995). Controlling the false discovery rate: a practical and powerful approach to multiple testing, J. R. Statist. Soc. B, 57, 289–300.
- Efron, B., et al. (2001). Empirical Bayes analysis of a microarray experiment. J. Am. Stat. Assoc., 96, 1151-1160.
- Efron, B. (2004). Large-scale simultaneous hypothesis testing: the choice of a null hypothesis, J. Am. Stat. Soc., 99, 96-104.
- Efron, B. (2007). Correlation and large-scale simultaneous significance testing, J. Am. Stat. Soc., 102, 93-103.
- Reiner, A., et al. (2003). Identifying differentially expressed genes using false discovery rate controlling procedures, Bioinformatics, 19, 368–375.
- 각 패키지들의 vignettes.

15장 FDR 추정을 위한 R 패키지

15.1 R 패키지 요약

[표 15.1]은 다중검정에서 FDR(Fdr 및 fdr) 추정을 위한 R 패키지를 정리한 것이다. 패키지 가운데 일부는 Bioconductor(http://bioconductor.org)에서 제공하며, 여기서 사용된 표기는 다음과 같다.

- FDR: False Discovery Rate의 총칭
- Fdr: 꼬리영역-기반 FDR, q-값
- fdr: 밀도-기반 Local FDR(LFDR)

[표 15.1] FDR 추정을 위한 R 패키지 개요(Strimmer, 2008)[17]

패키지명	FDR 유형	입력 자료	설명
fdrtool	fdr, Fdr	p-값, z-점수, t-점수, 상관.	수정된 Grenander 밀도 추정, 경험 귀무모형의 절단된 ML 적합, FNDR에 의한 절단점 선택
BUM/SPLOSH	fdr, Fdr	p-값	완전 모수적 모형의 ML 추정
SAGx*	fdr, Fdr	p-값	Grenander 밀도 추정
mixfdr	fdr, Fdr	z-점수	정규혼합을 이용한 밀도추정
stats	frequentist Fdr	p-값	p.adjust(): B-H 수정을 제공
qvalue*	frequentist Fdr	p-값	$\eta_0(=\pi_0)$의 다양한 추정 제공(절단된 ML, 최적 절단점 결정을 위한 다양한 방법)
multtest*	frequentist Fdr	p-값	B-H 알고리즘
FDR-AME*	frequentist Fdr	p-값	B-H 및 관련 알고리즘
nFDR	frequentist Fdr	p-값	Bernstein 다항식을 이용한 밀도추정
LBE*	frequentist Fdr	p-값	위치-기반 추정량
fdrci	frequentist Fdr	p-값	순열-기반 추정량(π_0 포함) 및 Fdr 신뢰구간
locfdr	fdr	z-점수	회귀 스플라인 밀도추정(포아송 회귀에 의한 빈도추정 결과에 대해), 경험적 귀무모형의 절단된 ML 적합
nomi	fdr	z-점수	비-귀무 밀도의 정규혼합모형
LocalFDR	fdr	p-값	Loess 평활 사용
anapuce	fdr	p-값	Loess 평활 사용
kerfdr	fdr	p-값	커널 밀도 추정량
twilight*	fdr	p-값	절단점의 KS 적합
localFDR	fdr	p-값	Stochastic order 모형에 기초함
locFDRPois	fdr	Poisson counts	귀무 및 대립 밀도를 Poisson으로 가정하는 fdr
samr	frequentist Fdr (q-value)	마이크로어레이 /시퀀싱 자료	마이크로어레이의 유의성 분석
limma*	frequentist Fdr (q-value)	유전자 발현 자료	마이크로어레이의 선형모형 (다요인설계 실험)

* Bioconductor(http://bioconductor.org) 제공

17) Strimmer(2008). A unified approach to false discovery rate estimation, BMC Bioinformatics. http://www.strimmerlab.org/notes/fdr.html

15.2 {qvalue} 패키지

이 패키지는 많은 가설을 동시에 검정한 결과의 p-값 목록을 가져와서 q-값과 Local FDR(LFDR) 값을 추정한다. 검정의 q-값은 특정 검정이 유의하다고 할 때 발생하는 거짓발견(false discovery)의 비율을 측정한다. LFDR은 검정의 p-값이 주어지면 귀무가설이 참일 사후 확률을 측정한다. 다양한 플롯이 자동으로 생성되어 합리적인 의미의 임곗값을 만들 수 있다. 이 패키지는 유전체학, 뇌 영상, 천체 물리학 및 데이터마이닝 문제에 적용할 수 있다.

예제 15.1

hedenfalk{qvalue} 자료를 이용하여 q-값과 LFDR을 추정한다. Bioconductor에서 제공하는 패키지를 불러올(install) 경우에는 아래의 첫 3행을 수행하기 바란다.

```
> if (!requireNamespace("BiocManager", quietly = TRUE))
     install.packages("BiocManager")
> BiocManager::install("qvalue")
> library(qvalue)
> data(hedenfalk)
> str(hedenfalk)
List of 3
 $ p    : num [1:3170] 0.0121 0.075 0.9949 0.0418 0.8458 ...
 $ stat : num [1:3170] 2.825 1.888 0.006 2.199 0.195 ...
 $ stat0: num [1:3170, 1:100] 0.501 0.224 1.262 0.245 0.662 ...

> p <- hedenfalk$p
> # q-value 객체(qobj) 생성
> qobj <- qvalue(p)
 summary(qobj)

Call:
qvalue(p = p)

pi0:  0.669926

Cumulative number of significant calls:

          <1e-04 <0.001 <0.01 <0.025 <0.05 <0.1   <1
p-value       15     76   265    424   605  868 3170
q-value        0      0     1     73   162  319 3170
local FDR      0      0     3     30    85  167 2241
```

(해석) 예를 들면, q-값이 <0.1인 가설의 수가 319개이며, 이 가운데 거짓양성(FP)의 수는 약 32개($=319 \times 10\% = 31.9$개)이다.

```
> plot(qobj)
```

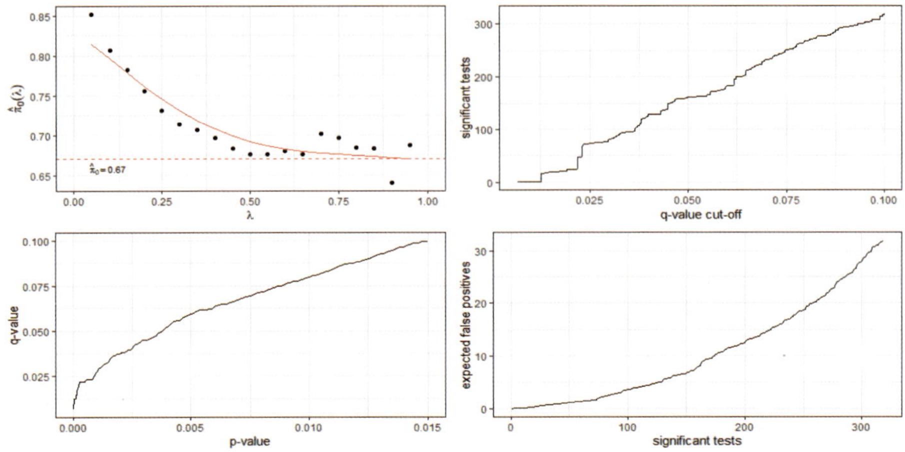

(해석) 그림에서 (좌상)은 π_0 추정의 신뢰도를 측정하는 것으로 조절모수 λ에 대한 추정된 π_0를 보여준다. λ가 커질수록 추정치의 편향은 감소하지만 분산은 증가한다. 평활곡선이 수렴하는 지점의 값으로 π_0를 추정한다. pi0.method="smoother"를 사용하면 평활곡선이 함께 제공된다. (우상)은 q-값의 임곗값이 커질수록 유의한 가설 수가 얼마나 증가하는지를 보여준다. (좌하)는 p-값에 대응하는 q-값 수준을 보여준다. (우하)는 유의한 검정 수에 따른 예상되는(expected) 거짓양성의 수를 나타낸다.

또한, q-값 개체에서 hist() 함수를 실행하면 p-값에 대한 q-값 및 LFDR 값의 선 플롯과 함께 p-값의 히스토그램을 볼 수 있다(아래 그림).

```
> hist(qobj)
```

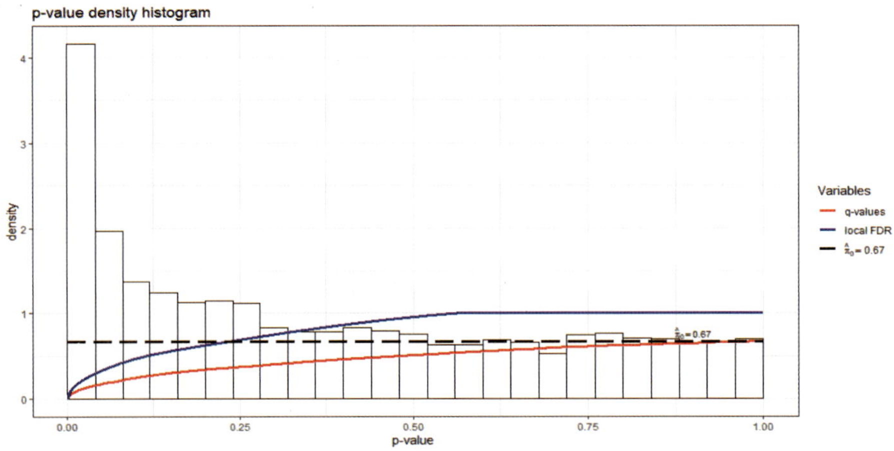

{qvalue} 패키지의 qvalue() 함수는 주어진 p-값 세트에 대한 q-값을 추정한다. 검정의 q-값은 특정 검정이 유의하다고 불릴 때 거짓양성(오탐지)의 비율을 측정한다. 이 함수의 일반 용법과 주요 옵션은 다음과 같다.

```
qvalue(p, fdr.level = NULL, pfdr = FALSE, lfdr.out = TRUE, pi0 = NULL,
  ...)
```

- p: p-값의 벡터
- fdr.level= 통제할 FDR 수준(선택 사항)
- pfdr= 작은 p-값과 pFDR의 유한 표본 추정치에 대해 추정치를 보다 로버스트하게 만드는 것이 바람직한지 여부를 지정(선택 사항)
- lfdr.out=TRUE(디폴트)이면 지역(local)-FDR을 반환해 줌
- pi0= π_0의 추정치로 입력하지 않는 것을 추천함. 숙련된 사용자는 고유한 방법을 사용하여 참인 귀무가설의 비율을 추정하거나 B-H 절차에 대해 1로 설정할 수 있음

```
> # options available
> qobj <- qvalue(p, lambda=0.5, pfdr=TRUE)
> summary(qobj)

Call:
qvalue(p = p, pfdr = TRUE, lambda = 0.5)

pi0:  0.6763407

Cumulative number of significant calls:

          <1e-04 <0.001 <0.01 <0.025 <0.05 <0.1   <1
p-value       15     76   265    424   605  868 3170
q-value        0      0     0      0   159  314 3170
local FDR      0      0     3     29    85  166 2203

> qobj <- qvalue(p, fdr.level=0.05, pi0.method="bootstrap", adj=1.2)
> summary(qobj)

Call:
qvalue(p = p, fdr.level = 0.05, pi0.method = "bootstrap", adj = 1.2)

pi0:  0.6763407

Cumulative number of significant calls:

          <1e-04 <0.001 <0.01 <0.025 <0.05 <0.1   <1
p-value       15     76   265    424   605  868 3170
q-value        0      0     1     73   159  314 3170
local FDR      0      0     1     27    83  163 2209
```

추가로, {qvalue} 패키지에서 제공하는 몇 가지 함수를 소개한다.

- empPvals() 함수: 관측된 검정통계량과 모의실험된 귀무가설 검정통계량의 집합으로부터 p-값을 계산

```
> obs_stats <- hedenfalk$stat
> null_stats <- hedenfalk$stat0
> pvalues <- empPvals(stat = obs_stats, stat0 = null_stats)
> qobj <- qvalue(p = pvalues)
```

(해석) 경험적 귀무가설 검정통계량의 집합으로부터 계산된 pvalues는 hedenfalk$p와 동일하다.

- pi0est() 함수: $U(0,1)$ 분포를 따르는 참인 귀무가설 p-값의 비율을 추정
- lfdr() 함수: p-값에서 LFDR(Local FDR) 값을 추정. 귀무가설 p-값이 $U(0,1)$ 분포를 따른다고 가정한다. 추정된 참인 귀무가설 π_0(pi_0)의 비율은 사용자가 제공한 값이거나 pi0est()를 통해 계산된 값이다. 이 함수는 관측된 p-값의 주변밀도 추정치, 즉 $\hat{f}(p)$를 이용하여 LFDR을 구한다. 즉, LFDR은 단조성(monotonicity)을 조정하고 LFDR(p)$\le$1을 보장하기 위해 LFDR(p)$=\hat{\pi}_0\hat{f}_0(p)/\hat{f}(p)=\hat{\pi}_0/\hat{f}(p)$로 추정된다.

15.3 {fdrtool} 패키지

FDR 방법론은 고차원 유전체(genomic) 및 단백질(proteomic) 자료의 연구에 필수적이다. R의 {fdrtool} 패키지는 FDR 추정을 위한 포괄적인 절차를 제공하여 이러한 분석을 용이하게 한다. 이 패키지의 고유한 특징은 다음과 같다. (i) p-값, z-점수, 상관 및 t-점수와 같은 다양한 유형의 검정통계량이 입력 자료로 허용된다. (ii) 동시에 모든 검정통계량에 대해 fdr과 Fdr 값이 추정되고(그 결과로 $\widehat{Fdr}(y_i) \le \widehat{fdr}(y_i)$을 보장함) (iii) 가능한 경우 경험적 귀무모형이 적합되고 이론적 귀무모형의 잠재적 과대 또는 과소 산포를 고려한다. 즉, 모든 귀무모형은 일반적으로 척도 또는 위치와 관련된 모수가 포함될 수 있다. 이는 {fdrtool}이 경험적 귀무모형의 사용을 용이하게 함을 의미한다. 이것은 가설이 상관되어 있고 이론적 귀무모형의 과대 또는 과소 산포가 있는 경우에 유용하다(Efron, 2007). 참고로 {fdrtool}에 사용된 학습 알고리즘은 Grenander-density 접근법(Broberg, 2005; Langaas 등, 2005)을 경험적 귀무모형(Efron, 2004)과 병합한다. (iv) 또한 {fdrtool}은 쉽게 해석 가능한 그래픽 출력을 제공하며 매우 큰 규모(수백만 개의 가설)의 다중검정 문제에 적용될 수 있다. 결과적으로 {fdrtool}은 다양한 검정통계량 및 FDR의 변형에 걸쳐 통합된 유연한 FDR 추정 체계를 구현한다.

예제 15.2

pvalues{fdrtool} 자료를 이용하여 FDR과 fdr을 추정한다.

```
> library("fdrtool")
> data(pvalues)
> str(pvalues)
 num [1:4289] 0.3987 0.9172 0.012 0.011 0.0735 ...
> fdr <- fdrtool(pvalues, statistic="pvalue", color.figure=TRUE)
```

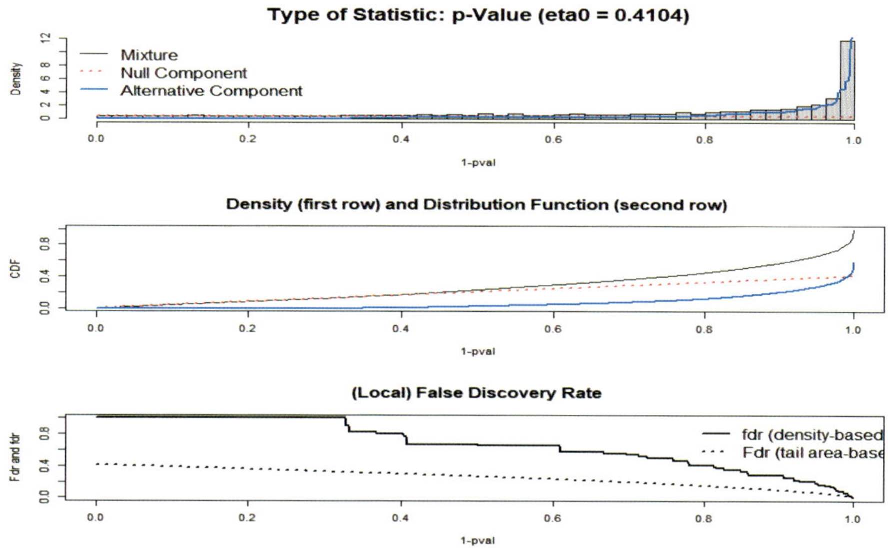


```
>  head(fdr$pval)     # p-values
[1] 0.39866991 0.91717081 0.01198907 0.01098668 0.07347634 0.44358099

> head(fdr$qval)     # 추정된 Fdr
[1] 0.23228811 0.38964493 0.02475281 0.02343057 0.07987291 0.24847897

> head(fdr$lfdr)     # 추정된 fdr
[1] 0.64992700 1.00000000 0.06488683 0.06488683 0.22217161 0.65197229

>  fdr$param    # 추정된 모수
        cutoff N.cens      eta0     eta0.SE
[1,] 0.6767363    569 0.4103924 0.01602273

> # z-점수로부터 fdr과 Fdr 추정
> sd.true <- 2.232
> n <- 500
> z <- rnorm(n, sd=sd.true)
> z <- c(z, runif(30, 5, 10))     # 약간의 잡음 추가
> fdr <- fdrtool(z, plot=TRUE)
```

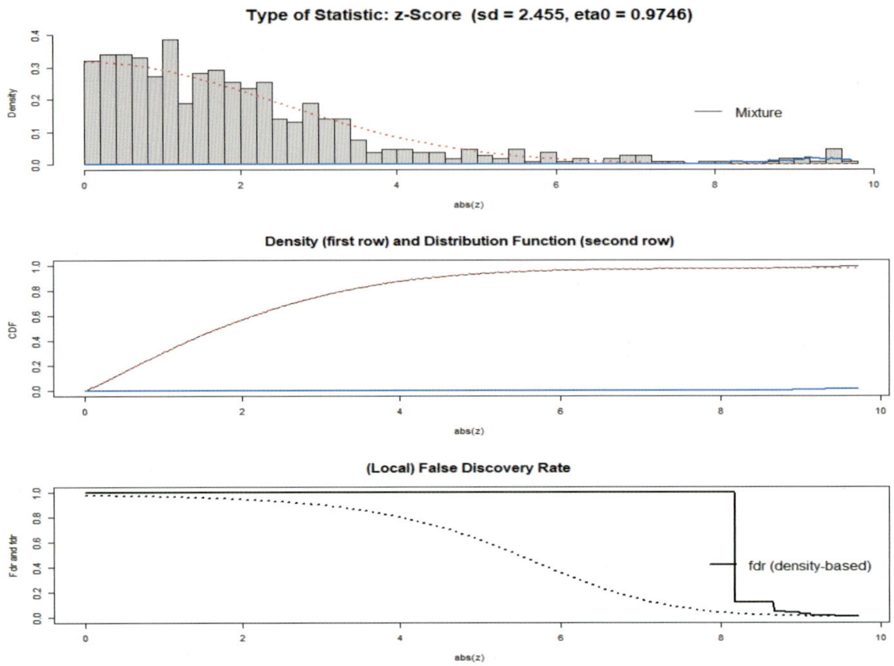


```
> # 옵션 변경
> fdr <- fdrtool(z, plot=TRUE, cutoff.method="pct0", pct0=0.9)
```

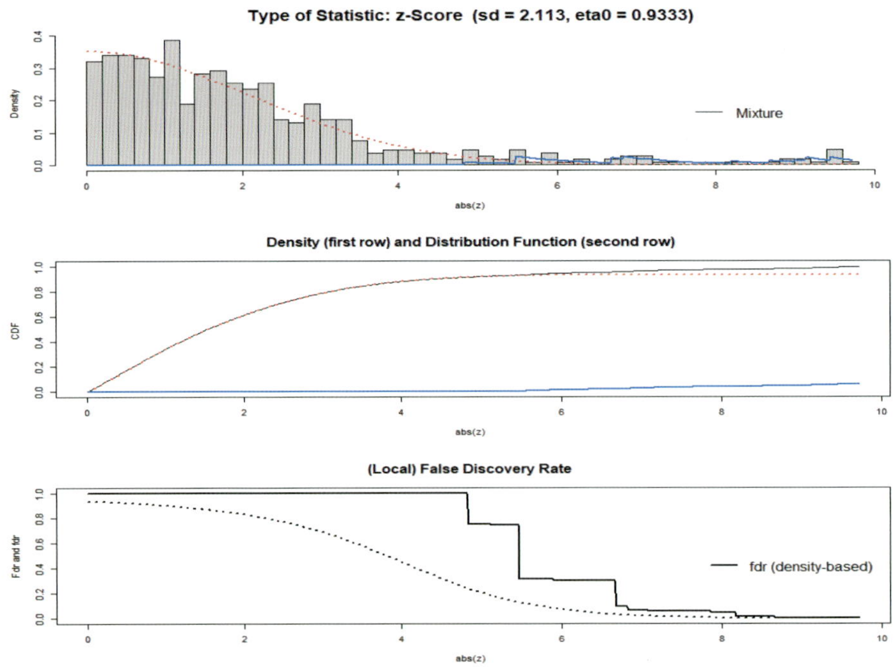

이 함수의 일반 용법과 주요 옵션은 다음과 같다.

```
fdrtool(x, statistic=c("normal", "correlation", "pvalue"),
      plot=TRUE, color.figure=TRUE, verbose=TRUE,
      cutoff.method=c("fndr", "pct0", "locfdr"),
      pct0=0.75)
```

- x: 관측된 검정통계량 벡터
- statistic= "normal" (default), "correlation", "pvalue". 귀무가설 모형을 지정
- plot=TRUE: 추정된 밀도함수, 분포함수와 (local) FDR의 그림 제공
- cutoff.method= "fndr"(default), "pct0", "locfdr"
- pct0: 귀무가설 모형의 적합에 사용되는 데이터의 비율. cutoff.method="pct0"인 경우에만 사용

15.4* {twilight} 패키지

두 가지 조건에서 관찰된 유전자 발현 데이터가 있는 일반적인 마이크로어레이 설정에서 Local FDR은 해당 관찰 점수 또는 p–값 수준이 주어진 경우 두 조건 간에 유전자가 차등적으로 발현되지 않을 확률을 나타낸다. p–값 vs Local FDR의 결과 곡선은 명확한 차등 및 명확한 비차등 유전자 발현 사이의 'twilight zone(중간지대 또는 경계영역)'에 대한 통찰력을 제공한다. Bioconductor 호환 패키지 {twilight}에는 두 가지 주요 함수가 포함되어 있다. twilight.pval() 함수는 주어진 입력 행렬 또는 발현 세트(ExpressionSet)에 대해 평균의 차이에 대한 두–조건 검정을 수행하거나 순열 기반 p–값을 계산한다. twilight() 함수는 Scheid와 Spang(2004)의 연속 배제 절차(successive exclusion procedure, 이하 SEP)를 수행하여 Local FDR과 효과크기(effect size) 분포를 추정하며, Scheid와 Spang(2006)에서 도입된 순열 필터링 알고리즘이 포함된다.

{twilight} 패키지에서 제공하는 주요 함수를 차례대로 소개한다.

15.4.1 twilight.pval() 함수: 효과크기 검정

이 함수는 이표본 t, Z 및 폴드변화 등가검정통계량(대응 또는 비대응) 및 상관계수를 계산하는 함수이다. 순열을 기반으로 Tusher 등(2001)에 의한 기대 검정통계량 및 경험적 p–값이 계산된다. Storey와 Tibshirani(2003)에 의한 q–값이 추가로 제공된다. 결과 객체는 twilight 클래스

이며 twilight() 또는 plot.twilight() 함수에 전달할 수 있다. 이 함수의 일반 형식과 주요 옵션은 다음과 같다.

```
twilight.pval(xin, yin, method="fc", paired=FALSE, B=1000, yperm=NULL,
          balance=FALSE, quant.ci=0.95, s0=NULL, verbose=TRUE)
```

- xin: 전처리가 수행된 유전자 표현 데이터(ExpressionSet) 또는 행이 유전자 열이 샘플로 이루어진 데이터 행렬. 해당 함수에는 전처리를 수행해주는 옵션이 없음
- yin: 샘플에 대한 레이블 벡터. 더 높은 레이블은 사례(case)를 나타내고, 더 낮은 레이블은 대조(control) 표본을 나타낸다(사례-대조 검정에서). 상관 점수의 경우 yin은 표본 수와 동일한 길이의 숫자 벡터일 수 있음
- method= "fc"(디폴트)는 폴드변화 등가검정(fold change equivalent test)(즉, 로그-비율(log-ratio) 검정), "t"는 t-검정, "z"는 Z-검정. "pearson" 또는 "spearman"의 경우 검정통계량은 Pearson의 상관 계수 또는 Spearman의 순위 상관 계수임
- paired= 짝지어진 표본인 경우 TRUE, 아닌 경우 FALSE
- B= 순열의 수
- yperm= 사용자 지정 순열을 사용할 경우 지정함
- balanced= 균형(TRUE) 또는 불균형(FALSE) 순열을 생성해야 하는지 여부를 지정함. method="pearson" 또는 method="spearman"인 경우는 무시됨
- quant.ci= 신뢰 선에 대한 확률값

두 가지 다른 조건 A와 B에 속하는 샘플에 대해 전처리된 행렬과 가법 척도의 유전자 발현값이 주어졌다고 하자. 실험에서 유전자 i에 대해($i = 1, \cdots, N$), $\overline{\alpha}_i$는 조건 A에서의 평균 발현이고 $\overline{\beta}_i$는 조건 B에서의 평균 발현이다. 차등 유전자 발현이 없다는 귀무가설을 검정하기 위해 twilight.pval() 함수는 평균 발현 수준 $\overline{\alpha}_i$와 $\overline{\beta}_i$를 비교한다. 현재 버전은 아래의 세 가지 검정 변형을 제공한다.

(i) t-검정

고전적인 t-검정은 아래의 T_i 점수를 사용한다.

$$T_i = \frac{\overline{\alpha}_i - \overline{\beta}_i}{s_i},$$

여기서 s_i는 합동 표준편차를 나타낸다. t-검정은 method="t" 옵션으로 호출된다.

(ii) Z–검정

t–검정 점수는 s_i가 매우 작은 경우 잘못된 결과를 유발할 수 있다. 이 문제에 대한 해결책으로 Z–검정은 분모를 퍼지요인(fudge factor)[18] s_0 만큼 크게 해준다.

$$Z_i = \frac{\overline{\alpha}_i - \overline{\beta}_i}{s_i + s_0}.$$

Z–검정은 method="z" 옵션을 사용한다. 퍼지요인 s_0의 기본 설정은 NULL이며, 이때 s_0는 합동 표준편차들$(s_1, s_2, \cdots, s_N)$의 중앙값이다. 그러나 퍼지요인은 수동으로 선택될 수 있다. method="z"와 함께 $s_0 = 0$가 설정되면 Z–검정은 t–검정과 같아진다.

(iii) 폴드변화(FC)

세 번째 변형은 로그–비율(log ratios)에 기초한 점수 F_i이다.

$$F_i = \overline{\alpha}_i - \overline{\beta}_i.$$

대립가설하에서 점수 F_i의 분포를 효과크기(effect size) 분포라고 한다. log 또는 arsinh 척도 발현 값의 경우 $\exp(|F_i|)$는 폴드변화(fold change)에 대한 추정량이다. 우리는 $\exp(|F_i|)$를 폴드변화 등가점수(fold change equivalent score)라고 부른다. 이 패키지에는 twilight.pval() 함수가 method="fc"로 실행된 경우에만 사용할 수 있는 효과크기 분포를 그려주는 함수가 포함되어 있다.

예제 15.3

library(golubEsets)에서 제공하는 Golub 등(1999)의 백혈병(leukemia) 데이터의 훈련 세트에 twilight.pval() 함수를 적용한다. 정규화를 위해, justvsn{vsn}을 이용하여 분산-안정화(variance-stabilizing) 방법을 적용한다.

```
> if (!requireNamespace("BiocManager", quietly = TRUE))
    install.packages("BiocManager")
> BiocManager::install(c("golubEsets", "vsn", "twilight"))
> library(golubEsets)
> data(Golub_Train)
```

18) 퍼지요인(fudge factor)은 정확도를 높이기 위해 조정해 주는(더하거나 빼주는) 양을 의미함.

```
> library(vsn)
> golubNorm <- justvsn(Golub_Train)
vsn2: 7129 x 38 matrix (1 stratum).
Please use 'meanSdPlot' to verify the fit.

> id <- as.numeric(Golub_Train$ALL.AML)     # AML=2, ALL=1
> Golub_Train$ALL.AML
 [1] ALL ALL ALL ALL ALL ALL ALL ALL ALL ALL ALL ALL ALL
[14] ALL ALL ALL ALL ALL ALL ALL ALL ALL ALL ALL ALL ALL
[27] ALL AML AML AML AML AML AML AML AML AML AML AML
Levels: ALL AML

> id
 [1] 1 1 1 1 1 1 1 1 1 1 1 1 1 1 1 1 1 1 1 1 1 1 1 1 1 1 1
[28] 2 2 2 2 2 2 2 2 2 2 2
```

(해석) 급성 림프구성 백혈병(ALL) 또는 급성 골수성 백혈병(AML)을 나타내는 38개의 샘플(27명 ALL + 11명 AML 환자)이 있다. AML 환자는 "2"로 표시되고 ALL은 "1"로 표시되므로 AML을 ALL 발현과 비교한다.

```
> library(twilight)
> pval <- twilight.pval(golubNorm, id, B=100)
No complete enumeration. Prepare permutation matrix.
Compute vector of observed statistics.
Compute expected scores and p-values. This will take approx. 2 seconds.
Compute q-values.
Compute values for confidence lines.
```

또한, twilight.pval() 함수는 설정된 B로 모든 가능한 순열의 열거가 가능한지 여부를 확인해준다. 동반 데이터 세트 expval의 값은 위의 예와 동일한 방식으로 계산되었지만 library(golubEsets)의 완전한 데이터 세트 data(Golub_Merge)와 1,000개의 순열로 계산되었다.

```
> data(expval)
> expval
 Twilight object with
     7129 transcripts
     observed and expected test statistics
     p- and q-values

 Estimated percentage of non-induced genes:
     pi0
0.619148

 Function call:
 Test: fc. Paired: FALSE. Number of permutations: 1000. Balanced: FALSE.
```

```
> names(expval)
 [1] "result"   "s0"       "ci.line"  "quant.ci" "lambda"   "pi0"
 [7] "boot.pi0" "boot.ci"  "effect"   "call"

> names(expval$result)
 [1] "observed"  "expected"  "candidate" "pvalue"    "qvalue"
 [6] "fdr"       "mean.fdr"  "lower.fdr" "upper.fdr" "index"

> expval$result[1:7,]
                observed   expected candidate       pvalue      qvalue
M84526_at       3.990578  1.1091753         1 1.402721e-07 0.000619148
M27891_at       3.669657  0.9709790         1 2.805443e-07 0.000619148
M89957_at      -3.153319 -1.1007286         1 4.208164e-07 0.000619148
X82240_rna1_at -3.111376 -0.9651917         1 5.610885e-07 0.000619148
U89922_s_at    -2.954233 -0.8979189         1 7.013606e-07 0.000619148
M19507_at       2.925666  0.8936237         1 8.416328e-07 0.000619148
M11722_at      -2.689999 -0.8471725         1 9.819049e-07 0.000619148
               fdr mean.fdr lower.fdr upper.fdr index
M84526_at      NaN      NaN       NaN       NaN  2288
M27891_at      NaN      NaN       NaN       NaN  1882
M89957_at      NaN      NaN       NaN       NaN  2335
X82240_rna1_at NaN      NaN       NaN       NaN  4680
U89922_s_at    NaN      NaN       NaN       NaN  6049
M19507_at      NaN      NaN       NaN       NaN  1779
M11722_at      NaN      NaN       NaN       NaN  1685
```

(해석) 차례대로, 관측 및 기대 점수, 신뢰한계 초과여부, 경험적 p-값, q-값이다. 유전자는 관측된 검정 점수의 절댓값에 대한 내림차순으로 정렬된다. 신뢰한계 초과여부는 관측 점수가 신뢰범위를 초과하면 1, 아니면 0으로 표시된다. 마지막 열(Index)은 입력 객체의 원래 유전자의 순서를 나타낸다.

```
> # 비-유도된(non-induced) 유전자의 비율(π0)의 추정(Storey와 Tibshirani, 2003)
> expval$pi0
[1] 0.619148

> plot(expval, which="scores", grayscale=F, legend=F)
```

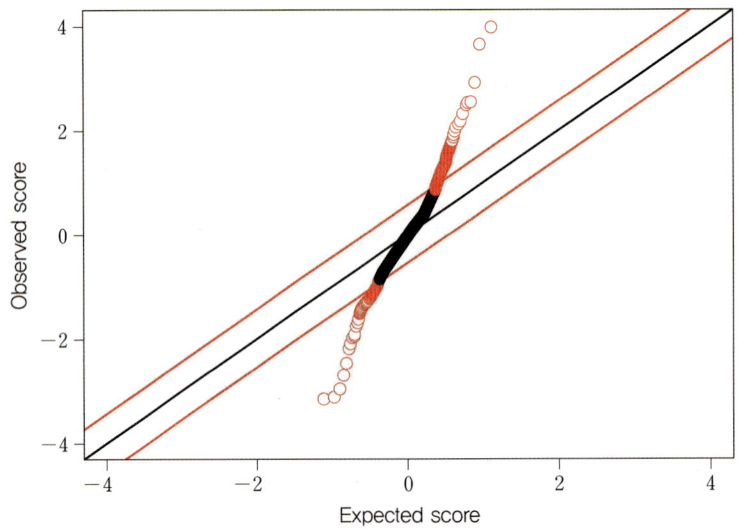

(해석) 기대(expected) vs 관측(observed) 검정 점수. 대각선으로부터의 이탈(deviation)은 차등 발현에 대한 증거를 제공한다. 빨간색 선은 관측 점수와 기대 점수 간의 절대 차이에 대한 95% 신뢰구간을 나타낸다. 위 그림에서 x축(expected scores)은 검정통계량의 귀무분포로부터, 즉 유전자 열의 순열 재-배치를 통해 구해진다.

```
> plot(expval, which="qvalues")
```

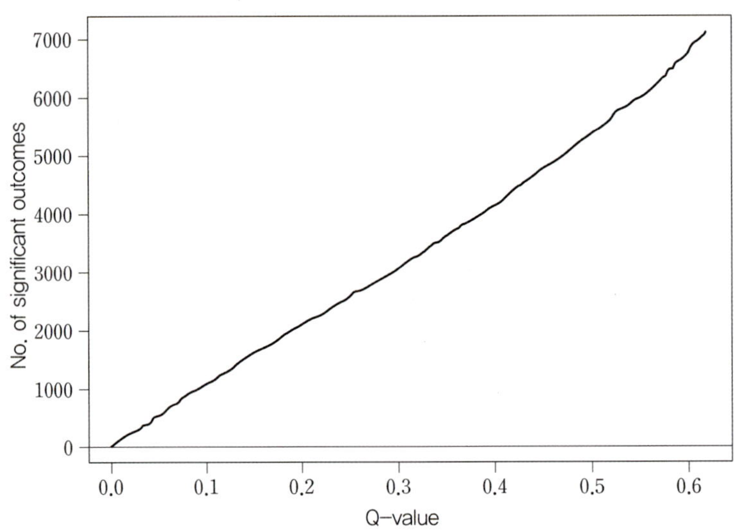

(해석) q-값에 따른 유의한 유전자의 수의 계단 그림(stairplot)을 나타낸다. $q \leq q_0$인 모든 유전자를 포함하는 목록에는 q_0의 추정된 전역(global) FDR이 있다.

참고 폴드변화(Fold Change, 이하 FC)

(a) 폴드변화(original values)
두 그룹 실험의 경우 폴드변화는 그룹 2의 평균 발현 값이 그룹 1의 평균 발현 값에 비해 몇 배나 더 큰지를 알려준다. 그룹 2의 평균 발현 값이 그룹 1의 값보다 큰 경우 이 값은 그룹 2의 평균 발현 값을 그룹 1의 평균 발현 값으로 나눈 값이다. 그룹 2의 평균 발현 값이 그룹 1의 평균 발현 값보다 작은 경우 폴드변화는 그룹 1의 평균 발현 값을 그룹 2의 평균 발현 값으로 나눈 값에 음(−)의 부호를 취한 값이다. 따라서 그룹 1 및 그룹 2의 평균 발현 수준이 각각 10 및 50인 경우 폴드변화는 5이고 그룹 1 및 그룹 2의 평균 발현 수준이 각각 50 및 10인 경우 폴드변화는 −5이다. 폴드변화의 값이 ∞ 또는 $-\infty$ 항목은 계산의 표현식 값 중 하나가 0인 항목을 나타낸다. 3개 이상의 그룹을 대상으로 하는 실험의 경우, 폴드변화는 그룹의 평균 발현 값의 최댓값에 대한 그룹의 평균 발현 값의 최솟값의 비율을 나타내며, 최대 평균 발현 값을 가진 그룹이 최소 평균 발현 값을 가진 그룹보다 먼저 발생하는 경우에는 −1을 곱한다.

(b) 로그-변환
많은 경우에, 폴드변화로 표현된 가설이 차이(differences)로 표현된 가설보다 더 편리하다. 비율은 백분율로 해석할 수 있지만 차이는 원래 척도의 실제 양으로 해석해야하기 때문이다. 따라서 가설검정에서 다음 단계를 수행하는 것이 일반적인 관행이다.

1. 평균의 폴드변화(ratio)에 대한 통계적 가설을 기술한다.
2. 이 값에 로그를 취하여 차이에 대한 가설로 변환한다.
3. 로그-변환된 자료 - 즉, 차이의 관점에서 분석을 수행한다.
4. 비율의 관점에서 결론을 도출한다.

따라서 원래 척도에서 평균의 폴드변화에 대한 가설은 로그 척도에서 두 평균의 차이에 대한 가설로 번경될 수 있다.

(c) 로그-비율(또는 로그-FC)
로그-비율(log-ratios)은 종종 폴드변화의 분석 및 시각화에 사용된다. 밑이 2인 $\log$는 해석하기 쉽기 때문에 가장 일반적으로 사용된다(밑수 2의 로그만 사용해야 하는 수학적 이유는 없다). 원래 척도의 2배는 $\log_2$(FC) 1과 같고, 4배는 $\log_2$(FC) 2와 같다. 반대로, 측정값은 변화가 동일한 양만큼 감소할 때 대칭이다(예: 1/2은 $\log_2$(FC) −1과 같고, 1/4은 $\log_2$(FC) −2와 같다). 이는 지수적 변화가 선형으로 표시되고 이로 인해 동적 범위(dynamic range)가 증가하므로 미적으로 더 만족스러운 그림으로 이어진다. 예를 들어, $\log_2$(FC)를 보여주는 그림 축에서 축 값 3에서 8배 증가가 표시된다($2^3=8$).

(d) 화산 그림
아래 [그림 15.1]은 대사체 데이터(metabolomic data)에 대한 화산 그림(volcano plot)의 예이다. 빨간색 화살표는 큰 크기의 폴드변화(x축)와 높은 통계적 유의성(p-값의 $-\log_{10}$, y축)을 모두 표시하는 관심 점을 나타낸다. 빨간색 점선은 $p=0.05$인 위치를 나타내며($-\log_{10}(0.05)\approx 1.30$), 선 위의 점은 $p<0.05$를, 선 아래의 점은 $p>0.05$를 보여준다. 이 그림에서 $\log_2$(FC)가 $2(\log_2 2=1)$ 미만인 점은 회색으로 나타내었다(그림 출처: wikipedia).

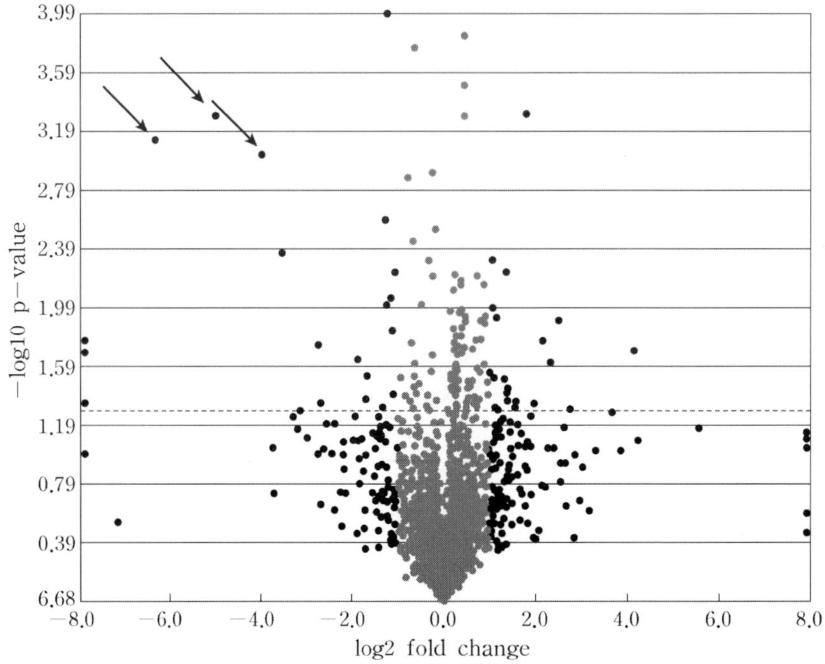

[그림 15.1] p–값 vs 폴드변화

15.4.2 twilight.pval() 함수: 상관 검정

twilight.pval() 함수는 효과크기 점수 대신 상관 점수를 계산해 준다. 이 과정은 효과크기 검정에서 가장 높은 통계량을 가지는 유전자와 높은 상관관계를 가진 유전자를 찾기 위해 사용될 수 있다. 이때 대부분의 입력 인수는 무시되며 일부 옵션의 기능은 아래와 같이 달라진다. 이 함수의 일반 형식과 주요 옵션은 다음과 같다.

```
twilight.pval(xin, yin, method="pearson", B=1000, yperm=NULL,
          quant.ci=0.95, verbose=TRUE)
```

- yin: 샘플 수와 같은 길이를 가지는 특정 유전자 벡터, xin에 있는 모든 유전자(행)와 상관계수를 구함
- method= "pearson"은 피어슨 상관계수, "spearman"은 스피어만 상관계수를 구함. method="spearman"의 경우 yin과 xin의 유전자들은 순위값으로 변경되어 계산됨

예제 15.4

효과차이가 가장 큰 유전자(1,882번째)를 gene 객체에 저장한 후, 다른 유전자들과의 상관 검정을 수행한다. 순열은 100번 수행하였다.

```
> gene <- exprs(golubNorm)[pval$result$index[1],]     # 통계량이 가장 큰 유전자
> corr <- twilight.pval(golubNorm, gene, method="spearman", quant.ci=0.99, B=100)
Compute vector of observed statistics.
Compute expected scores and p-values. This will take approx. 2 seconds.
Compute q-values.
Compute values for confidence lines.

> corr
 Twilight object with
     7129 transcripts
     observed and expected test statistics
     p- and q-values

 Estimated percentage of non-induced genes:
      pi0
0.6330919

 Function call:
 Test: spearman. Number of permutations: 100.
```

(해석) 비-유도된(non-induced) 유전자의 전체 백분율 π_0는 이제 귀무가설하에서 임상 모수(clinical parameter)와 상관되지 않은 유전자의 전체 백분율로 해석된다.

```
> corr$result[1:10,]
                  observed   expected candidate       pvalue
M27891_at        1.0000000  0.5740672         1 1.402721e-06
J03801_f_at      0.7901302  0.5412190         1 2.805443e-06
D88422_at        0.7850968  0.5232739         1 4.208164e-06
Z15115_at       -0.7577415 -0.5660619         1 5.610885e-06
M83667_rna1_s_at  0.7566473  0.5104322         1 7.013606e-06
M19045_f_at      0.7557720  0.5008797         1 8.416328e-06
M33195_at        0.7481125  0.4937783         1 9.819049e-06
X64072_s_at      0.7474560  0.4863355         1 1.122177e-05
U22376_cds2_s_at -0.7457052 -0.5361462         1 1.262449e-05
M63138_at        0.7439545  0.4800832         1 1.402721e-05
                      qvalue fdr mean.fdr lower.fdr upper.fdr index
M27891_at        0.006418275 NaN      NaN       NaN       NaN  1882
J03801_f_at      0.006418275 NaN      NaN       NaN       NaN  6797
D88422_at        0.006418275 NaN      NaN       NaN       NaN   760
Z15115_at        0.006418275 NaN      NaN       NaN       NaN  5501
M83667_rna1_s_at 0.006418275 NaN      NaN       NaN       NaN  6378
```

```
M19045_f_at       0.006418275 NaN        NaN        NaN        NaN  6803
M33195_at         0.006418275 NaN        NaN        NaN        NaN  1953
X64072_s_at       0.006418275 NaN        NaN        NaN        NaN  6185
U22376_cds2_s_at  0.006418275 NaN        NaN        NaN        NaN  5772
M63138_at         0.006418275 NaN        NaN        NaN        NaN  2121

> plot(corr, which="scores", grayscale=F, legend=F)
```

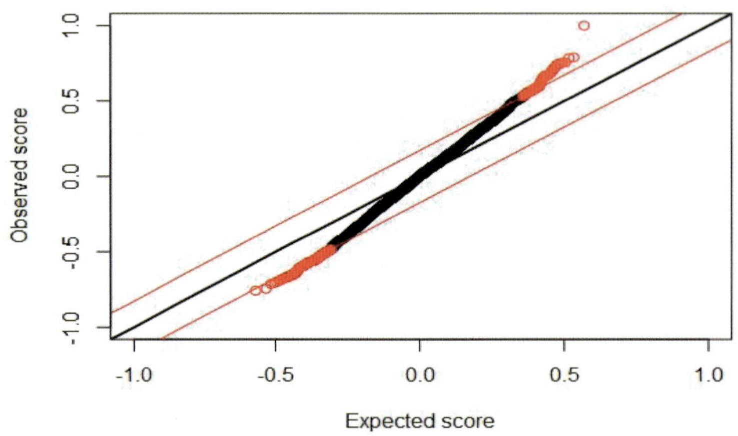

(해석) 기대(expected) vs 관측(observed) 스피어만 상관 점수. 대각선으로부터의 이탈은 유의한 상관에 대한 증거를 제공한다. 빨간색 선은 관측 점수와 기대 점수 간의 절대 차이에 대한 95% 신뢰구간을 나타낸다.

15.4.3 twilight.filtering() 함수: 순열 필터링

순열 기반의 검정 방식에서 주어진 클래스 레이블의 각 순열은 완전한 귀무(null) 모형을 반영하는 것으로 생각된다. 그러나 실제 생물학적 데이터에 대한 응용에서 우리는 특정 순열이 기대보다 여전히 더 큰 마진을 갖는 점수 분포를 생성한다는 것을 종종 관찰하게 된다. 따라서 각 순열을 원래 레이블로 취급하고 순열 점수를 합동(pooled) p−값으로 변환하고 결과 분포에 대해 균일성(uniformity)을 검정한다. 반복 검색에서 p−값 분포가 균일 분포에 잘 맞는 순열 집합을 필터링한다.

필터링은 twilight.pval() 함수에서 선택적 인수로 추가된다. 알고리즘의 많은 부분이 C로 작성되었지만, 필터링에는 여전히 시간이 많이 걸린다. 따라서 twilight.pval() 내의 기본값은 FALSE로 설정된다. filtering=TRUE이면 내부적으로 사용자가 제공한 모든 검정 모수를 사용하여 필터링이 호출된다. 유일한 예외는 밸런싱(balancing) 모수이다. 필터링은 불균형 순열에 대해 수행되지만 balance가 지정된다. 밸런싱은 주어진 라벨링에 너무 가깝지 않은 순열 세트를 선택하는 더 간단한 방법이다. 그러나 필터링과 같이 완전한 귀무분포에서 다른 편차 원인을 제거하지는 않는다. 이 함수의 일반 형식과 주요 옵션은 다음과 같다.

```
twilight.pval(..., filtering=FALSE)
twilight.filtering(xin, yin, method="fc", paired=FALSE, s0=0, verbose=TRUE,
            num.perm=1000, num.take=50)
```

twilight.pval() 함수 내에서 필터링을 호출하는 것은 매우 편리하다. 필터링된 순열을 더 자세히 조사하려면 twilight.filtering() 함수를 직접 호출할 수 있다. 대부분의 입력 인수는 함수 twilight.pval()의 인수와 같다. 다만 퍼지요인 s0만 다르다. 이는 method="z"인 경우에만 적용되고 s0=0인 경우 중앙값 합동 표준편차로 계산된다.

두 개의 입력 인수 num.perm 및 num.take가 중요하다. 첫 번째는 원하는 순열의 수이다. twilight.pval() 내에서 B로 설정된다. num.take 인수는 반복의 각 단계에서 유지되는 유효한 순열의 수를 지정한다. 각 단계 내에서 이 숫자는 num.take만큼 증가한다. 따라서 num.take는 num.take가 num.perm의 제수(devisor)가 되도록 선택될 수 있다. twilight.pval() 내에서 num.take는 최소 50 및 num.perm/20으로 설정된다.

- num.perm= 순열의 수. twilight.pval() 내에서 num.perm은 B로 설정됨
- num.take= 반복 필터링의 각 단계에서 유지되는 순열의 수. twilight.pval() 내에서 num.take는 최소 50 및 num.perm/20으로 설정됨

twilight.filtering() 함수의 출력은 필터링된 yin 순열이 있는 행렬이다. 행의 수는 대략 num.perm이다. 순열의 고유성(uniqueness)이 확인된다. 가능한 고유 순열의 수가 num.perm보다 적으면 알고리즘이 더 일찍 중지된다. 이 경우 결과는 가능한 모든 순열의 집합일 가능성이 높으며 이들 모두가 실제로 균일한 p-값 분포를 생성하는지 여부는 확실하지 않다. 여기서 num.perm을 낮추는 것이 좋다.

출력 객체의 형식은 twilight.pval() 함수에서 입력 인수 yperm의 필요한 형식을 따른다. 여기서 2-조건 레이블은 이진화되거나 method="spearman"인 경우 숫자 값이 순위로 변경된다. 행렬의 첫 번째 행에는 다른 순열 함수와 일치하도록 항상 원래 레이블 yin이 포함되어 있다.

예제 15.5

50개의 필터링된 순열만 사용하는 간단한 예이다. num.take=10이면 5번의 반복 단계만 필요하다.

```
> # 폴드변화(FC) 검정
> yperm <- twilight.filtering(golubNorm, id, method = "fc", num.perm = 50, num.take = 10)
Filtering: Wait for 5 to 15 dots .....done

> dim(yperm)
[1] 50 38

> # 필터링된 순열이 U(0,1) 분포를 생성하는지를 확인
> yperm <- yperm[-1,]
> b <- twilight.pval(golubNorm, yperm[1,], method="fc", yperm=yperm)

Compute vector of observed statistics.
Compute expected scores and p-values. This will take approx. 0 seconds.
Compute q-values.
Compute values for confidence lines.
```

(해석) 필터링은 가능한 순열의 무작위 부분 집합으로 이어진다. 다음으로 이러한 순열 중 하나가 실제로 균일한 p-값 분포를 생성하는지 확인한다. yperm의 첫 번째 행은 p-값이 계산될 레이블을 포함해야 하므로 원래 레이블 yin인 현재 첫 번째 행을 제거해야 한다. 따라서 첫 번째 '무작위' 순열에 대한 p-값을 계산한다. 결과 히스토그램은 아래에 나와 있다.

```
> hist(b$result$pvalue, col="gray", br=20)
> # 첫 번째 '무작위' 순열에 대한 p-값
```

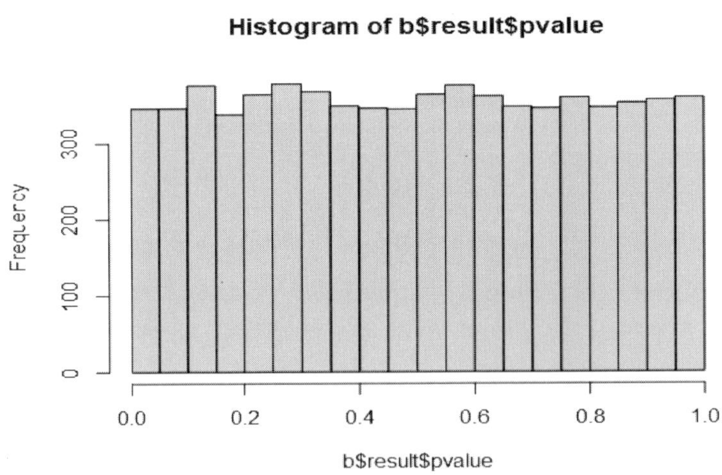

(해석) 하나의 필터링된 순열에 대한 p-값의 히스토그램이다. p-값은 필터링된 순열 세트의 점수를 합산하여 계산된다. 결과 분포는 균일한 것으로 보인다.

15.4.4 twilight() 함수: Local FDR 추정

LFDR(fdr)은 관찰된 점수 $T=t$의 밀도 $f(t)$가 주어지면 단순 혼합 모형에서 추정된다.

$$f(t) = \pi_0 f_0(t) + (1-\pi_0)f_1(t) \Rightarrow fdr(t) = \pi_0 \frac{f_0(t)}{f(t)},$$

여기서 $\pi_0 \in [0,1]$은 비-유도된(non-induced) 유전자의 전체 백분율이다. 항 f_0 및 f_1은 각각 비-유도 및 유도하에서의 점수 밀도함수이다. 차등 발현되지 않은 모든 유전자에 대해 $U=W(T)$가 $[0,1]$에 균일하게 분포하는 변환 W가 있다고 가정하자. 다중검정 시나리오에서 이러한 u-값은 관측 점수 집합에 대응하는 p-값이다. 그러나 우리는 LFDR을 다중 오류율로 간주하지 않고 전체 유의성 범위에 대한 마이크로어레이 실험을 설명하기 위한 탐색 도구로 간주한다.

점수를 p-값에 매핑하면 선택된 점수 방법과 관련하여 귀무밀도 $f_0(t)$를 지정하는 대신 $f_0(p)$를 균일밀도로 가정할 수 있다. 구현된 SEP는 p-값의 벡터를 균일하게 분포된 귀무가설 부분과 대립가설 부분으로 분할한다. 균일한 부분은 차등적으로 발현되지 않는 유전자를 나타낸다. 실험에서 전체 유전자 수에 대한 균일한 부분의 비율은 백분율 π_0에 대한 자연적(natural) 추정량이다. $f(p)$를 추정하기 위해 관측된 혼합분포의 히스토그램 카운트를 기반으로 평활된 밀도 추정을 적용한다. 균일성을 가정하면 모든 $p \in [0,1]$에 대해 $f_0(p)=1$이 된다. 따라서 추정치 $\hat{\pi}_0$과 $\hat{f}(p)$의 비율은 특정 p-값 수준에 대한 Local FDR을 추정한다.

SEP는 Scheid와 Spang(2004)에 자세히 설명되어 있다. twilight()의 기능은 마이크로어레이 실험에 국한되지 않는다. 원칙적으로, 귀무가설하에서 균일성 가정이 유효한 모든 p-값 벡터는 twilight() 함수로 전달될 수 있다. 이 함수의 일반 형식과 주요 옵션은 다음과 같다.

```
twilight(xin, lambda=NULL, B=0, boot.ci=0.95, clus=NULL, verbose=TRUE)
```

- xin: p-값 수치 벡터 또는 twilight 객체
- B= 붓스트랩 표본의 수
- boot.ci= LFDR과 사전 π_0의 붓스트랩 신뢰구간에 대한 확률 값

twilight의 목적 함수에는 제약 모수(regularization parameter) $\lambda \geq 0$에 의해 제어되는 벌점항이 포함된다. 제약(또는 일반화)은 균일한 부분이 가능한 한 많은 p-값을 포함하도록 분리를

찾는 것을 보장한다. 백분율 π_0는 종종 과소 추정되기 때문에 벌점 항을 포함하면 일반적으로 덜 편향된 보다 '보수적인' 추정이 된다. 지정되지 않은 경우(lambda=NULL), 함수 twilight.getlambda()는 적절한 λ를 찾는다.

확률 π_0에 대한 추정치와 LFDR은 SEP를 10번 실행하여 평균을 낸다. 또한 붓스트랩 추정을 수행하여 π_0 및 LFDR 모두에 대해 붓스트랩 추정 및 붓스트랩 백분위수 신뢰구간을 제공할 수 있다. 붓스트랩 샘플의 수는 인수 B에 의해 설정되고 붓스트랩 신뢰구간의 너비는 인수 boot.ci에 의해 설정된다.

twilight() 함수는 twilight 객체 또는 p-값의 벡터를 입력으로 사용하고 twilight 객체를 반환한다. 입력이 twilight 클래스인 경우 이 함수는 경험적 p-값 집합에서 작동하고 나머지 출력 요소를 채운다. π_0에 대한 추정치가 대체되고, q-값은 새로운 추정값 π_0으로 다시 계산됨에 유의 바란다. 예를 들어, 1,000개의 붓스트랩 샘플과 95% 붓스트랩 신뢰구간으로 SEP를 실행한다. twilight(xin=expval, B=1000, boot.ci=0.95). 이는 데이터 세트 exfdr에 대해 수행한 것과 같다.

예제 15.6

exfdr 자료로부터 LFDR을 추정한다.

```
> data(exfdr)
> exfdr
 Twilight object with
     7129 transcripts
     observed and expected test statistics
     p- and q-values
     local FDR
     bootstrap estimates of local FDR

 Bootstrap estimate of percentage of non-induced
 genes with lower and upper 95% CI:
       pi0 lower.pi0 upper.pi0
 0.6263987   0.59279 0.6568944

 Function call:
 Test: fc. Paired: FALSE. Number of permutations: 1000. Balanced: FALSE.
 Function twilight used lambda = 0.02

> exfdr$result[1:5, 6:9]
                        fdr   mean.fdr   lower.fdr  upper.fdr
M84526_at       0.01024130 0.01015424 0.007309932 0.01307063
M27891_at       0.01024240 0.01015535 0.007311074 0.01307174
```

```
M89957_at       0.01024351 0.01015646 0.007312216 0.01307286
X82240_rna1_at 0.01024461 0.01015756 0.007313358 0.01307398
U89922_s_at     0.01024571 0.01015867 0.007314500 0.01307509
```

(해석) 추정된 LFDR, 붓스트랩 평균, 붓스트랩 신뢰 상한 및 하한을 나타낸다.

```
> plot(exfdr, which="fdr", grayscale=F, legend=T)
```

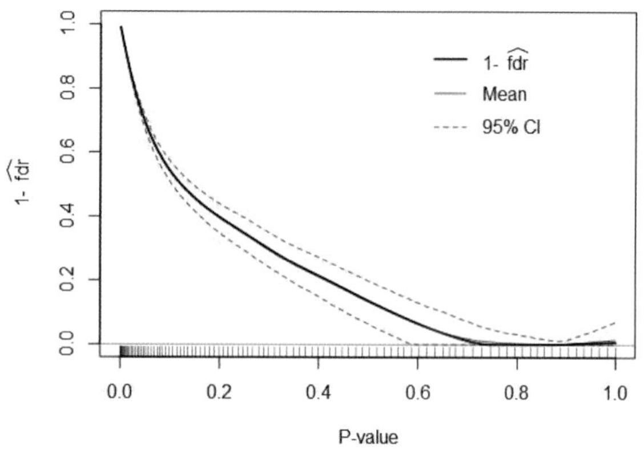

(해석) p-값에 대한 추정된 LFDR 곡선이다. 빨간색 선은 붓스트랩 평균(실선)과 LFDR(점선)에 대한 95% 붓스트랩 신뢰구간을 나타낸다. 하단 눈금은 p-값의 1% 분위수이다.

위의 그림은 주어진 p-값 수준에서 유도될 해당 조건부 확률(즉, 1-fdr)을 그린 것이다. 관측된 점수로 돌아가서 우리는 화산 그림(volcano plot)(즉, 관찰된 점수 vs Local FDR 그림)을 생성한다(다음 그림).

```
> plot(exfdr, which="volcano")
```

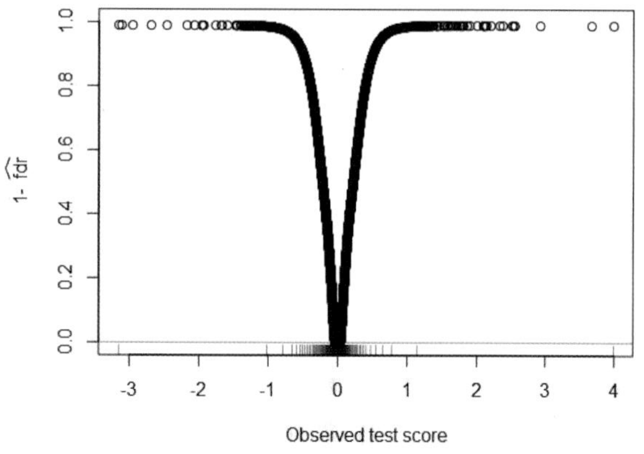

(해석) 화산 그림은 두 그룹 사이에서 발현량 차이를 나타내는 유전자(Differentially Expressed Gene; DEG)를 효과적으로 시각화한 것이다.

출력 요소 effect는 효과크기 분포에 대한 히스토그램 정보, 즉 대립가설하에서 로그-비율(log ratio)을 포함한다. SEP를 한 번 실행하면 입력 p-값 벡터가 귀무가설과 대립가설 부분으로 분할된다. 우리는 대립가설 부분의 p-값에 해당하는 로그-비율 점수 분포로부터 효과크기 분포를 추정한다. 다시 말하지만, 이 추정치는 10번의 절차 실행에 대한 평균이다. 인수 which="effectsize"는 관측된 모든 로그-비율의 히스토그램을 생성하고 대립가설에서 로그-비율의 평균 히스토그램과 중첩된다(아래 그림 참조). x축은 폴드변화 등가점수(fold change equivalent scores)를 변경하거나 오히려 효과크기를 늘리도록 변경된다. 관찰된 로그-비율 F가 주어지면 효과크기의 증가는 $(\exp(|F|)-1) \cdot sign(F) \cdot 100\%$이다. 0%는 변화 없음(1의 폴드변화)에 해당하고, 50%는 폴드변화 1.5 등에 해당한다. -100%는 2배 하향 조절, 즉 0.5배 폴드변화에 해당한다.

```
> plot(exfdr, which="effectsize", legend=T)
```

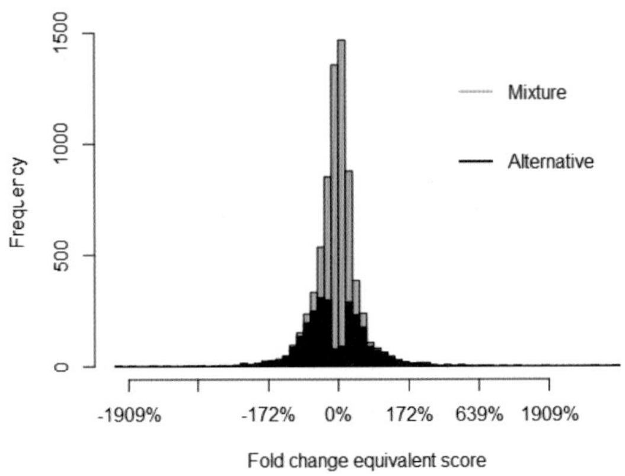

(해석) 관측된 효과크기 분포(회색 히스토그램)와 귀무가설에서 추정된 효과크기 분포(검은 히스토그램)의 중첩그림을 나타낸다.

마지막 플롯 인수 which="table"은 폴드변화 등가점수 및 로그-비율 측면에서 히스토그램 정보를 표로 표시한다.

```
> tab <- plot(exfdr, which="table")
> tab[1:8,]
         LogRatio Mixture Alternative
-2234%      -3.15       2         1.6
-2012%      -3.05       0         0.0
-1811%      -2.95       1         1.0
-1629%      -2.85       0         0.0
-1464%      -2.75       0         0.0
-1315%      -2.65       1         1.0
-1181%      -2.55       0         0.0
-1059%      -2.45       1         1.0
```

twilight() 함수의 입력 인수 clus는 병렬 계산을 수행하는 데 사용된다. 병렬화는 붓스트랩 샘플 B의 수가 많은 경우 계산 시간의 절약에 특히 유용하다. 기본 clus=NULL을 사용하면 병렬화가 수행되지 않는다. 지정되면 clus가 library(snow)의 makeCluster()에 대한 입력 인수로 전달된다.

15.4.5 twilight.combi() 함수: 이진 벡터의 순열을 열거

함수 twilight.combi()는 이진(binary) 입력 벡터 xin의 모든 순열을 완전히 열거하기 위해 twilight.pval() 내에서 사용된다. 인수 pin은 입력 벡터가 쌍을 이루는 데이터 또는 쌍을 이루지 않은 데이터에 해당하는지 여부를 지정한다. 인수 bin은 순열이 균형 또는 불균형인지 여부를 지정한다. 결과 순열은 항상 '가능한 한 균형을 유지'한다. 균형은 더 작은 하위 샘플에 대해 수행된다. 샘플 크기가 홀수인 경우(예: 7) twilight.combi()는 3개 및 4개 샘플을 변경하지 않고 모든 순열을 계산한다. 이 함수의 일반 형식과 주요 옵션은 다음과 같다.

```
twilight.combi(xin, pin, bin)
```

- xin: 이진 벡터
- pin: 입력 벡터가 짝지어진 표본이면 TRUE, 아니면 FALSE
- bin: 순열이 균형이면 TRUE, 아니면 FALSE

첫 번째 예로서, 2개의 0과 3개의 1을 갖는 길이 5의 쌍을 이루지 않은 이진 벡터의 모든 불균형 순열을 계산한다. 행의 수는 다음과 같다.

$$m = 5!/(2!3!) = 10.$$

```
> x <- c(rep(0,2), rep(1,3))
> x
[1] 0 0 1 1 1

> twilight.combi(x, pin=FALSE, bin=FALSE)
     [,1] [,2] [,3] [,4] [,5]
 [1,]    0    0    1    1    1
 [2,]    0    1    0    1    1
 [3,]    0    1    1    0    1
 [4,]    0    1    1    1    0
 [5,]    1    0    0    1    1
 [6,]    1    0    1    0    1
 [7,]    1    0    1    1    0
```

```
 [8,]   1   1   0   0   1
 [9,]   1   1   0   1   0
[10,]   1   1   1   0   0
```

각 행에는 하나의 순열이 포함된다. 첫 번째 행은 입력 벡터를 포함한다. 균형 순열에서는 원래 0이 모두 마지막 세 열로 이동된 행을 생략한다. 균형 행의 수는 다음과 같다.

$$m = \binom{2}{1} \cdot \frac{3!}{1!\,2!} = 6.$$

```
> twilight.combi(x, pin=FALSE, bin=TRUE)
     [,1]  [,2]  [,3]  [,4]  [,5]
[1,]   0    0    1    1    1
[2,]   0    1    0    1    1
[3,]   0    1    1    0    1
[4,]   0    1    1    1    0
[5,]   1    0    0    1    1
[6,]   1    0    1    0    1
[7,]   1    0    1    1    0
```

이 함수는 균형이 맞지 않더라도 6개의 균형 행과 원래 입력 벡터를 반환한다. 다음으로, 4개의 쌍을 갖는 쌍을 이루는 입력 벡터를 고려하자. 첫 번째 0과 첫 번째 1은 첫 번째 쌍이 된다. 쌍을 이루는 설정에서 값은 쌍 내에서만 뒤집힌다(flipped). 행의 수는 다음과 같다.

$$m = \frac{1}{2} \cdot 2^4 = 2^3 = 8.$$

```
> y <- c(rep(0,4), rep(1,4))
> y
[1] 0 0 0 0 1 1 1 1

> twilight.combi(y, pin=TRUE, bin=FALSE)
     [,1]  [,2]  [,3]  [,4]  [,5]  [,6]  [,7]  [,8]
[1,]   0    0    0    0    1    1    1    1
[2,]   0    0    0    1    1    1    1    0
[3,]   0    0    1    0    1    1    0    1
[4,]   0    1    0    0    1    0    1    1
[5,]   1    0    0    0    0    1    1    1
[6,]   0    0    1    1    1    1    0    0
[7,]   0    1    0    1    1    0    1    0
[8,]   0    1    1    0    1    0    0    1
```

위의 행렬에는 가능한 모든 순열($2^4 = 16$)의 절반만 포함되어 있다. 반대의 경우 1–twilight.combi(y, pin=TRUE, bin=FALSE)는 생략된다. 이렇게 하면 twilight.combi(y, pin=TRUE, bin=FALSE)와

동일한 절대 검정 점수가 생성되기 때문이다. 균형된 짝지어진 순열에도 동일한 개념이 적용된다. 따라서 두 쌍은 고정 상태로 유지되고, 두 쌍은 각 행에서 뒤집힌다. 균형된 행의 수는 다음과 같다.

$$m = \frac{1}{2} \cdot \binom{4}{2} = 3.$$

```
> twilight.combi(y, pin=TRUE, bin=TRUE)
     [,1] [,2] [,3] [,4] [,5] [,6] [,7] [,8]
[1,]    0    0    0    0    1    1    1    1
[2,]    0    0    1    1    1    1    0    0
[3,]    0    1    0    1    1    0    1    0
[4,]    0    1    1    0    1    0    0    1
```

다시 말하지만, 입력 벡터는 출력의 일부이다. twilight.combi()의 전체 열거는 표본크기에 의해 제한된다. 결과 행의 수가 10,000을 초과하면 함수는 NULL을 반환한다. NULL이 반환되면 twilight.pval() 함수는 무작위 순열 행렬을 반환하는 twilight.permute.unpair() 및 twilight.permute.pair() 함수를 사용한다. 예를 들어, 후자의 함수를 사용하여 쌍을 이루는 벡터 y의 7개의 균형 순열을 계산한다. twilight.combi()와 유사하게 이 두 함수는 출력 행렬의 첫 번째 행에 입력 벡터를 반환한다.

```
> twilight.permute.pair(y, 7, bal=TRUE)
     [,1] [,2] [,3] [,4] [,5] [,6] [,7] [,8]
[1,]    0    0    0    0    1    1    1    1
[2,]    0    1    1    0    1    0    0    1
[3,]    0    0    1    1    1    1    0    0
[4,]    0    0    1    1    1    1    0    0
[5,]    0    0    1    1    1    1    0    0
[6,]    0    1    1    0    1    0    0    1
[7,]    0    1    1    0    1    0    0    1
```

15.5* {siggenes} 패키지

Bioconductor에서 제공하는 {siggenes} 패키지는 차등적으로 발현된 유전자를 식별하고 FDR을 추정하는 두 가지 방법, 즉 Tusher 등(2001)이 제안한 SAM(Significance Analysis of Microarrays)과 Efron 등(2001)이 제안한 EBAM(Empirical Bayes Analysis of Microarrays) 방법을 제공한다.

SAM과 EBAM 방법은 sam()과 ebam() 함수를 통해 수행할 수 있다. 두 함수 모두에서 '차등적으로 발현되는 유전자에 대한 임곗값'을 delta라고 부르지만, 그 의미는 두 분석에서 완전히 다르다. SAM에서 delta는 '관찰된 검정 점수와 기대(순서화된) 검정 점수 간의 거리'인 반면, EBAM에서 delta는 '특정 검정 점수를 가진 유전자가 차등적으로 발현될 (사후)확률'을 의미한다.

[표 15.2]는 sam()과 ebam() 함수의 method= 옵션에 사용되는 검정 점수에 따른 지정을 나타낸다. 다양한 분석 방법에 대한 지정을 나타낸다.

[표 15.2] 다른 분석에 대한 method= 옵션의 지정

검정 점수	sam() 함수	ebam() 함수	find.a0() 함수
t	d.stat	z.ebam	z.find
F	d.stat	z.ebam	z.find
Wilcoxon (윌콕슨 검정통계량: 일표본, 이표본)	wilc.stat	wilc.ebam	–
χ^2 (피어슨 카이제곱 통계량)	chisq.stat	chisq.ebam	–
C (Cochran–Armitage 추세 검정통계량)	trend.stat	trend.ebam	–

find.a0() 함수의 경우 윌콕슨의 순위합 또는 카이제곱통계량이 사용되는 경우에는 퍼지계수가 필요하지 않으므로 불필요하며(–EBAM과 SAM 모두에서–), 조절된 t– 및 F–점수에 대한 함수에만 유용하다.

15.5.1 마이크로어레이의 유의성 분석(SAM)

예제 15.7

golub{multtest} 자료에 대해 sam() 함수를 적용하여 FDR을 추정한다.

```
> if (!requireNamespace("BiocManager", quietly = TRUE))
  install.packages("siggenes")
> BiocManager::install("siggenes")
> library(siggenes)

> data(golub)     # {multtest}에서 제공
> sam.out <- sam(golub, golub.cl, rand = 123, gene.names = golub.gnames[,3])
> sam.out
SAM Analysis for the Two-Class Unpaired Case Assuming Unequal Variances

   Delta    p0   False Called      FDR
1    0.1 0.512 2427.12   2738 0.453563
2    0.7 0.512  266.46   1225 0.111295
3    1.2 0.512   23.73    589 0.020614
4    1.8 0.512    0.98    205 0.002446
5    2.4 0.512    0.05     75 0.000341
6    3.0 0.512       0     12        0
7    3.5 0.512       0      5        0
8    4.1 0.512       0      2        0
9    4.7 0.512       0      2        0
10   5.2 0.512       0      2        0
```

(해석) Delta: 제시된 Δ 값에서 유전자의 수와 FDR이 계산됨. p0: 유전자가 차등적으로 발현되지 않을 추정된 사전 확률. False: 오탐지된 유전자의 수(FP의 기댓값이 아님). Called: 차등적으로 발현된 유전자의 수. FDR: (p0×False/Called)로 계산된 추정된 FDR. (유의) FP의 기댓값은 p0×False로 주어지며, False로 표시된 오탐지된 유전자의 수가 p0=1인 경우에만 FP의 기댓값과 같아짐.

```
> # 윌콕슨의 순위합 통계량 사용 시(조절된(moderated) t-통계량 대신)
> # sam.out2 <- sam(golub, golub.cl, method = wilc.stat, rand = 123)

> summary(sam.out)
SAM Analysis for the Two-Class Unpaired Case Assuming Unequal Variances

 s0 = 0.0584  (The 0 % quantile of the s values.)

 Number of permutations: 100

 MEAN number of falsely called variables is computed.

   Delta    p0   False Called      FDR cutlow cutup   j2   j1
```

```
1     0.1 0.512 2427.12    2738 0.453563 -0.165 0.244 1442 1756
2     0.7 0.512  266.46    1225 0.111295 -1.270 1.475  733 2560
3     1.2 0.512   23.73     589 0.020614 -2.141 2.340  365 2828
4     1.8 0.512    0.98     205 0.002446 -3.182 3.352  132 2979
5     2.4 0.512    0.05      75 0.000341 -4.182 4.259   43 3020
6     3.0 0.512       0      12        0 -5.577 5.337    4 3044
7     3.5 0.512       0       5        0   -Inf 5.971    0 3047
8     4.1 0.512       0       2        0   -Inf 7.965    0 3050
9     4.7 0.512       0       2        0   -Inf 7.965    0 3050
10    5.2 0.512       0       2        0   -Inf 7.965    0 3050
```

(해석) 이 표의 마지막 4열은 차등 발현되는 유전자의 상한과 하한 임곗값인 cutup(△)과 cutlow(△)의 값과 임곗값을 지정하는 (순서화된) 유전자 색인(index)(j2와 j1)을 나타낸다.

```
> print(sam.out, seq(1.5, 2.4, 0.1))
SAM Analysis for the Two-Class Unpaired Case Assuming Unequal Variances

   Delta    p0 False Called      FDR
1    1.5 0.512  4.97    354 0.007183
2    1.6 0.512  2.93    286 0.005242
3    1.7 0.512  1.90    257 0.003783
4    1.8 0.512  0.98    205 0.002446
5    1.9 0.512  0.63    182 0.001771
6    2.0 0.512  0.39    152 0.001313
7    2.1 0.512  0.22    127 0.000886
8    2.2 0.512  0.16    110 0.000744
9    2.3 0.512  0.08     98 0.000418
10   2.4 0.512  0.05     75 0.000341
```

(해석) sam()의 출력 결과는 Δ의 초깃값 집합에 대한 통계량 표가 제시되나, 관심 있는 Δ의 다른 값에 대한 결과를 제시한 것이다.

```
> plot(sam.out)
To obtain a SAM plot, delta has to be specified in plot(object,delta,...).
```

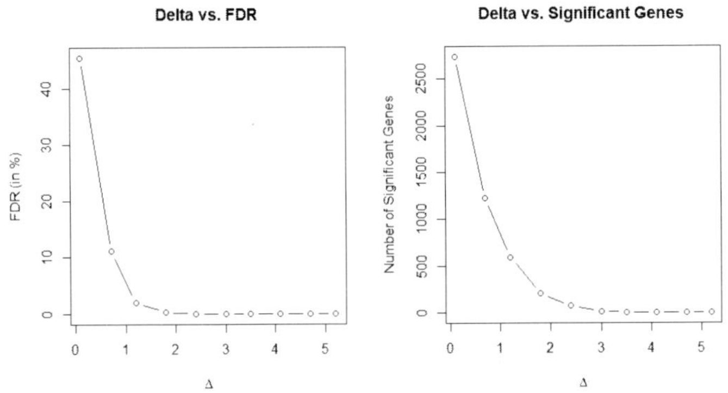

```
> plot(sam.out, 2.4)     # Delta=2.4에 대한 그림
> identify(sam.out)
          d.value stdev rawp q.value R.fold
M27891_at   8.165 0.296    0       0  7.423


          d.value stdev rawp q.value R.fold
X74262_at  -5.697 0.193    0       0   0.37
```

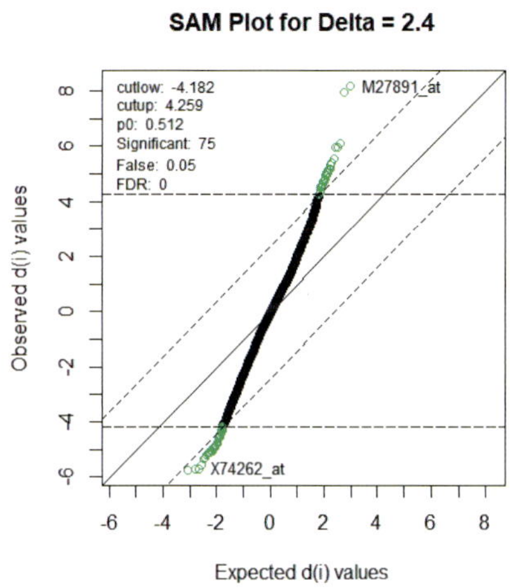

(해석) 특정 delta 값(delta=2.4)에 대한 SAM 플롯으로, delta가 숫자인 경우에만 제공된다. delta가 벡터 또는 NULL이면 print()에 의해 출력되는 표의 그래픽 표현이 제공된다. identify() 함수는 SAM 플롯의 클릭을 통해 유전자에 대한 정보를 얻을 수 있도록 지원한다. 여기서는 식별된 2개의 유전자 정보가 그림에 추가되어 있다. 위 그림에서 x축(expected d(i) values)은 검정통계량(d(i))의 귀무분포로부터 구해지며 이는 유전자 열의 모든 순열배치를 통해 구해진다.

```
> sum.sam.out <- summary(sam.out, 3.3)
> sum.sam.out
SAM Analysis for the Two-Class Unpaired Case Assuming Unequal Variances

s0 = 0.0584  (The 0 % quantile of the s values.)

 Number of permutations: 100

 MEAN number of falsely called variables is computed.

Delta: 3.3
cutlow: -Inf
cutup: 5.971
p0: 0.512
```

```
Identified Genes: 5
Falsely Called Genes: 0
FDR: 0


Identified Genes (using Delta = 3.3):

   Row d.value stdev rawp q.value R.fold        Name
1  829    8.17 0.296    0       0   7.42   M27891_at
2 2124    7.96 0.178    0       0   3.68   X95735_at
3 2600    6.10 0.191    0       0   2.87 L09209_s_at
4 2664    5.98 0.392    0       0   6.46 Y00787_s_at
5  766    5.97 0.173    0       0   2.61   M16038_at
```

(해석) △의 특정 값(△=3.3)을 사용하여 차등적으로 표현되는 유전자에 대한 유전자-특정적 정보를 나타낸다. 사용된 데이터 행렬에서 식별된 유전자의 행 번호(Row), 검정통계량 값(d.value) 및 표준오차, 즉 이 통계량의 분모 값(stdev), 조정되지 않은 p-값(rawp), q-값(q.value), 폴드변화(R.fold) 및 sam에서 gene.names로 지정된 식별된 유전자의 이름(Name)을 나타낸다.

```
> print(sum.sam.out, varNames = "Proteins")
SAM Analysis for the Two-Class Unpaired Case Assuming Unequal Variances

s0 = 0.0584  (The 0 % quantile of the s values.)

 Number of permutations: 100

 MEAN number of falsely called variables is computed.

Delta: 3.3
cutlow: -Inf
cutup: 5.971
p0: 0.512
Identified Proteins: 5
Falsely Called Proteins: 0
FDR: 0


Identified Proteins (using Delta = 3.3):

   Row d.value stdev rawp q.value R.fold        Name
1  829    8.17 0.296    0       0   7.42   M27891_at
2 2124    7.96 0.178    0       0   3.68   X95735_at
3 2600    6.10 0.191    0       0   2.87 L09209_s_at
4 2664    5.98 0.392    0       0   6.46 Y00787_s_at
5  766    5.97 0.173    0       0   2.61   M16038_at
```

(해석) summary 출력에서 Genes(디폴트)를 Proteins로 바꾸어줌(protein 자료가 분석에 사용된 경우). method=cat.stat인 경우에는 SNP로 출력됨.

```
> sum.sam.out@row.sig.genes  # 차등 발현된 유전자 명과 행 번호
  M16038_at   M27891_at   X95735_at L09209_s_at Y00787_s_at
        766         829        2124        2600        2664

> sum.sam.out@mat.fdr  # 유의한 유전자 집합에 대한 일반 정보
  Delta       p0 False Called FDR cutlow     cutup j2   j1
1   3.3 0.511658     0      5   0   -Inf 5.970848  0 3047

> sum.sam.out@mat.sig  # 유전자-특정적 정보
             Row  d.value     stdev rawp q.value   R.fold
M27891_at    829 8.165222 0.2958251    0       0 7.422684
X95735_at   2124 7.964784 0.1778697    0       0 3.684479
L09209_s_at 2600 6.102371 0.1911219    0       0 2.872660
Y00787_s_at 2664 5.975750 0.3918749    0       0 6.455137
M16038_at    766 5.970848 0.1731333    0       0 2.606597

> list.siggenes(sam.out, 3.3)  # 유의한 유전자의 이름만 출력(Δ=3.3 사용 시)
[1] "M27891_at"   "X95735_at"   "L09209_s_at" "Y00787_s_at"
[5] "M16038_at"

> # FDR 0.05 수준에서 통제되는 Δ값과 차등 발현된 유전자의 수
> findDelta(sam.out, fdr = 0.05)
The threshold seems to be at
     Delta Called      FDR
5 0.950385    872 0.050127
6 0.950386    871 0.049967
Warning message:
In findNumber(object, fdr, delta = delta, isSAM = isSAM, prec = prec,  :
  Since the FDR does not always decrease with increasing delta
the results of findDelta should be considered with caution.

> # 차등 발현된 200개의 유전자를 호출: 추정된 FDR 수준은 0.0022
> findDelta(sam.out, genes = 200)
     Delta Called    FDR
3 1.830469    200 0.0022
```

15.5.2 마이크로어레이의 경험적 베이즈 분석(EBAM)

Microarray의 경험적 베이즈 분석에서 조절된(moderated) $t-$ 또는 $F-$통계량과 같은 조절된 검정 점수를 사용해야 하는 경우, 표준화된 버전의 실제 EBAM 분석에 앞서 퍼지요인 a0의 최적

선택을 지정해야 한다(Efron 등, 2001). 이 표준화된 분석은 find.a0() 함수를 사용하여 수행할 수 있다. 참고로, a0는 f와 f_0를 가장 잘 분리해 주는(사후확률 기준에서 가장 많은 기각을 하는) 유전자에 대응하는 특정 값의 분위수 정보이다.

예제 15.8

golub{multtest} 자료에 대해 ebam() 함수를 적용하여 FDR을 추정한다.

```
> find.out <- find.a0(golub, golub.cl, rand = 123)
> find.out
EBAM Analysis for the Two-Class Unpaired Case Assuming Unequal Variances

Selection Criterion: Posterior >= 0.9

      a0 Quantile Number    FDR
1 0.0000        -    634 0.0309
2 0.0584        0    622 0.0310
3 0.1183      0.2    584 0.0321
4 0.1456      0.4    573 0.0327
5 0.1789      0.6    560 0.0332
6 0.2270      0.8    543 0.0342
7 0.6528        1    461 0.0391

Suggested Choice for a0: 0
```

(해석) 지정된(디폴트) a0에서 사후확률(delta)의 임곗값을 0.9로 할 때, 차등적으로 발현된 유전자의 수(Number)와 추정된 FDR 수준을 제시한다(유전자의 총 수는 3,051개임). find.a0() 함수는 퍼지요인 a0에 대한 값을 제안한다. 이 제안은 차등적으로 발현되는 유전자의 수에 기초한다(a0의 값은 차등적으로 발현되는 유전자의 수가 가장 많은 값으로 선택된다). 그러나 추정된 FDR과 a0의 다른 값에 대한 로짓 변환된 사후확률의 플롯을 고려해야 한다(아래 그림 참고).

```
> print(find.out, 0.95)     # 임곗값을 0.95로 지정
EBAM Analysis for the Two-Class Unpaired Case Assuming Unequal Variances

Selection Criterion: Posterior >= 0.95

      a0 Quantile Number    FDR
1 0.0000        -    466 0.0156
2 0.0584        0    457 0.0157
3 0.1183      0.2    423 0.0164
4 0.1456      0.4    411 0.0166
5 0.1789      0.6    398 0.0169
6 0.2270      0.8    381 0.0175
7 0.6528        1    300 0.0204
```

```
Suggested Choice for a0: 0

> plot(find.out)
Warning message:
Some of the logit posterior probabilites are Inf. These probabilities are not plotted.
```

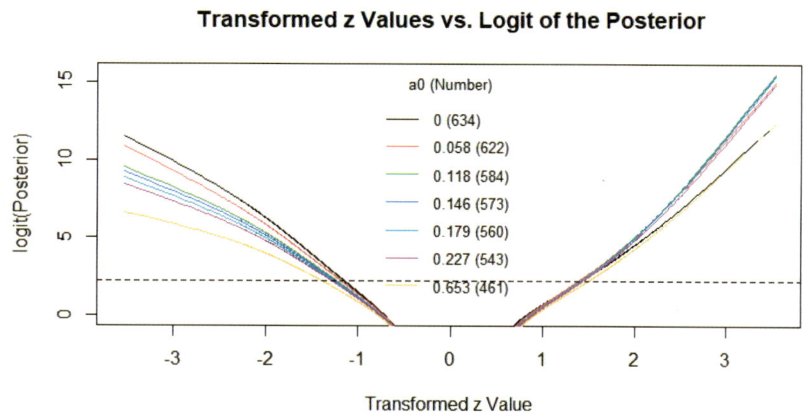

(해석) a0 값에 따른 '변환된 z 값'에 대한 '로짓 변환된 사후확률 값'을 나타낸다. 점선은 사후확률이 0.9(디폴트)인 경우에 해당한다.

a0에 대한 최적의 선택을 결정한 후, find.a0()가 제안한 값을 사용하여 실제 EBAM 분석을 수행할 수 있다.

```
> ebam(find.out)
EBAM Analysis for the Two-Class Unpaired Case Assuming Unequal Variances

Fudge Factor:  a0 = 0

  Delta Number    FDR
1   0.9    576 0.0295

> # a0의 다른 값 사용: 유전자의 표준편차의 0% 분위수(최솟값) 사용
> ebam(find.out, which.a0 = 2)     # 두 번째 값 지정
EBAM Analysis for the Two-Class Unpaired Case Assuming Unequal Variances

Fudge Factor:  a0 = 0.0584

  Delta Number   FDR
1   0.9    700 0.032

> # fast=TRUE 사용
> ebam(golub, golub.cl, a0 = 0, fast = TRUE, rand = 123)
```

```
EBAM Analysis for the Two-Class Unpaired Case Assuming Unequal Variances

Fudge Factor:  a0 = 0

  Delta Number    FDR
1   0.9    576 0.0295
```

(해석) ebam() 함수로 'find.a0() → ebam()의 2단계 절차'와 동일한 결과를 얻기 위해서는 fast=TRUE 옵션을 지정해야 한다. 그 이유는 find.a0() 함수가 FP 수의 추정에 빠르고(fast), 대략적(crude) 방법을 사용하기 때문이다. 위의 결과는 ebam(find.out)과 동일하다. 그 이유는 퍼지요인에 대한 최적 선택으로 find.out에서 a0=0을 제안하기 때문이다.

```
> # fast=FALSE(디폴트) 사용: Falsely called(FP) 유전자의 정확한 평균수가 사용됨
> (ebam.out <- ebam(golub, golub.cl, a0 = 0, rand = 123))
EBAM Analysis for the Two-Class Unpaired Case Assuming Unequal Variances

Fudge Factor:  a0 = 0

  Delta Number    FDR
1   0.9    702 0.0303
```

(해석) Falsely called(FP) 유전자의 정확한 평균수와 find.a0() 분석에서 확인된 퍼지요인을 적용한 EBAM 분석 결과이다.

```
> print(ebam.out, seq(0.91, 0.99, 0.01))     # 다른 delta 값 지정: 디폴트는 delta=0.9
EBAM Analysis for the Two-Class Unpaired Case Assuming Unequal Variances

Fudge Factor:  a0 = 0

  Delta Number    FDR
1  0.91    673 0.0268
2  0.92    644 0.0239
3  0.93    610 0.0211
4  0.94    569 0.0188
5  0.95    531 0.0157
6  0.96    483 0.0126
7  0.97    430 0.0095
8  0.98    361 0.0066
9  0.99    251 0.0038
```

(해석) 디폴트로, 차등 발현된 유전자 수와 추정된 FDR은 delta=0.9에서 계산된다. delta의 다른 값에서 이들 통계량을 구한 것이다.

```
> plot(ebam.out, 0.9)     # 사후확률 그림
```

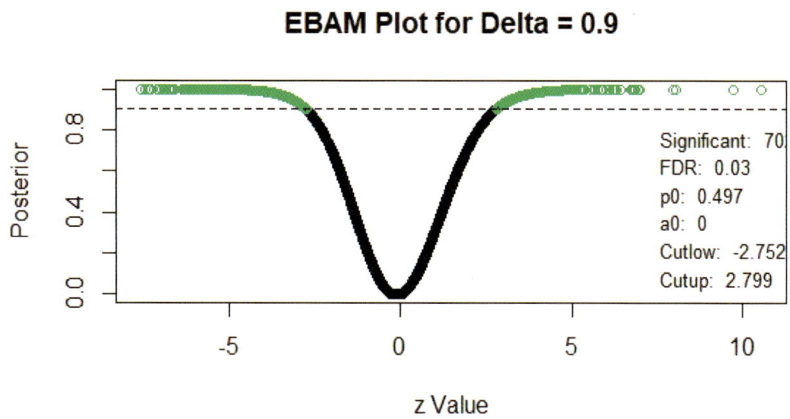

(해석) delta=0.9를 (차등 발현에 대한) 임곗값으로 사용한 실제 EBAM 분석의 사후확률 그림이다.

```
> # 특정 Δ(delta=0.99997)에서의 유전자-특정적 정보
> summary(ebam.out, 0.99997)
EBAM Analysis for the Two-Class Unpaired Case Assuming Unequal Variances

Delta: 0.99997
a0: 0
p0: 0.4974
Cutlow: -Inf
Cutup: 9.7758
Identified Genes: 2
Estimated FDR: 0


Identified Genes (posterior >= 0.99997):

   Row z.value posterior local.fdr
1 2124  10.578         1 3.718e-06
2  829   9.776         1 9.356e-06
```

(해석) 데이터 행렬에서 식별된 유전자의 행 번호(Row), 검정통계량 값(z.value), 사후확률(posterior) 및 LFDR의 ad hoc 추정치(local.fdr)이다. find.a0()를 사용하여 최적의 a0를 식별하고 이 값을 사용하여 조절된 t-통계량을 계산하는 대신 find.a0()에서 a0=0을 설정하여 일반 t-통계량을 사용할 수도 있다(이 분석(ebam.out)에서는 이미 a0=0이 사용되었음).

```
> # 동일한 그룹 분산을 가정하는 조절된 t-통계량 사용
> ebam(golub, golub.cl, a0 = 0, var.equal = TRUE, rand = 123)
EBAM Analysis for the Two-Class Unpaired Case Assuming Equal Variances

Fudge Factor:  a0 = 0
```

```
  Delta Number    FDR
1   0.9    699 0.0297

> # 유전자의 표준편차의 50% 분위수(중앙값)를 a0로 사용
> ebam(golub, golub.cl, quan.a0 = 0.5, rand = 123)
EBAM Analysis for the Two-Class Unpaired Case Assuming Unequal Variances

Fudge Factor:  a0 = 0.1612

  Delta Number    FDR
1   0.9    647 0.0303
```

(해석) 퍼지요인의 최적값을 찾는 대신 합리적인 값으로 유전자의 표준편차의 50% 분위수(중앙값)를 사용한 결과이다.

```
> # 윌콕슨의 순위합 검정통계량 사용(조절된 t-통계량 대신)
> ebam(golub, golub.cl, method = wilc.ebam, rand =123)
EBAM Analysis for the Two-Class Unpaired Case Using Wilcoxon Rank Sums

  Delta Number    FDR
1   0.9    736 0.0273
```

[참고 문헌]

- Golub, T. R., et al. (1999). Molecular classification of cancer: class discovery and class prediction by gene expression monitoring, Science, 286, 531-537.
- Scheid, S. and Spang, R. (2004). A stochastic downhill search algorithm for estimating the local false discovery rate, IEEE/ACM Trans. Comp. Biol. Bioinf., 198-108.
- Scheid, S. and Spang, R. (2006). Permutation filtering: a novel concept for significance analysis of large–scale genomic data, In: Apostolico, A., Guerra, C., Istrail, S., Pevzner, P., and Waterman, M.(Eds.): Research in Computational Molecular Biology: 10th Annual International Conference, Proceedings of RECOMB 2006, Venice, Italy, April 2–5, 2006. Lecture Notes in Computer Science, Vol. 3909, Springer, Heidelberg, 338–347.
- Storey, J. D. and Tibshiriani, R. (2003). Statistical significance for genomewide studies, Proceedings of the National Academy of Sciences of the United States of America, 100, 9440–9445.
- Tusher, V. G., Tibshirani, R. and Chu, G. (2001). Significance analysis of microarrays applied to the ionizing radiation response, Proceedings of the National Academy of Sciences of the United States of America, 98, 5116-5121.
- 각 패키지들의 vignettes.

16장* 재표본-기반 다중검정

16.1 서론

많은 상황에서 검정통계량의 결합(과 심지어는 주변)분포는 알려져 있지 않다. 재표본(resampling) 방법(예: 붓스트랩, 순열)은 검정통계량의 결합분포에 대한 모수적 가정 없이 비조정된(unadjusted) 및 조정된(adjusted) p-값을 추정하는 데 사용할 수 있다. 여기서 변수 X_j와 반응변수 또는 공변량 Y 사이에 연관성이 없다는 귀무가설 $H_j(j=1,\cdots,m)$를 고려한다. 마이크로어레이 설정 및 이러한 유형의 귀무가설에 대해 완전(complete) 귀무가설하에서 검정통계량 $(T_1,\cdots,T_m)$의 결합분포는 유전자 발현 데이터 행렬 X의 열을 순열배치하여 추정할 수 있다([Box 1] 참조). 이 행렬의 전체 열을 순열배치하면 반응 또는 공변량 Y가 유전자 발현 측정과 독립적인 상황이 생성되는 동시에 유전자 발현 측정의 상관 구조 및 분포 특성을 보존하려고 시도한다. 표본크기 n에 따라 가능한 모든 순열을 고려하는 것이 불가능할 수 있다; 큰 n에 대해 B개 순열의 무작위 부분집합(관측된 자료 포함)이 고려될 수 있다. 반응변수/공변량이 순열배치되는 방식은 실험설계를 반영해야 한다. 예를 들어, 2-요인설계의 경우 하나는 다른 요인의 수준 내에서 관심 요인의 수준을 변경해야 한다.

이 장에서 고려되는 귀무가설의 유형에는 순열이 적합하지만, 특정 다른 유형의 가설에는 순열 절차가 권장되지 않는다. 예를 들어, 이진 변수 $Y\in\{1,2\}$의 간단한 경우를 고려하고 귀무가설 H_j는 $Y=1$일 때 X_j의 조건부 분포와 $Y=2$일 때 X_j의 조건부 분포가 평균은 같지만 분산은 다를 수 있다고 가정한다. 순열 귀무분포는 두 그룹에서 동일한 분포를 적용하며 이는 단순히 동일한 평균보다 분명히 더 강력하다. 그 결과, 귀무가설 H_j는 평균의 차이가 아닌 다른 이유로 기각될 수 있다(예: 장애 모수의 차이). 붓스트랩 재표본은 원시자료에 있는 공분산 구조를 유지하므로 이러한 유형의 가설에 더 적합하다. 다중검정에서 재표본 기반 방법에 대해서는 Pollard와 van der Laan(2003)을 참고하기 바란다.

[Box 1] 비조정된(unadjusted) p-값을 구하는 순열 알고리즘

b-번째 순열에 대해 $b=1,\cdots,B$:

1. 데이터 행렬 X의 n개열을 순열배치한다.
2. 각 가설(즉, 유전자)에 대한 검정통계량 $t_{1,b},\cdots,t_{m,b}$를 계산한다.

가설 $H_j, j=1,\cdots,m$에 대한 검정통계량 T_j의 순열 분포는 $t_{j,1},\cdots,t_{j,B}$의 경험분포로 주어진다. 양측 대립 가설의 경우 가설 H_j에 대한 순열 p-값은

$$p_j^* = \frac{\sum_{b=1}^{B} I(|t_{j,b}| \geq |t_j|)}{B}$$

이다. 여기서 $I(\cdot)$은 지시 함수로 괄호 내의 조건이 참이면 1, 아니면 0이다.

Bonferroni, Šidák, Holm 및 Hochberg 절차에 의한 순열 조정된 p-값은 각 절차에서 p_j를 p_j^*([Box 1] 참조)로 대체하여 얻을 수 있다. 순열 비조정된 p-값은 FDR 통제 절차에도 사용할 수 있다.

Westfall과 Young(1993)의 하향식 maxT 조정된 p-값([Box 2] 참조)의 경우 검정통계량의 연이은 최대 $\max_{l \in \{r_j,\cdots,r_m\}} |T_l|$의 완전 귀무분포의 추정이 필요하다(단일-단계 절차는 더 간단하며, 이때는 최대 $\max_{1 \leq l \leq m} |T_l|$의 분포만 있으면 된다).

[Box 2] 하향식 maxT 조정된 p-값을 구하는 순열 알고리즘
(Westfall & Young(1993)의 알고리즘 2.8과 4.1 기반)

b-번째 순열에 대해 $b=1,\cdots,B$:

1. 데이터 행렬 X의 n개 열을 순열배치한다.
2. 각 가설(즉, 유전자)에 대한 검정통계량 $t_{1,b},\cdots,t_{m,b}$를 계산한다.
3. 다음으로, 검정통계량의 연속 최댓값을 계산한다.

$$u_{m,b}=|t_{r_m,b}|,$$
$$u_{j,b}=\max(u_{j+1,b},\ |t_{r_j,b}|)\ \text{for}\ j=m-1,\cdots,1.$$

여기서 r_j는 원시자료에 대해 $|t_{r_1}|\geq|t_{r_2}|\geq\cdots\geq|t_{r_m}|$이다.

순열 조정된 p-값은

$$\tilde{p}^*_{r_j}=\frac{\sum_{b=1}^{B}I(u_{j,b}\geq|t_{r_j}|)}{B}$$

이며, 아래의 설정에 의해 단조성 제약을 가진다.

$$\tilde{p}^*_{r_1}\leftarrow\tilde{p}^*_{r_1},\quad \tilde{p}^*_{r_j}\leftarrow\max(\tilde{p}^*_{r_j},\ \tilde{p}^*_{r_{j-1}})\ \text{for}\ j=2,\cdots,m.$$

[그림 16.1]은 Westfall과 Young(1993)의 순열 알고리즘의 적용 예를 보여준다.

유전자	$\|t\|$	
1	0.1	t_{r_m}
4	0.2	$t_{r_{m-1}}$
5	2.8	⋮
2	3.4	t_{r_2}
3	7.1	t_{r_1}

관측 값 정렬(오름차순)

유전자	$\|t_b\|$	u_b	$I(u_b>\|t\|)$
1	1.3	1.3	1
4	0.8	1.3	1
5	3.0	3.0	1
2	2.1	3.0	0
3	1.8	3.0	0

B=1,000 순열배치

$\sum$	$\tilde{p}^*=\sum/B$
935	0.935
876	0.876
138	0.138
145	0.145
48	0.048

순열 조정된 p-값

[그림 16.1] Westfall과 Young(1993)의 순열 알고리즘(예시)

minP 조정된 p-값을 추정하기 위한 빠른 순열 알고리즘(fast permutation algorithm)에 관심 있는 독자는 Ge, Dudoit와 Speed(2003)를 참고하기 바란다.

마지막으로, 재표본에 기초한 FDR 조정에 대해서는 Yekutieli와 Benjamini(1999), Reiner 등(2003)을 참고하기 바란다.

16.2 R 예제 - {multtest} 패키지 이용

R 패키지 {multtest}는 붓스트랩 및 순열 재표본-기반의 다중검정을 제공한다. 오류 통제 방법으로 FWER, gFWER, TPPFP 및 FDR을 지정할 수 있다. 다양한 붓스트랩-기반의 영(null) 가설 분포가 구현되며(중심화된, 표준화된, 분위수-변환된), 단일-단계(single-step) 및 단계적(step-wise) 방법을 사용할 수 있다. 다양한 t- 및 F-통계량에 기초한 검정(상관 모수 뿐 아니라 선형 및 생존모형의 회귀 모수에 기초한 t-통계량을 포함)이 포함된다. t-통계량으로 가설을 조사할 때 사용자는 잠재적으로 더 빠른 귀무분포로 평균 0 및 벡터 영향함수에서 파생된 분산-공분산 행렬을 가지는 다변량 정규분포를 선택할 수도 있다. 결과는 조정된 p-값, 신뢰 영역 및 검정통계량의 임곗값 측면에서 보고된다. 이 절차는 DNA 마이크로어레이 실험에서 차등적으로 발현된 유전자를 식별하는 데 직접 적용할 수 있다.

예제 16.1

golub{multtest} 자료를 사용하여 {multtest} 패키지를 이용한 다중비교를 수행한다. 이 자료는 Golub 등(1999)의 백혈병 ALL/AML 연구의 유전자 발현(gene expression) 자료이다. 이 자료는 2개 그룹(ALL/AML)으로 나누어지는 38개 열(ALL 그룹: 27개, AML 그룹: 11개)과 3,051개의 유전자(행)로 구성되었다. 3,051개 유전자 명은 golub.gnames에, 두 그룹을 구분하는 열의 클래스는 golub.cl에 따로 저장되어 있다. 참고로, ALL은 급성 림프구성 백혈병을, AML은 급성 골수성 백혈병이다.

(1) {multtest} 패키지 설치

```
> if (!requireNamespace("BiocManager", quietly = TRUE))
    install.packages("BiocManager")
> BiocManager::install("multtest")
> library(multtest)
```

(해석) {multtest} 패키지는 Bioconductor[19]에서 제공한다. Bioconductor에서 제공하는 패키지를 설치하려면 위의 과정이 필요하다.

19) Bioconductor(http://bioconductor.org)는 유전자 데이터의 분석에 필요한 다양한 패키지(1,500개 이상)와 데이터를 제공한다.

(2) 분석 자료: golub(3,051*38), golub.gnames(3,051*3), golub.cl(38=27+11)

```
> data(golub)
> str(golub)
 num [1:3051, 1:38] -1.458 -0.752 0.457 3.135 2.766 ...
 - attr(*, "dimnames")=List of 2
  ..$ : NULL
  ..$ : NULL
> str(golub.gnames)
 chr [1:3051, 1:3] "36" "37" "38" "39" "40" "41" "42" "43" "45" "46" "48" "49" ...
> golub.gnames[1:4, ]
     [,1] [,2]
[1,] "36" "AFFX-HUMISGF3A/M97935_MA_at (endogenous control)"
[2,] "37" "AFFX-HUMISGF3A/M97935_MB_at (endogenous control)"
[3,] "38" "AFFX-HUMISGF3A/M97935_3_at (endogenous control)"
[4,] "39" "AFFX-HUMRGE/M10098_5_at (endogenous control)"
     [,3]
[1,] "AFFX-HUMISGF3A/M97935_MA_at"
[2,] "AFFX-HUMISGF3A/M97935_MB_at"
[3,] "AFFX-HUMISGF3A/M97935_3_at"
[4,] "AFFX-HUMRGE/M10098_5_at"
> golub.cl
 [1] 0 0 0 0 0 0 0 0 0 0 0 0 0 0 0 0 0 0 0 0 0 0 0 0 0 0 0 1 1 1 1 1 1 1 1 1 1 1
```

(3) 유전자별 검정통계량

```
> teststat <- mt.teststat(golub, golub.cl)
> str(teststat)
 num [1:3051] 1.759 0.91 -0.098 -0.339 -1.37 ...
> parts <- mt.teststat.num.denum(golub, golub.cl)
> names(parts)
[1] "teststat.num"   "teststat.denum"
> head(parts$teststat.num)
[1]  0.49226310  0.21787189 -0.01993869 -0.16946771 -0.72659579 -0.62997545
> head(parts$teststat.denum)
[1] 0.2798229 0.2394571 0.2034022 0.4999595 0.5302981 0.4979837
> teststatNew <- parts$teststat.num/parts$teststat.denum
> plt <- ggplot(data.frame(teststat, teststatNew), aes(x = teststat, y = teststatNew)) +
      geom_line() + geom_abline(colour = "red", linetype = "dotted", size = 2) +
      theme_bw()
> plt
```

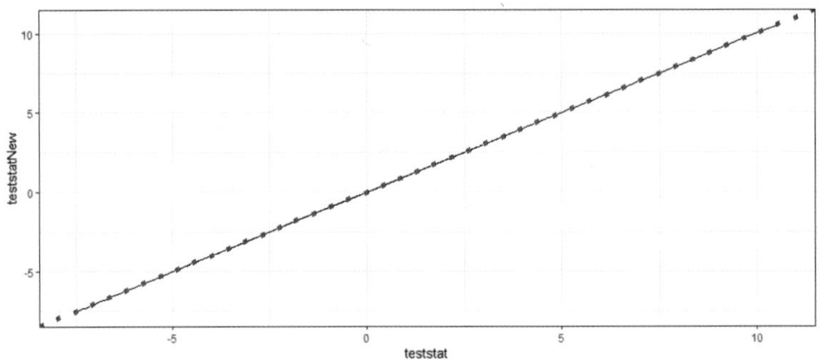

(해석) 모든 유전자별로 두 그룹(ALL/AML) 간의 차이를 검정하기 위한 검정통계량을 계산한 결과이다. mt.teststat() 함수는 데이터프레임의 각 행에 대해 검정통계량(예; 이표본의 Welch t-검정통계량, 윌콕슨 통계량, F-통계량, 대응비교 t-통계량, 블록 F-통계량 등)을 계산해 준다. test= 옵션("t"(디폴트): Welch t-검정통계량)을 이용하면 다양한 검정(모수적, 비모수적) 방법을 지정할 수 있다. 또한, nonpara="n"(디폴트)은 원시자료가 분석에 사용되며, "y"는 순위 자료에 기초한 비모수 검정통계량이 계산된다. mt.teststat.num.denum() 함수는 검정통계량의 분자와 분모를 따로 제공한다.

(4) 유전자별 p-값과 조정된 p-값

```
> rawp <- 2 * (1 - pnorm(abs(teststat)))
> procedures <- c("Bonferroni", "Holm", "Hochberg", "SidakSS", "SidakSD", "BH",
                  "BY")
> adjusted <- mt.rawp2adjp(rawp, procedures)
> round(adjusted$adjp[1:10, ], 5)
      rawp Bonferroni Holm Hochberg SidakSS SidakSD BH BY
 [1,]    0          0    0        0       0       0  0  0
 [2,]    0          0    0        0       0       0  0  0
 [3,]    0          0    0        0       0       0  0  0
 [4,]    0          0    0        0       0       0  0  0
 [5,]    0          0    0        0       0       0  0  0
 [6,]    0          0    0        0       0       0  0  0
 [7,]    0          0    0        0       0       0  0  0
 [8,]    0          0    0        0       0       0  0  0
 [9,]    0          0    0        0       0       0  0  0
[10,]    0          0    0        0       0       0  0  0

> round(adjusted$adj[order(adjusted$index)[1:10], ], 5)
        rawp Bonferroni Holm Hochberg SidakSS SidakSD      BH BY
 [1,] 0.07854          1    1  0.99984       1       1 0.18196  1
 [2,] 0.36290          1    1  0.99984       1       1 0.53546  1
 [3,] 0.92191          1    1  0.99984       1       1 0.95900  1
 [4,] 0.73464          1    1  0.99984       1       1 0.83853  1
 [5,] 0.17064          1    1  0.99984       1       1 0.31880  1
 [6,] 0.20585          1    1  0.99984       1       1 0.36178  1
```

```
[7,] 0.47020     1    1 0.99984     1         1 0.63787  1
[8,] 0.59365     1    1 0.99984     1         1 0.73747  1
[9,] 0.98667     1    1 0.99984     1         1 0.99318  1
[10,] 0.89268    1    1 0.99984     1         1 0.94287  1
```

(해석) mt.rawp2adjp() 함수는 원시(비조정된) p-값으로 조정된 p-값을 계산해 준다. 이 함수는 FWER을 통제하기 위한 절차(Bonferroni, Holm(1979), Hochberg(1988), Sidak)와 FDR 통제를 위한 절차(Benjamini와 Hochberg(1995), Benjamini와 Yekutieli(2001))를 포함한다. 원시 p-값으로 정규분포를 이용한 양측검정의 결과가 사용되었다.

(5) 순열 방법(maxT)

① mt.maxT(), mt.minP() 함수: 하향식 maxT와 minP 다중검정 절차를 수행

```
> resT <- mt.maxT(golub, golub.cl, B = 10000)
b=100 b=200    b=300    b=400    ......   b=9900   b=10000
> head(resT)
     index  teststat  rawp  adjp
2124  2124 10.577748 1e-04 1e-04
829    829  9.775847 1e-04 1e-04
896    896  8.032939 1e-04 1e-04
766    766  7.983260 1e-04 1e-04
2600  2600  7.965528 1e-04 1e-04
2939  2939 -7.548348 1e-04 5e-04
```

(해석) mt.maxT() 함수는 Westfall과 Young(1993)의 하향식 다중검정에 대한 순열 방법으로 조정된 p-값을 제공한다. 이 방법은 FWER을 강력하게 통제하고 검정통계량 간의 결합 종속구조를 반영(incorporate)한다. 따라서 일반적으로 표준 Bonferroni 절차보다 덜 보수적이다. 위의 결과에서 p-값은 검정통계량의 절댓값의 내림차순으로 정렬된 것이다(첫 번째 p-값은 2,124-번째 유전자에 대한 결과임).

```
> # 검정통계량의 순열 분포와 원시 p-값
> perms <- as.numeric(mt.sample.teststat(golub[1, ], golub.cl, B = 10000))
> plt <- ggplot(data.frame(perms), aes(x = perms)) +
       geom_histogram(bins=30, fill="blue")
> plt
```

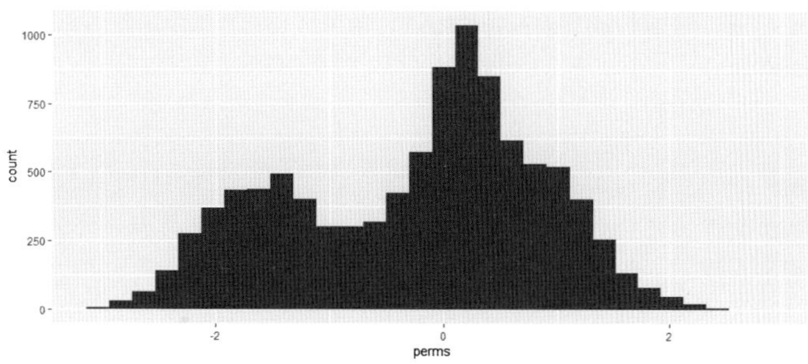

```
> # 유전자 1(gene 1)에 대한 순열검정
> resT <- mt.maxT(matrix(golub[1, ], nrow = 1), golub.cl, B = 10000)
b=100 b=200    b=300    b=400    ......    b=9900    b=10000
> resT$rawp
[1] 0.1385
```

(해석) 1번 유전자(golub[1,])에 대한 10,000개의 순열 검정통계량과 분포를 보여준다. mt.sample.teststat()와 mt.sample.rawp() 함수는 검정통계량과 원시 p-값의 순열 분포를 제공한다.

② mt.reject() 함수: 다중검정에서 기각된 가설의 수와 개체(identity)

```
> # 모든 유전자에 대한 순열검정(p-값)
> resT <- mt.maxT(golub, golub.cl, B = 10000)
b=100 b=200    b=300    b=400    ......    b=9900    b=10000
> ord <- order(resT$index)    # 1번, 2번, 3번, ... 유전자의 위치(몇 번째 행)
> rawp <- resT$rawp[ord]
> maxT <- resT$adjp[ord]
> teststat <- resT$teststat[ord]
> mt.reject(cbind(rawp, maxT), seq(0, 1, 0.1))$r
    rawp maxT
0      0    0
0.1 1324  119
0.2 1661  150
0.3 1900  178
0.4 2090  202
0.5 2263  237
0.6 2441  265
0.7 2611  311
0.8 2755  354
0.9 2893  409
1   3051 3051
```

(해석) 다양한 제1종 오류(alpha=0,0.1,0.2,...,1)에 대해 미조정된 p-값과 maxT 조정된 p-값을 사용하여 기각된 가설의 수를 보여준다.

```
> # 개체 확인
> which <- mt.reject(cbind(rawp, maxT), 0.01)
> names(which)
[1] "r"     "which"

> which$r
     rawp maxT
0.01  815   39

> str(which$which)
```

```
 logi [1:3051, 1:2] FALSE FALSE FALSE FALSE FALSE FALSE ...
 - attr(*, "dimnames")=List of 2
  ..$ : NULL
  ..$ : chr [1:2] "rawp" "maxT"

> head(which$which)
     rawp  maxT
[1,] FALSE FALSE
[2,] FALSE FALSE
[3,] FALSE FALSE
[4,] FALSE FALSE
[5,] FALSE FALSE
[6,] FALSE FALSE

> which <- mt.reject(cbind(rawp, maxT), 0.01)$which[, 2]
> golub.gnames[which, 2]
 [1] "CYSTATIN A"
 [2] "Macmarcks"
 [3] "SPTAN1 Spectrin, alpha, non-erythrocytic 1 (alpha-fodrin)"
 [4] "IEF SSP 9502 mRNA"
 [5] "INDUCED MYELOID LEUKEMIA CELL DIFFERENTIATION PROTEIN MCL1"
......
[38] "TCF3 Transcription factor 3 (E2A immunoglobulin enhancer binding factors
E12/E47)"
[39] "Transcriptional activator hSNF2b"
```

③ mt.plot() 함수: 다중검정 결과의 시각화

```
> res <- mt.rawp2adjp(rawp, c("Bonferroni", "BH", "BY"))
> adjp <- res$adjp[order(res$index), ]
> allp <- cbind(adjp, maxT)
> dimnames(allp)[[2]] <- c(dimnames(adjp)[[2]], "maxT")
> procs <- dimnames(allp)[[2]]
> procs
[1] "rawp"       "Bonferroni" "BH"         "BY"         "maxT"
> procs <- procs[c(1, 2, 5, 3, 4)]
> procs
[1] "rawp"       "Bonferroni" "maxT"       "BH"         "BY"
> head(allp[, procs])
       rawp Bonferroni maxT        BH BY
[1,] 0.1385          1    1 0.2894271  1
[2,] 0.3915          1    1 0.5742627  1
[3,] 0.9236          1    1 0.9622465  1
[4,] 0.7378          1    1 0.8452977  1
[5,] 0.1799          1    1 0.3452043  1
[6,] 0.2182          1    1 0.3877275  1
```

```
> str(teststat)
 num [1:3051] 10.58 9.78 8.03 7.98 7.97 ...

> # 색상과 선 종류 지정
> cols <- c(1, 2, 3, 5, 6)
> ltypes <- c(1, 2, 2, 3, 3)
> par(mfrow=c(1,2))
> mt.plot(allp[, procs], teststat, plottype = "pvst", proc = procs,
          leg = c(7.5, 0.9), pch = ltypes, col = cols)
> mt.plot(allp[, procs], teststat, plottype = "pvst", logscale = TRUE, proc = procs,
          leg = c(7.5, 4), pch = ltypes, col = cols)
```

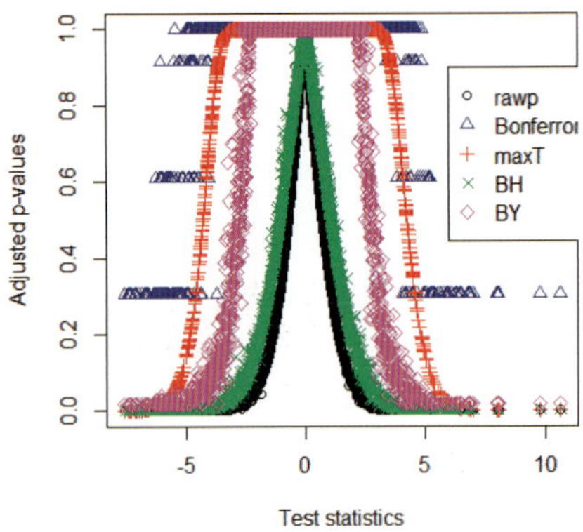

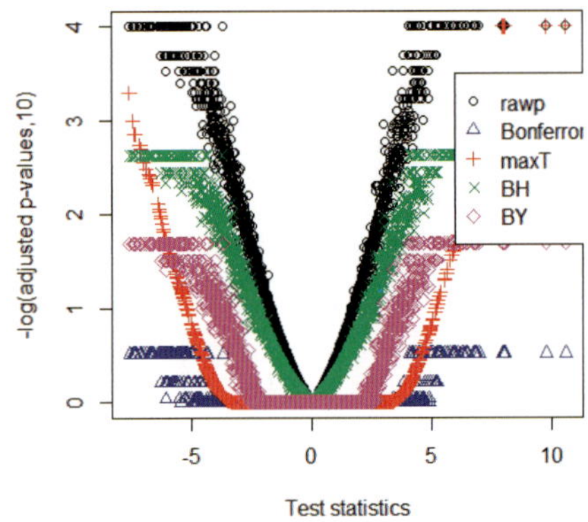

(해석) mt.plot() 함수는 다중검정 절차와 조정된 p-값에 대한 여러 가지 그래픽 요약을 제공한다 (plottype= 옵션 이용). 위 그림은 검정통계량에 따른 조정된 p-값을 나타낸다.

```
> par(mfrow=c(2,2))
> mt.plot(allp[, procs], teststat, plottype = "rvsa", proc = procs,
          leg = c(0.0, 3000), lty = ltypes, col = cols)
> mt.plot(allp[, procs], teststat, plottype = "pvsr", proc = procs,
          leg = c(2500, 0.45), lty = ltypes, col = cols)
> mt.plot(allp[, procs], teststat, plottype = "pvsi", proc = procs,
          leg = c(0.0, 0.95), pch = ltypes, col = cols)
> mt.plot(allp[, procs], teststat, plottype = "pvsi", logscale = TRUE,
         proc = procs, leg = c(0.0, 3.95), pch = ltypes, col = cols)
```

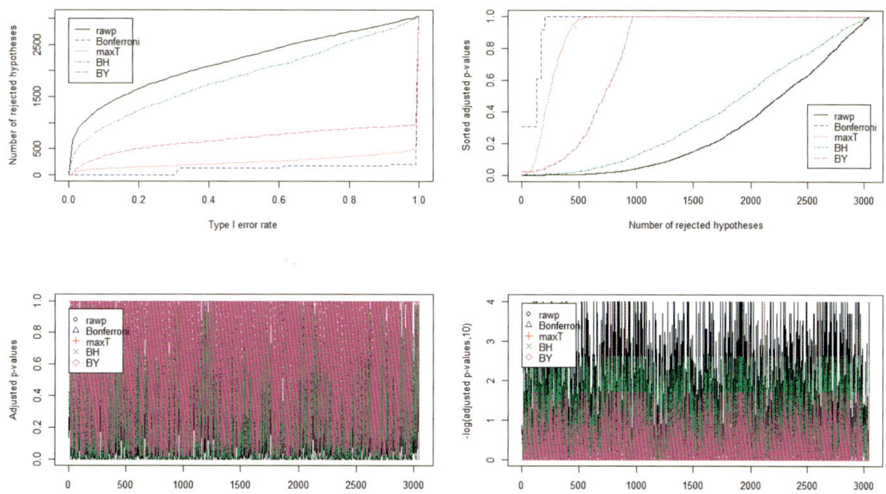

참고

처음 100개 유전자(총 3051개 중) 자료만을 사용하여 maxT 조정된 p-값을 구한 결과는 다음 그림과 같다. 비교를 위해 보다 다양한 p-값 조정 절차를 사용하였다("Bonferroni", "Holm", "Hochberg", "SidakSS", "SidakSD", "BH", "BY").

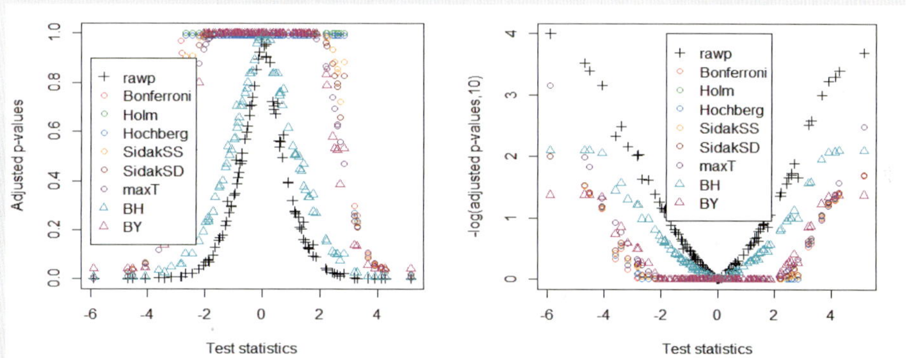

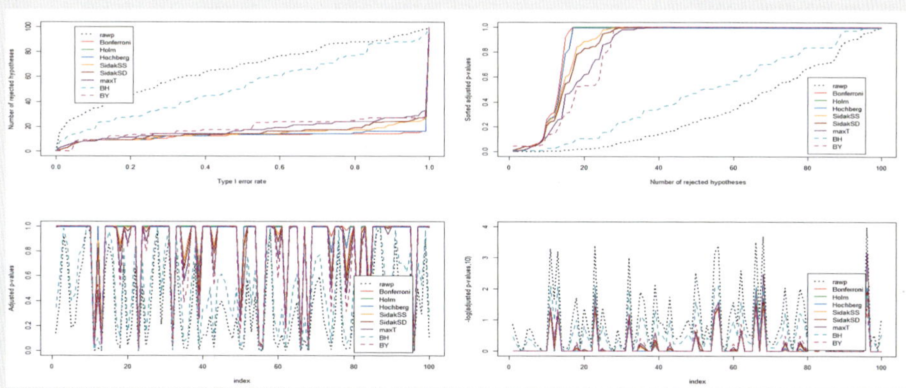

mt.plot() 함수의 기본 용법과 주요 옵션은 다음과 같다.

```
mt.plot(adjp, teststat, plottype="rvsa", logscale=FALSE,
       alpha=seq(0, 1, length = 100), proc, leg=c(0, 0), ...)
```

- adjp: 조정된 p-값의 행렬로, 행은 가설(유전자)에 열은 다중검정 절차임. 이 행렬은 mt.maxT(), mt.minP() 또는 mt.rawp2adjp() 함수로부터 얻을 수 있음
- teststat: 각 가설에 대한 검정통계량 벡터. 이 벡터는 mt.teststat(), mt.maxT() 또는 mt.minP() 함수에서 얻을 수 있음
- plottype= 여러 검정 절차의 결과에 대한 그래픽 요약 유형을 지정하는 문자열.
  - plottype="rvsa"(디폴트)는 기각된 가설의 수가 proc에 제공된 각 절차에 대한 명목상의 제1종 오류율에 대해 표시됨
  - plottype="pvsr"는 순서화된 조정된 p-값이 proc에 제공된 각 절차에 대해 표시됨. 이것은 기각된 가설의 수에 대한 제1종 오류율의 도표로 볼 수 있음
  - plottype="pvst"은 조정된 p-값은 proc에 제공된 각 절차에 대한 검정통계량에 대해 표시됨
  - plottype="pvsi"은 원(original) 데이터 순서를 사용하여 proc에 제공된 각 절차에 대해 조정된 p-값이 표시됨
- alpha= rvsa 그림에 대한 명목 제1종 오류율의 벡터
- proc= 범례에 사용할 여러 검정 절차의 이름을 포함하는 문자열 벡터
- leg= 범례(legend)에 대한 좌표 벡터

재표본 기반 다중검정의 주요 사용자-수준 함수인 MTP() 함수를 소개한다. 이 함수의 기본 설정은 거짓양성의 확률로 정의되는 FWER을 통제한다. V_n이 (관찰되지 않은) 거짓양성(FP)의 수를 나타낸다고 하자. 이때, α 수준에서 FWER을 통제한다는 것은 $P(V_n > 0) \le \alpha$를 의미한다. FWER 통제 절차에서 기각된 가설 세트는 다른 오류율을 제어하면서 기각 횟수를 늘릴 수 있다. gFWER(generalized FWER)은 $P(V_n > k) \le \alpha$로 정의되며, 이는 FWER 통제 절차에 비해 k개 더 많은 가설을 기각하고 수준 α에서 gFWER을 통제할 수 있다. 거짓양성 비율의 꼬리확률(TPPFP)은 거짓양성 횟수(V_n)와 기각 횟수(R_n)에 따라 달라진다. α 수준에서 TPPFP의 통제는 어떤 비율 q에 대해 $P(V_n/R_n > q) \le \alpha$를 의미한다. FDR의 통제는 거짓양성의 기대비율(꼬리확률이 아닌)을 나타낸다. α 수준에서 FDR의 통제는 $E(V_n/R_n) \le \alpha$를 의미한다.

(6) MTP() 함수: 재표본 기반의 다중검정을 수행

```
> fwer <- MTP(matrix(golub[1, ], nrow = 1), Y = golub.cl, typeone = "fwer")
running bootstrap...
iteration = 100 200 300 400 500 600 700 800 900 1000

> summary(fwer)
MTP:  ss.maxT
```

```
Type I error rate:  fwer

  Level Rejections
1  0.05          1

            Min.  1st Qu.   Median     Mean  3rd Qu.     Max. NA's
adjp      0.026000 0.026000 0.026000 0.026000 0.026000 0.026000    0
rawp      0.026000 0.026000 0.026000 0.026000 0.026000 0.026000    0
statistic 1.759195 1.759195 1.759195 1.759195 1.759195 1.759195    0
estimate  0.492263 0.492263 0.492263 0.492263 0.492263 0.492263    0

> fdr <- MTP(matrix(golub[1, ], nrow = 1), Y = golub.cl, typeone = "fdr")
running bootstrap...
iteration = 100 200 300 400 500 600 700 800 900 1000

> summary(fdr)
MTP:  ss.maxT
Type I error rate:  fdr (conservative)

  Level Rejections
1  0.05          0

            Min.  1st Qu.   Median     Mean  3rd Qu.     Max. NA's
adjp      0.058000 0.058000 0.058000 0.058000 0.058000 0.058000    0
rawp      0.029000 0.029000 0.029000 0.029000 0.029000 0.029000    0
statistic 1.759195 1.759195 1.759195 1.759195 1.759195 1.759195    0
estimate  0.492263 0.492263 0.492263 0.492263 0.492263 0.492263    0
```

(해석) 첫 번째 유전자에 대해 붓스트랩 기반의 다중검정을 수행한 결과이다. typeone= 옵션을 통해 FWER과 FDR을 통제하는 검정을 지정하였다. golub[1,]을 행렬 객체로 전환하였음에 유의하기 바란다.

```
> fwer <- MTP(golub, Y = golub.cl, typeone = "fwer")
running bootstrap...
iteration = 100 200 300 400 500 600 700 800 900 1000

> summary(fwer)
MTP:  ss.maxT
Type I error rate:  fwer

  Level Rejections
1  0.05         34

             Min.    1st Qu.      Median          Mean
adjp      0.004000  0.9675000  1.00000000  8.929213e-01
rawp      0.000000  0.0105000  0.12100000  2.646100e-01
statistic -7.548348 -1.6739768 -0.06979813 -1.928619e-01
```

```
estimate  -2.159511 -0.2559319 -0.01274879  1.928495e-07
             3rd Qu.      Max. NA's
adjp      1.0000000  1.000000    0
rawp      0.4810000  1.000000    0
statistic 1.3516975 10.577748    0
estimate  0.2186592  2.891941    0

> fdr <- MTP(golub, Y = golub.cl, typeone = "fdr")
running bootstrap...
iteration = 100 200 300 400 500 600 700 800 900 1000

> summary(fdr)
MTP:  ss.maxT
Type I error rate:  fdr (conservative)

  Level Rejections
1  0.05         10

               Min.   1st Qu.      Median          Mean
adjp       0.012000 1.0000000  1.00000000  9.209438e-01
rawp       0.000000 0.0100000  0.12100000  2.645408e-01
statistic -7.548348 -1.6739768 -0.06979813 -1.928619e-01
estimate  -2.159511 -0.2559319 -0.01274879  1.928495e-07
             3rd Qu.      Max. NA's
adjp      1.0000000  1.000000    0
rawp      0.4760000  1.000000    0
statistic 1.3516975 10.577748    0
estimate  0.2186592  2.891941    0
```

{multtest} 패키지의 MTP() 함수는 붓스트랩 기반의 다중검정을 수행한다. 다중검정절차(MTP)를 수행하기 위한 사용자 수준 함수이다. 다양한 $t-$ 및 $F-$ 검정과 이들 검정의 로버스트 버전이 구현된다. 선택한 제1종 오류율(FWER, gFWER, TPPFP 또는 FDR)을 통제하기 위해 단일-단계(single-step) 및 하향식 minP 및 maxT 방법이 사용된다. 붓스트랩과 순열 귀무분포를 사용할 수 있다. 보다 자세한 내용과 활용에 대해서는 관련 자료를 참고하기 바란다.

[참고 문헌]

- Ge, Y., Dudoit, S. and Speed, T. P. (2003). Resampling–based multiple testing for microarray data analysis, TEST, 12, 1–77.
- Golub, T. R., et al. (1999). Molecular classication of cancer: class discovery and class prediction by gene expression monitoring, Science, 286, 531–537.
- Pollard, K. S. and van der Laan M. K. (2004). Choice of a null distribution in resampling–based multiple testing, J. Stat. Plan. Infer., 125, 85–100.
- Reiner, A., Yekutieli, D. and Benjamini, Y. (2003). Identifying differentially expressed genes using false discovery rate controlling procedures, Bioinformatics, 19, 368–375.
- Westfall, P. H. & Young, S. S. (1993). Resampling–based multiple testing: Examples and methods for p–value adjustment, John Wiley & Sons.
- Yekutieli, D. and Benjamini, Y. (1999). Resampling–based false discovery rate controlling multiple test procedures for correlated test statistics, J. Stat. Plan. Infer., 82, 171–196.
- 각 패키지들의 vignettes.₩

17장* 다중검정의 최근 이론

이 장은 출처는 Korthauer 등(2019)[20]임을 밝힌다.

17.1 서론

처리량이 많은 연구에서는 일반적으로 수백에서 수백만 개의 가설에 대해 검정이 이루어진다. 위발견율(FDR)을 통제하는 통계적 방법은 오류율 통제를 위한 대중적이고 강력한 도구로 부상하였다. 고전적인 FDR 방법은 p-값만 입력으로 사용하지만, 보다 최근의 FDR 방법은 검정의 우선 순위(prioritize), 가중(weight) 및 그룹(group)에 대한 정보적인 공변량으로 보완 정보를 통합하여 검정력을 증가시키는 방법을 사용하고 있다.

이 장에서는 6가지 최근의 FDR 통제 방법과 두 가지 고전적인 FDR 통제 방법의 정확성, 적용 가능성 및 사용 용이성에 대한 비교 결과를 제시한다. 그 결과를 요약하면 다음과 같다. 첫째, 정보 공변량을 통합하는 방법은 고전적 접근 방식보다 약간 더 강력하며 공변량이 완전히 정보가 없는 경우에도 고전적 접근 방식보다 성능이 떨어지지 않는다. 둘째, 특정 설정에서 두 가지 최

20) Korthauer, K. et al. (2019). A practical guide to methods controlling false discoveries in computational biology, Genome Biology, 20, Article number: 118.

근 방법을 제외하고 대부분의 방법은 FDR을 성공적으로 통제한다. 셋째, 공변량의 정보성, 총 가설검정의 수 및 실제로 비-귀무가설의 비율에 따라 고전적인 방법에 비해 현대적인 FDR 방법의 개선이 증가한다는 것이다. 결론적으로 정보적인 공변량을 사용하는 최근 FDR 방법은 사용 가능한 공변량의 적용 및 정보력에 따라 상대적 이득을 얻으며 고전적인 FDR 통제 절차에 비해 이점을 제공한다.

17.2 FDR 통제의 최근 이론

17.2.1 배경

여러 가설을 동시에 검정하는 경우 거짓발견의 총 개수를 제한하기 위해 검정의 다중성에 대한 조정이 필요한 경우가 많다. 다중검정에 대한 이러한 조정의 사용은 게놈, 신경 영상, 단백질체학, 심리학 및 경제학과 같은 영역에서 표준이 되었다. 가장 고전적으로 FWER은 하나 이상의 거짓발견의 확률을 통제하는 방법으로 개발되어 다중검정을 수정하는 데 사용되었다. Bonferroni 방법을 비롯한 여러 가지 FWER 통제 방법은 그 인기에도 불구하고 종종 매우 보수적이어서 참 양성을 탐지하는 검정력이 크게 감소하는 대가로 거짓양성의 확률을 통제한다. 제1종 오류와 검정력의 균형(trade-off)은 고려되는 검정의 수가 수천에서 수백만에 이를 수 있는 고처리량 실험의 데이터 분석에서 악화되었다.

FDR은 기각된 가설 중 거짓 기각의 기대비율로 다중검정에서 FWER에 대한 대안적인 측도로 보다 최근에 제안되었다. FDR은 참 양성을 탐지하는 데 더 큰 검정력을 가지는 동시에 지정된 수준에서 제1종 오류의 비율을 통제하는 것으로 나타났다(Benjamini와 Hochberg, 1995; Benjamini와 Hochberg, 2000). 조사자가 총 발견의 수를 크게 늘리기 위해 작은 양의 거짓양성을 기꺼이 받아들이는 고처리량 생물학적 실험에서 FDR은 종종 더 적절하고 유용하다. Benjamini와 Hochberg의 상향식 절차(BH)는 FDR을 통제하기 위해 제안된 첫 번째 방법이다. 얼마 지나지 않아 q-값은 FDR을 통제하기 위한 보다 강력한 접근 방식으로 도입되었다(Storey의 q-값). 이 장에서 BH 절차와 Storey의 q-값을 '고전적인' FDR 통제 방법으로 참조한다([그림 17.1]). 이는 강력한 소프트웨어를 사용하여 p-값 목록만으로 쉽게 계산할 수 있으며 실제로 FDR을 통제하기 위해 가장 널리 사용 및 인용되는 방법이다.

BH 절차와 Storey의 q-값은 종종 FWER을 통제하는 방법에 비해 발견의 상당한 증가를 제공하지만 모든 검정이 교환 가능(exchangeable)하고, 따라서 발견을 감지하는 검정력이 모든 검정에서 동등하다는 가정하에 개발되었다. 그러나 개별검정 또는 그룹 검정은 종종 정확도 수준 또는 기저 생물학적인 통계 특성이 다르므로 특정 검정이 다른 검정보다 더 큰 검정력을 가질 수 있다.

최근에는 검정 전반에 걸쳐 이러한 변동성을 활용하기 위해 표준 입력(p-값 또는 검정통계량)을 '정보 공변량(informative covariate)'이라 불리는 두 번째 정보와 결합하여 FDR을 통제하는 새로운 클래스의 방법이 제안되었다. 직관적으로, 공변량이 각 검정의 검정력 또는 비-귀무의 사전 확률에 대한 정보를 제공하는 경우 개별 또는 검정 그룹의 우선 순위를 지정하여 실험의 전체 검정력을 높일 수 있다(Ignatiadis 등, 2016). FDR 통제를 보장하려면 공변량도 귀무가설에서 p-값과 독립적이어야 한다. 유사한 맥락에서 FDR을 적응적으로 통제하기 위해 효과크기(effect sizes)와 표준오차(standard errors)(Stephens, 2016)라는 두 가지 대체 정보를 사용하는 다른 접근 방식이 제안되었다. 이러한 최신 FDR 통제 방법을 사용하면 연구자가 추가 정보 또는 메타데이터를 활용할 수 있으며 특히 생물학적 분석에 매우 적합하다.

그러나 최근의 동시 개발로 인해 이러한 최신 FDR 방법 간의 비교는 제한적이며 실제 생물학적 문제에 대한 각 방법의 적용 가능성 및 유용성에 대한 입증은 매우 가변적이다. 또한 각 방법은 다양한 입력 데이터 세트가 필요하고 다양한 방법론적 가정들에 의존한다. 결과적으로 특정 분석에 어떤 방법을 사용해야 하는지에 대한 답은 불분명하다.

17.2.2 최근 이론 소개

고전적인 BH 방법과 Storey의 q-값 외에, 최근 개발된 6가지 FDR 통제 방법을 소개하면 다음과 같다.

- Conditional local FDR (LFDR) – Cai와 Sun (2009)
- FDR regression (FDRreg) – Scott 등(2015)
- Independent hypothesis weighting (IHW) – Ignatiadis 등(2016)
- Adaptive shrinkage (ASH) – Stephens(2016)
- Boca and Leek's FDR regression (BL) – Boca와 Leek(2017)
- Adaptive p-value thresholding (AdaPT) – Lei와 Fithian(2018)

위의 최근 FDR 통제 방법 중 IHW, BL, AdaPT 및 LFDR은 일반적으로 p-값과 최소한의 가정 집합을 충족하는 정보 공변량을 사용하는 다중검정 문제에 적용할 수 있다. 대조적으로 FDRreg는 z-점수로 표현되는 정규 검정통계량을 사용할 수 있는 여러 검정 문제로 제한된다. 대부분의 다른 최근 방법과 달리 ASH는 정규 또는 t-분포 검정통계량에 대해 효과크기와 표준오차를 별도로 요구하며 보다 일반적인 정보 공변량과 함께 사용할 수 없다. 또한 ASH는 모든 검정에 걸쳐 실제(관측되지 않은) 효과크기가 단봉형(즉, 대부분의 null이 아닌 효과크기는 작고 0에 가까운)이길 요구한다. 이것은 대부분의 null이 아닌 효과가 작고 더 큰 효과가 드물다고 여겨지는 설정에서 합리적인 가정일 수 있지만 모든 데이터 세트 및 응용 프로그램에 대해 반드시 필요한 것은 아니다. 가정이 사실인지 여부를 확인할 수는 없지만 가정이 노골적으로 위반되었는지, 즉 관찰된 모든 효과크기의 분포가 명확한 다봉형을 나타내는지 여부를 확인하는 것은 간단하다.

BH 절차와 Storey의 q-값은 모두 최신 FDR 통제 방법을 평가하기 위한 기준점 역할을 하지만 [그림 17.1]에서는 특별한 관계가 있는 두 쌍의 최근 및 고전적인 방법을 강조한다: IHW와 BH 절차 및 BL과 Storey의 q-값. 완전히 정보가 없는 공변량을 사용하는 경우 이러한 최근 방법은 일부 추정 오류하에서 고전적인 방법으로 축소되는 매력적인 속성을 가지고 있다. 따라서 필요 시 IHW와 BH 절차 간, 그리고 BL과 Storey의 q-값 간의 직접적인 비교도 이루어진다.

	Input	Assumptions	Output	R package
BH	*p*-values	exchangeability	adjusted *p*-values	`stats`
IHW	(1) *p*-values (2) independent & informative covariate	exchangeability within covariate groups		`ihw`
q-value	*p*-values	exchangeability	*q*-values	`qvalue`
BL	(1) *p*-values (2) independent & informative covariate	exchangeability conditional on covariate(s)	adjusted *p*-values	`swfdr`
AdaPT			*q*-values	`adaptMT`
LFDR		exchangeability within covariate groups	adjusted *p*-values	none
FDRreg	(1) *z*-scores (2) independent & informative covariate	exchangeability conditional on covariate(s); normal test statistics	Bayesian FDRs	`FDRreg`
ASH	(1) effect sizes (2) standard errors of (1)	effects are unimodal; test statistics have normal or *t* mixture components	*q*-values	`ash`

[그림 17.1] 비교에 포함된 FDR 통제 방법. 2개의 고전적인 및 6개의 최근 FDR 통제 방법의 입력, 가정, 출력 및 활용성(R 패키지). FDR 통제 방법의 출력은 다양하지만 모두 FDR 통제 목적으로 사용할 수 있음. 최근 방법이 고전적 방법의 확장인 경우 고전적 방법과 현대적 방법의 쌍이 회색으로 강조 표시됨.

17.3 FDR 통제 방법 간의 비교

Korthauer 등(2019)은 연구자들이 자체 데이터 분석에서 거짓발견을 통제하는 방법에 대한 결정을 내릴 수 있도록 체계적인 평가를 제시하였다. 일련의 사례 연구 및 모의실험을 수행하여 명목 α 수준에서 FDR을 통제하면서 발견 수를 최대화하는 방법을 조사하였다. [그림 17.2]는 주요 결과와 실용적인 권장 사항을 요약한 것이다.

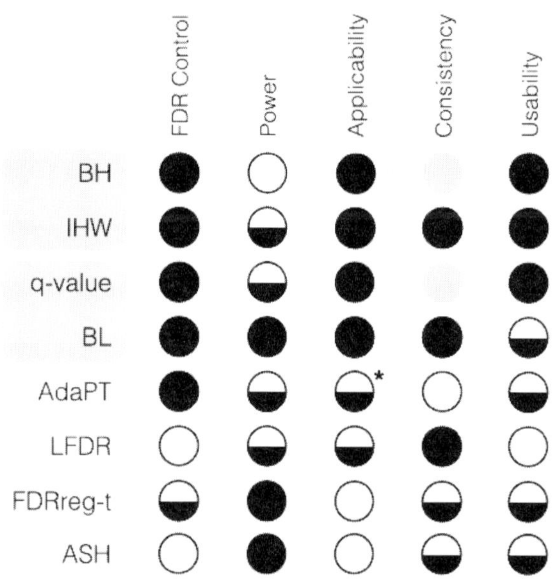

[그림 17.2] 권장 사항 요약. 각 방법(행) 및 평가 기준(열)에 대해 채워진 원은 방법이 우수함을, 반쯤 채워진 원은 방법이 만족스러움을, 빈 원은 방법이 불만족스러웠음을 나타냄. 회색 원은 일관성 기준에 대해 BH 및 q-value가 평가되지 않았음을 나타냄. 별표는 적용 가능성이 AdaPT에 대해 약간 다르게 평가되었음을 나타냄. 자세한 평가 기준은 이 논문의 'Methods' 섹션을 참고할 것.

몇 가지 비교 결과를 제시하면 다음과 같다.

FDR 통제를 위한 최근 방법이 고전적인 접근 방식보다 더 강력하지만 검정력의 증가는 일반적으로 미미하다는 것을 발견하였다. 또한 AdaPT를 제외하고 독립 공변량을 통합하는 대부분의 방법은 공변량이 완전히 정보가 없는 경우에도 고전적인 접근 방식보다 저조한 것으로 확인되지 않았다. adapt-glm은 공변량을 사용할 때 성능이 저하되는 경우가 있으므로 AdaPT를 적용할 때 공변량 모형과 함께 귀무모형을 입력으로 포함하는 것이 좋다.

전반적으로, 우리는 (1) 공변량의 정보성이 증가하고, (2) 가설 검정의 수가 증가하고, (3) 귀무가 아닌 가설의 비율이 증가함에 따라 최근 FDR 방법의 성능이 일반적으로 고전적인 방법보다 향상되었음을 발견하였다. 실제로 (1)과 (3)을 평가하는 것은 불가능하지만, 공변량의 정보가 약하고 비-귀무의 비율이 높을 때 대부분의 방법은 여전히 FDR을 통제하였다.

모의실험 및 사례 연구 평가 전반에 걸쳐 다음을 발견하였다. IHW와 BL은 일반적으로 FDR을 통제하면서 고전적인 방법에 비해 TPR에서 가장 일관된 이득을 보였다([그림 17.2]). BL의 TPR은 종종 IHW보다 높지만 IHW에 대한 BL의 검정력 이득은 이러한 방법 쌍 간의 특별한 관계로 인해 BH에 대한 q-값 검정력 이득에 비추어 해석되어야 한다. 특히, IHW와 BL은 공변량이 정보가 없을 때(uninformative) 각각 BH와 $q-$값으로 감소한다. IHW의 검정력은 일반적으로 공변량이 충분히 정보적일 때 BH보다 우수하지만, 정보가 충분하지 않거나 수천 개의 검정만 있을 때는 BH와 거의 동일하다. 마찬가지로 BL의 검정력은 공변량이 충분히 정보적이고 검정이 비-귀무적일 확률과 단조 관계(monotonic relationship)를 가질 때 일반적으로 Storey의 q-값보다 우수하였다.

또한, 대부분의 방법이 FDR을 통제하는 데 유사하게 수행되었지만, 일부 방법은 특정 설정에서 원하는 수준으로 FDR을 통제할 수 없음을 발견하였다. 이 경우는 비-귀무인 비율이 50%에 가까울 때 경험적 FDRreg, 검정 수가 5,000개 미만일 때 LFDR, 검정통계량이 t-분포일 때 ASH에서 발생하였다.

우리는 생물학적 사례 연구에서 정보적인 공변량을 사용하는 방법에 대한 몇 가지 유용한 예를 제공하였다. 특정 분석에 대한 공변량을 선택할 때 귀무가설하에서 정보적이고 독립적인지 여부를 평가하는 것이 중요하다. 즉, 공변량은 검정이 참 양성인지 여부에 대한 정보를 제공해야 하지만 검정이 참 음성인 경우 공변량에 대한 지식이 p-값 또는 검정통계량의 유효성(validity)을 변경해서는 안 된다. 이 조건의 위배는 제1종 오류 통제의 손실로 이어지며 거짓발견이 증가할 수 있다(Bourgon 등, 2010). 이러한 함정을 피하기 위해 이전에 제안된 시각적 진단을 사용하여 선택한 공변량의 정보성과 독립성을 모두 확인하는 것이 좋다(Ignatiadis, 2016).

또한, 이 연구에서 시뮬레이션과 사례 연구에서 단일(단변량) 공변량만을 고려했지만, 일부 최근의 방법은 여러 공변량을 통합할 수 있다는 점에 주목한다. BL, AdaPT 및 FDRreg는 모두 계획행렬의 지정을 통해 임의의 공변량 집합을 수용할 수 있다. 특히 AdaPT는 변수 선택(feature selection)을 위해 L1-패널티 일반화선형모형을 사용하는 구현을 제공하므로 고차원 문제에 적합하다. 여러 공변량의 선택과 단일 공변량을 사용하는 것보다 잠재적인 성능 향상에 대한 추가 조사가 필요하다.

마지막으로 IHW, BH 및 Storey의 q-값은 사용자 친화성 및 문서화 측면에서 월등한 것으로 평가되며, 이는 커뮤니티에서 지속적으로 사용하고 영향을 미치는 데 매우 중요하다.

17.4 R 패키지와 구현 방법 소개

ASH와 FDRreg는 나머지 방법과 상당히 다르며 적절한 입력을 사용할 수 있고 기본 가정이 실제로 유효한지 확인하는 데 주의를 기울여야 한다. 이러한 기준에 따라 두 방법 모두 대부분의 사례 연구와 이 벤치마크에서 고려된 여러 시뮬레이션 설정에서 제외되었다. 이러한 가정에 대한 더 자세한 논의는 아래에 포함되어 있다. FDRreg 및 adapt-glm의 경우 정보 공변량은 각각 모형 행렬 또는 공식의 형태로 지정되어야 한다. 두 경우 모두 저자의 원본 출판물에 사용된 것과 동일한 유형의 공식 또는 모형 행렬을 사용한다. lfdr의 경우 정보 제공 공변량은 이산 그룹 레이블이어야 한다. 이 구현은 그룹-내 LFDR을 추정하기 전에 입력 공변량을 대략적으로 동일한 크기의 20개 빈(bin)으로 자동으로 비닝하는 Ignatiadis 등(2016)에서 개발한 lfdr의 구현을 따른다.

[그림 17.1]에 포함된 모든 최근의 FDR 통제 절차의 공통 사항은 정보 공변량이 귀무가설하에서 p-값 또는 검정통계량과 무관해야 한다는 요구 사항이다. 즉, 공변량은 검정이 참 양성인지 여부에 대한 정보를 제공해야 하지만 검정이 참 음성인 경우 공변량에 대한 지식이 p-값 또는 검정통계량의 유효성을 변경해서는 안 된다. 이 조건의 위배는 제1종 오류 통제의 손실로 이어지며 거짓발견의 비율이 증가할 수 있다. 이러한 함정을 피하기 위해, 이전에 제안된 시각적 진단을 사용하여 선택한 공변량의 정보성과 독립성을 모두 확인하였다.

모든 방법은 R에서 구현 및 평가되었다. LFDR 및 최신 버전의 FDRreg를 제외한 여러 방법들은 CRAN 또는 Bioconductor의 패키지에서 쉽게 액세스할 수 있다. LFDR 구현 및 FDRreg 설치는 모두 추가 작업을 요구한다(이 논문의 'Methods' 섹션을 참고할 것). 구현에서 대부분의 방법은 조정된 p-값 또는 q-값과 같은 직접적인 측도를 제공하며 사용자에게 직접 출력된다. 대조적으로, bl은 FDR을 통제하기 위해 사용자가 BH로 조정된 p-값에 수동으로 적용해야하는 귀무가설 가중치를 제공한다. 또한 bl, adapt-glm 및 fdrreg는 모두 공변량과 귀무 비율 간의 함수적 관계를 모형 또는 공식의 형태로 지정해야 한다. 이는 사용자에게 상당한 유연성을 제공하지만 이러한 방법의 기본 모델링 프레임워크에 익숙하지 않은 연구자에게는 직관적이지 않을 수도 있다. 이러한 방법의 사용자 친화성을 향상시키기 위해 모수들에 대한 합리적인 기본값을 결정하기 위한 벤치마킹 실험은 향후 작업으로 남겨둔다.

R에서 최근 방법의 구현을 위해 본 논문에서 사용한 패키지와 주요 설정을 소개한다.

- BH
  BH에 의해 조정된 p-값은 기본 패키지인 {stats}의 p.adjust() 함수에서 method="BH" 옵션을 사용하였다.

- q-값
  Storey의 q-값은 Bioconductor R 패키지인 {qvalue}에서 qvalue() 함수를 사용하였다.

- IHW
  IHW에 의해 조정된 p-값은 Bioconductor R 패키지 {IHW}의 ihw() 함수 출력에서 adj_pvalues() 함수를 사용하였다.

- BL
  BL에 의한 조정된 p-값은 Bioconductor R 패키지 {swfdr}의 lm_pi0() 함수를 사용하여 얻은 $\pi_{0,i}$ 추정치에 BH 조정된 p-값을 곱하여 얻었다.

- lfdr
  lfdr에 의해 조정된 p-값은 R 패키지 {IHW}의 groups_by_filter() 함수를 사용하여 독립 공변량을 20개의 대략 동일한 크기의 그룹으로 먼저 비닝(binning)하여 얻었다. 다음으로, CRAN R 패키지 {fdrtool}의 fdrtool() 함수가 statistic="pvalue" 매개변수를 사용하여 각 공변량 빈 내의 p-값에 개별적으로 적용하였다. fdrtool에서 권장하는 대로 빈 당 최소 200개의 검정이 필요하다. 우리는 Ignatiadis 등(2016)을 따르고 Cai와 Sun(2009)에서 권장하는 locfdr 패키지 대신 fdrtool을 사용하여 LFDR을 얻었다. locfdr이 z-점수를 요구하는 반면 fdrtool은 p-값에 대해 직접 작동하기 때문이다.

- FDRreg
  검정통계량이 정규분포를 따른다고 가정된 응용의 경우 베이지안 FDR은 R 패키지 {FDRreg}의 FDRreg() 함수로 얻었다. features 매개변수는 3 자유도(splines 기본 R 패키지의 bs() 함수 사용)와 절편이 없는 독립 공변량의 B-스플라인 다항식 스플라인 기저를 가진 모형 행렬로 지정되었다. nulltype=은 FDRreg의 경험적 및 이론적 귀무가설 구현에 대해 각각 "empirical" 또는 "theoretical"로 설정되었다.

- ASH

  q-값은 R CRAN 패키지 {ashr}에서 ash() 함수의 출력에서 get_qvalue() 함수를 사용하여 얻었다. 효과 크기와 해당 표준오차는 각각 effect_size 및 sebetahat 매개변수로 입력되었다.

- AdaPT

  q-값은 CRAN R 패키지 {adaptMT}의 adapt_glm() 함수를 사용하여 얻었다. pi_formulas 및 mu_formulas 인수는 둘 다 자유도가 $\in\{2, 4, 6, 8, 10\}$인 독립 공변량의 자연 3차 B-스플라인 기저 행렬로 지정되었다(splines 기본 R 패키지의 ns() 함수 사용).

[참고 문헌]

- Benjamini, Y. and Hochberg, Y. (1995). Controlling the false discovery rate: a practical and powerful approach to multiple testing, J. Royal Stat. Soc. B, 57, 289-300.
- Benjamini, Y. and Hochberg, Y. (2000). On the adaptive control of the false discovery rate in multiple testing with independent statistics, J. Educ. Behav. Stat., 25, 60-83.
- Boca, S. M. and Leek, J. T. (2017). A direct approach to estimating false discovery rates conditional on covariates, bioRxiv, Available from: https://doi.org/10.1101/035675.
- Bourgon, R., Gentleman, R. and Huber, W. (2010). Independent filtering increases detection power for high-throughput experiments, Proc. Nat. Acad. Sci., 107, 9546-51.
- Cai, T. T. and Sun, W. (2009). Simultaneous testing of grouped hypotheses: finding needles in multiple haystacks, J. Am. Stat. Assoc., 104, 1467-81.
- Ignatiadis, N., Klaus, B., Zaugg, J. B. and Huber, W. (2016). Data-driven hypothesis weighting increases detection power in genome-scale multiple testing, Nat. Methods, 13, 577-80.
- Lei, L. and Fithian, W. (2018). AdaPT: an interactive procedure for multiple testing with side information, J. Royal Stat. Soc. B, 80, 649-79.
- Scott, J. G., Kelly, R. C., Smith, M. A., Zhou, P. and Kass, R. E. (2015). False discovery rate regression: an application to neural synchrony detection in primary visual cortex, J. Am. Stat. Assoc., 110, 459-71.
- Stephens, M. (2016). False discovery rates: a new deal, Biostatistics, 18, 275-94.
- Storey, J. D. (2002). A direct approach to estimating false discovery, J. Royal Stat. Soc. B, 64, 479-98.
- 각 패키지들의 vignettes.

부록

통계분포표

[표 1] 표준정규분포표

[표 2] $F-$분포표

[표 3] 스튜던트화 범위의 분위수

[표 4] Bonferroni t-통계량의 분위수

[표 5] 스튜던트화 최대 절댓값의 분위수

[표 6] Dunnett의 다대일 t-통계량의 분위수

[표 7] Duncan의 다중범위검정의 분위수

[표 8] Waller-Duncan k-비 검정의 t_c값

[표 1] 표준정규분포표

$$\Phi(z) = P(Z \leq z) = \int_{-\infty}^{z} \frac{1}{\sqrt{2\pi}} e^{-x^2/2} dx$$

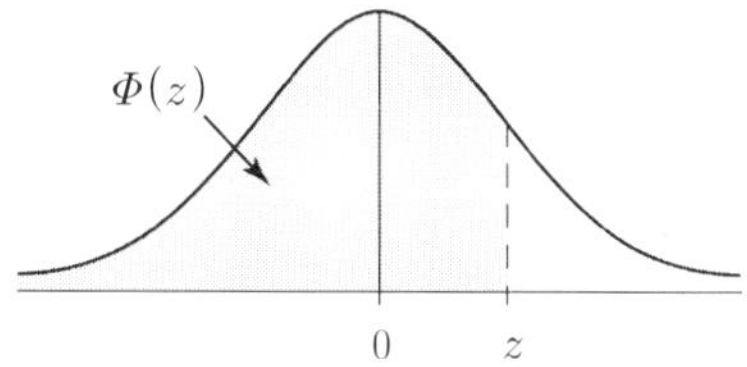

z	.00	.01	.02	.03	.04	.05	.06	.07	.08	.09
−3.4	.0003	.0003	.0003	.0003	.0003	.0003	.0003	.0003	.0003	.0002
−3.3	.0005	.0005	.0005	.0004	.0004	.0004	.0004	.0004	.0004	.0003
−3.2	.0007	.0007	.0006	.0006	.0006	.0006	.0006	.0005	.0005	.0005
−3.1	.0010	.0009	.0009	.0009	.0008	.0008	.0008	.0008	.0007	.0007
−3.0	.0013	.0013	.0013	.0012	.0012	.0011	.0011	.0011	.0010	.0010
−2.9	.0019	.0018	.0018	.0017	.0016	.0016	.0015	.0015	.0014	.0014
−2.8	.0026	.0025	.0024	.0023	.0023	.0022	.0021	.0021	.0020	.0019
−2.7	.0035	.0034	.0033	.0032	.0031	.0030	.0029	.0028	.0027	.0026
−2.6	.0047	.0045	.0044	.0043	.0041	.0040	.0039	.0038	.0037	.0036
−2.5	.0062	.0060	.0059	.0057	.0055	.0054	.0052	.0051	.0049	.0048
−2.4	.0082	.0080	.0078	.0075	.0073	.0071	.0069	.0068	.0066	.0064
−2.3	.0107	.0104	.0102	.0099	.0096	.0094	.0091	.0089	.0087	.0084
−2.2	.0139	.0136	.0132	.0129	.0125	.0122	.0119	.0116	.0113	.0110
−2.1	.0179	.0174	.0170	.0166	.0162	.0158	.0154	.0150	.0146	.0143
−2.0	.0228	.0222	.0217	.0212	.0207	.0202	.0197	.0192	.0188	.0183
−1.9	.0287	.0281	.0274	.0268	.0262	.0256	.0250	.0244	.0239	.0233
−1.8	.0359	.0351	.0344	.0336	.0329	.0322	.0314	.0307	.0301	.0294
−1.7	.0446	.0436	.0427	.0418	.0409	.0401	.0392	.0384	.0375	.0367
−1.6	.0548	.0537	.0526	.0516	.0505	.0495	.0485	.0475	.0465	.0455
−1.5	.0668	.0655	.0643	.0630	.0618	.0606	.0594	.0582	.0571	.0559
−1.4	.0808	.0793	.0778	.0764	.0749	.0735	.0721	.0708	.0694	.0681
−1.3	.0968	.0951	.0934	.0918	.0901	.0885	.0869	.0853	.0838	.0823
−1.2	.1151	.1131	.1112	.1093	.1075	.1056	.1038	.1020	.1003	.0985
−1.1	.1357	.1335	.1314	.1292	.1271	.1251	.1230	.1210	.1190	.1170
−1.0	.1587	.1562	.1539	.1515	.1492	.1469	.1446	.1423	.1401	.1379
−0.9	.1841	.1814	.1788	.1762	.1736	.1711	.1685	.1660	.1635	.1611
−0.8	.2119	.2090	.2061	.2033	.2005	.1977	.1949	.1922	.1894	.1867
−0.7	.2420	.2389	.2358	.2327	.2296	.2266	.2236	.2206	.2177	.2148
−0.6	.2743	.2709	.2676	.2643	.2611	.2578	.2546	.2514	.2483	.2451
−0.5	.3085	.3050	.3015	.2981	.2946	.2912	.2877	.2843	.2810	.2776
−0.4	.3446	.3409	.3372	.3336	.3300	.3264	.3228	.3192	.3156	.3121
−0.3	.3821	.3783	.3745	.3707	.3669	.3632	.3594	.3557	.3520	.3483
−0.2	.4207	.4168	.4129	.4090	.4052	.4013	.3974	.3936	.3897	.3859
−0.1	.4602	.4562	.4522	.4483	.4443	.4404	.4364	.4325	.4286	.4247
−0.0	.5000	.4960	.4920	.4880	.4840	.4801	.4761	.4721	.4681	.4641

[표 1] 표준정규분포표(계속)

z	.00	.01	.02	.03	.04	.05	.06	.07	.08	.09
0.0	.5000	.5040	.5080	.5120	.5160	.5199	.5239	.5279	.5319	.5359
0.1	.5398	.5438	.5478	.5517	.5557	.5596	.5636	.5675	.5714	.5753
0.2	.5793	.5832	.5871	.5910	.5948	.5987	.6026	.6064	.6103	.6141
0.3	.6179	.6217	.6255	.6293	.6331	.6368	.6406	.6443	.6480	.6517
0.4	.6554	.6591	.6628	.6664	.6700	.6736	.6772	.6808	.6844	.6879
0.5	.6915	.6950	.6985	.7019	.7054	.7088	.7123	.7157	.7190	.7224
0.6	.7257	.7291	.7324	.7357	.7389	.7422	.7454	.7486	.7517	.7549
0.7	.7580	.7611	.7642	.7673	.7704	.7734	.7764	.7794	.7823	.7852
0.8	.7881	.7910	.7939	.7967	.7995	.8023	.8051	.8078	.8106	.8133
0.9	.8159	.8186	.8212	.8238	.8264	.8289	.8315	.8340	.8365	.8389
1.0	.8413	.8438	.8461	.8485	.8508	.8531	.8554	.8577	.8599	.8621
1.1	.8643	.8665	.8686	.8708	.8729	.8749	.8770	.8790	.8810	.8830
1.2	.8849	.8869	.8888	.8907	.8925	.8944	.8962	.8980	.8997	.9015
1.3	.9032	.9049	.9066	.9082	.9099	.9115	.9131	.9147	.9162	.9177
1.4	.9192	.9207	.9222	.9236	.9251	.9265	.9279	.9292	.9306	.9319
1.5	.9332	.9345	.9357	.9370	.9382	.9394	.9406	.9418	.9429	.9441
1.6	.9452	.9463	.9474	.9484	.9495	.9505	.9515	.9525	.9535	.9545
1.7	.9554	.9564	.9573	.9582	.9591	.9599	.9608	.9616	.9625	.9633
1.8	.9641	.9649	.9656	.9664	.9671	.9678	.9686	.9693	.9699	.9706
1.9	.9713	.9719	.9726	.9732	.9738	.9744	.9750	.9756	.9761	.9767
2.0	.9772	.9778	.9783	.9788	.9793	.9798	.9803	.9808	.9812	.9817
2.1	.9821	.9826	.9830	.9834	.9838	.9842	.9846	.9850	.9854	.9857
2.2	.9861	.9864	.9868	.9871	.9875	.9878	.9881	.9884	.9887	.9890
2.3	.9893	.9896	.9898	.9901	.9904	.9906	.9909	.9911	.9913	.9916
2.4	.9918	.9920	.9922	.9925	.9927	.9929	.9931	.9932	.9934	.9936
2.5	.9938	.9940	.9941	.9943	.9945	.9946	.9948	.9949	.9951	.9952
2.6	.9953	.9955	.9956	.9957	.9959	.9960	.9961	.9962	.9963	.9964
2.7	.9965	.9966	.9967	.9968	.9969	.9970	.9971	.9972	.9973	.9974
2.8	.9974	.9975	.9976	.9977	.9977	.9978	.9979	.9979	.9980	.9981
2.9	.9981	.9982	.9982	.9983	.9984	.9984	.9985	.9985	.9986	.9986
3.0	.9987	.9987	.9987	.9988	.9988	.9989	.9989	.9989	.9990	.9990
3.1	.9990	.9991	.9991	.9991	.9992	.9992	.9992	.9992	.9993	.9993
3.2	.9993	.9993	.9994	.9994	.9994	.9994	.9994	.9995	.9995	.9995
3.3	.9995	.9995	.9995	.9996	.9996	.9996	.9996	.9996	.9996	.9997
3.4	.9997	.9997	.9997	.9997	.9997	.9997	.9997	.9997	.9997	.9998

임곗값: $P(Z \geq z_\alpha) = \alpha$ **인** z_α

α	.10	.05	.025	.01	.005	.001	.0005	.0001	.00001
z_α	1.2816	1.6449	1.9600	2.3263	2.5758	3.0902	3.2905	3.7190	4.2649

[표 2] F-분포표; $P(F > F(\alpha;\nu_1,\nu_2)) = \alpha$인 F-분포의 임곗값

ν_2 \ ν_1 ($\alpha = .05$)	1	2	3	4	5	6	7	8	9	10	15	20	30	40	60	120	∞
1	161.45	199.50	215.71	224.58	230.16	233.99	236.77	238.88	240.54	241.88	245.95	248.02	250.10	251.14	252.20	253.25	254.30
2	18.51	19.00	19.16	19.25	19.30	19.33	19.35	19.37	19.38	19.40	19.43	19.45	19.46	19.47	19.48	19.49	19.50
3	10.13	9.55	9.28	9.12	9.01	8.94	8.89	8.85	8.81	8.79	8.70	8.66	8.62	8.59	8.57	8.55	8.53
4	7.71	6.94	6.59	6.39	6.26	6.16	6.09	6.04	6.00	5.96	5.86	5.80	5.75	5.72	5.69	5.66	5.63
5	6.61	5.79	5.41	5.19	5.05	4.95	4.88	4.82	4.77	4.74	4.62	4.56	4.50	4.46	4.43	4.40	4.37
6	5.99	5.14	4.76	4.53	4.39	4.28	4.21	4.15	4.10	4.06	3.94	3.87	3.81	3.77	3.74	3.70	3.67
7	5.59	4.74	4.35	4.12	3.97	3.87	3.79	3.73	3.68	3.64	3.51	3.44	3.38	3.34	3.30	3.27	3.23
8	5.32	4.46	4.07	3.84	3.69	3.58	3.50	3.44	3.39	3.35	3.22	3.15	3.08	3.04	3.01	2.97	2.93
9	5.12	4.26	3.86	3.63	3.48	3.37	3.29	3.23	3.18	3.14	3.01	2.94	2.86	2.83	2.79	2.75	2.71
10	4.96	4.10	3.71	3.48	3.33	3.22	3.14	3.07	3.02	2.98	2.85	2.77	2.70	2.66	2.62	2.58	2.54
11	4.84	3.98	3.59	3.36	3.20	3.09	3.01	2.95	2.90	2.85	2.72	2.65	2.57	2.53	2.49	2.45	2.41
12	4.75	3.89	3.49	3.26	3.11	3.00	2.91	2.85	2.80	2.75	2.62	2.54	2.47	2.43	2.38	2.34	2.30
13	4.67	3.81	3.41	3.18	3.03	2.92	2.83	2.77	2.71	2.67	2.53	2.46	2.38	2.34	2.30	2.25	2.21
14	4.60	3.74	3.34	3.11	2.96	2.85	2.76	2.70	2.65	2.60	2.46	2.39	2.31	2.27	2.22	2.18	2.13
15	4.54	3.68	3.29	3.06	2.90	2.79	2.71	2.64	2.59	2.54	2.40	2.33	2.25	2.20	2.16	2.11	2.07
16	4.49	3.63	3.24	3.01	2.85	2.74	2.66	2.59	2.54	2.49	2.35	2.28	2.19	2.15	2.11	2.06	2.01
17	4.45	3.59	3.20	2.96	2.81	2.70	2.61	2.55	2.49	2.45	2.31	2.23	2.15	2.10	2.06	2.01	1.96
18	4.41	3.55	3.16	2.93	2.77	2.66	2.58	2.51	2.46	2.41	2.27	2.19	2.11	2.06	2.02	1.97	1.92
19	4.38	3.52	3.13	2.90	2.74	2.63	2.54	2.48	2.42	2.38	2.23	2.16	2.07	2.03	1.98	1.93	1.88
20	4.35	3.49	3.10	2.87	2.71	2.60	2.51	2.45	2.39	2.35	2.20	2.12	2.04	1.99	1.95	1.90	1.84
21	4.32	3.47	3.07	2.84	2.68	2.57	2.49	2.42	2.37	2.32	2.18	2.10	2.01	1.96	1.92	1.87	1.81
22	4.30	3.44	3.05	2.82	2.66	2.55	2.46	2.40	2.34	2.30	2.15	2.07	1.98	1.94	1.89	1.84	1.78
23	4.28	3.42	3.03	2.80	2.64	2.53	2.44	2.37	2.32	2.27	2.13	2.05	1.96	1.91	1.86	1.81	1.76
24	4.26	3.40	3.01	2.78	2.62	2.51	2.42	2.36	2.30	2.25	2.11	2.03	1.94	1.89	1.84	1.79	1.73
25	4.24	3.39	2.99	2.76	2.60	2.49	2.40	2.34	2.28	2.24	2.09	2.01	1.92	1.87	1.82	1.77	1.71
30	4.17	3.32	2.92	2.69	2.53	2.42	2.33	2.27	2.21	2.16	2.01	1.93	1.84	1.79	1.74	1.68	1.62
40	4.08	3.23	2.84	2.61	2.45	2.34	2.25	2.18	2.12	2.08	1.92	1.84	1.74	1.69	1.64	1.58	1.51
50	4.03	3.18	2.79	2.56	2.40	2.29	2.20	2.13	2.07	2.03	1.87	1.78	1.69	1.63	1.58	1.51	1.44
60	4.00	3.15	2.76	2.53	2.37	2.25	2.17	2.10	2.04	1.99	1.84	1.75	1.65	1.59	1.53	1.47	1.39
120	3.92	3.07	2.68	2.45	2.29	2.18	2.09	2.02	1.96	1.91	1.75	1.66	1.55	1.50	1.43	1.35	1.26
∞	3.84	3.00	2.60	2.37	2.21	2.10	2.01	1.94	1.88	1.83	1.67	1.57	1.46	1.39	1.32	1.22	1.02

[표 2] F-분포표(계속)

ν_2 \ ν_1 ($\alpha = .01$)	1	2	3	4	5	6	7	8	9	10	15	20	30	40	60	120	∞
2	98.50	99.00	99.16	99.25	99.30	99.33	99.36	99.38	99.39	99.40	99.43	99.45	99.47	99.48	99.48	99.49	99.50
3	34.12	30.82	29.46	28.71	28.24	27.91	27.67	27.49	27.34	27.23	26.87	26.69	26.50	26.41	26.32	26.22	26.13
4	21.20	18.00	16.69	15.98	15.52	15.21	14.98	14.80	14.66	14.55	14.20	14.02	13.84	13.75	13.65	13.56	13.46
5	16.26	13.27	12.06	11.39	10.97	10.67	10.46	10.29	10.16	10.05	9.72	9.55	9.38	9.29	9.20	9.11	9.02
6	13.75	10.92	9.78	9.15	8.75	8.47	8.26	8.10	7.98	7.87	7.56	7.40	7.23	7.14	7.06	6.97	6.88
7	12.25	9.55	8.45	7.85	7.46	7.19	6.99	6.84	6.72	6.62	6.31	6.16	5.99	5.91	5.82	5.74	5.65
8	11.26	8.65	7.59	7.01	6.63	6.37	6.18	6.03	5.91	5.81	5.52	5.36	5.20	5.12	5.03	4.95	4.86
9	10.56	8.02	6.99	6.42	6.06	5.80	5.61	5.47	5.35	5.26	4.96	4.81	4.65	4.57	4.48	4.40	4.31
10	10.04	7.56	6.55	5.99	5.64	5.39	5.20	5.06	4.94	4.85	4.56	4.41	4.25	4.17	4.08	4.00	3.91
11	9.65	7.21	6.22	5.67	5.32	5.07	4.89	4.74	4.63	4.54	4.25	4.10	3.94	3.86	3.78	3.69	3.60
12	9.33	6.93	5.95	5.41	5.06	4.82	4.64	4.50	4.39	4.30	4.01	3.86	3.70	3.62	3.54	3.45	3.36
13	9.07	6.70	5.74	5.21	4.86	4.62	4.44	4.30	4.19	4.10	3.82	3.66	3.51	3.43	3.34	3.25	3.17
14	8.86	6.51	5.56	5.04	4.69	4.46	4.28	4.14	4.03	3.94	3.66	3.51	3.35	3.27	3.18	3.09	3.01
15	8.68	6.36	5.42	4.89	4.56	4.32	4.14	4.00	3.89	3.80	3.52	3.37	3.21	3.13	3.05	2.96	2.87
16	8.53	6.23	5.29	4.77	4.44	4.20	4.03	3.89	3.78	3.69	3.41	3.26	3.10	3.02	2.93	2.84	2.75
17	8.40	6.11	5.19	4.67	4.34	4.10	3.93	3.79	3.68	3.59	3.31	3.16	3.00	2.92	2.83	2.75	2.65
18	8.29	6.01	5.09	4.58	4.25	4.01	3.84	3.71	3.60	3.51	3.23	3.08	2.92	2.84	2.75	2.66	2.57
19	8.18	5.93	5.01	4.50	4.17	3.94	3.77	3.63	3.52	3.43	3.15	3.00	2.84	2.76	2.67	2.58	2.49
20	8.10	5.85	4.94	4.43	4.10	3.87	3.70	3.56	3.46	3.37	3.09	2.94	2.78	2.69	2.61	2.52	2.42
21	8.02	5.78	4.87	4.37	4.04	3.81	3.64	3.51	3.40	3.31	3.03	2.88	2.72	2.64	2.55	2.46	2.36
22	7.95	5.72	4.82	4.31	3.99	3.76	3.59	3.45	3.35	3.26	2.98	2.83	2.67	2.58	2.50	2.40	2.31
23	7.88	5.66	4.76	4.26	3.94	3.71	3.54	3.41	3.30	3.21	2.93	2.78	2.62	2.54	2.45	2.35	2.26
24	7.82	5.61	4.72	4.22	3.90	3.67	3.50	3.36	3.26	3.17	2.89	2.74	2.58	2.49	2.40	2.31	2.21
25	7.77	5.57	4.68	4.18	3.85	3.63	3.46	3.32	3.22	3.13	2.85	2.70	2.54	2.45	2.36	2.27	2.17
30	7.56	5.39	4.51	4.02	3.70	3.47	3.30	3.17	3.07	2.98	2.70	2.55	2.39	2.30	2.21	2.11	2.01
40	7.31	5.18	4.31	3.83	3.51	3.29	3.12	2.99	2.89	2.80	2.52	2.37	2.20	2.11	2.02	1.92	1.81
50	7.17	5.06	4.20	3.72	3.41	3.19	3.02	2.89	2.78	2.70	2.42	2.27	2.10	2.01	1.91	1.80	1.69
60	7.08	4.98	4.13	3.65	3.34	3.12	2.95	2.82	2.72	2.63	2.35	2.20	2.03	1.94	1.84	1.73	1.60
120	6.85	4.79	3.95	3.48	3.17	2.96	2.79	2.66	2.56	2.47	2.19	2.03	1.86	1.76	1.66	1.53	1.38
∞	6.64	4.61	3.78	3.32	3.02	2.80	2.64	2.51	2.41	2.32	2.04	1.88	1.70	1.59	1.47	1.32	1.03

[표 2] F-분포표(계속)

ν_2 \ ν_1	1	2	3	4	5	6	7	8	9	10	15	20	30	40	60	120	∞
	$\alpha = .001$																
2	998.50	999.00	999.17	999.25	999.30	999.33	999.36	999.37	999.39	999.40	999.43	999.45	999.47	999.47	999.48	999.49	999.50
3	167.03	148.50	141.11	137.10	134.58	132.85	131.58	130.62	129.86	129.25	127.37	126.42	125.45	124.96	124.47	123.97	123.50
4	74.14	61.25	56.18	53.44	51.71	50.53	49.66	49.00	48.47	48.05	46..76	46.10	45.43	45.09	44.75	44.40	44.07
5	47.18	37.12	33.20	31.09	29.75	28.83	28.16	27.65	27.24	26.92	25.91	25.39	24.87	24.60	24.33	24.06	23.80
6	35.51	27.00	23.70	21.92	20.80	20.03	19.49	19.03	18.69	18.41	17.56	17.12	16.67	16.44	16.21	15.98	15.76
7	29.25	21.69	18.77	17.20	16.21	15.52	15.02	14.63	14.33	14.08	13.32	12.93	12.53	12.33	12.12	11.91	11.71
8	25.41	18.49	15.83	14.39	13.48	12.86	12.40	12.05	11.77	11.54	10.84	10.48	10.11	9.92	9.73	9.53	9.35
9	22.86	16.39	13.90	12.56	11.71	11.13	10.70	10.37	10.11	9.89	9.24	8.90	8.55	8.37	8.19	8.00	7.82
10	21.04	14.91	12.55	11.28	10.48	9.93	9.52	9.20	8.96	8.75	8.13	7.80	7.47	7.30	7.12	6.94	6.77
11	19.69	13.81	11.56	10.35	9.58	9.05	8.66	8.35	8.12	7.92	7.32	7.01	6.68	6.52	6.35	6.18	6.01
12	18.64	12.97	10.80	9.63	8.89	8.38	8.00	7.71	7.48	7.29	6.71	6.40	6.09	5.93	5.76	5.59	5.43
13	17.82	12.31	10.21	9.07	8.35	7.86	7.49	7.21	6.98	6.80	6.23	5.93	5.63	5.47	5.30	5.14	4.98
14	17.14	11.78	9.73	8.62	7.92	7.44	7.08	6.80	6.58	6.40	5.85	5.56	5.25	5.10	4.94	4.77	4.61
15	16.59	11.34	9.34	8.25	7.57	7.09	6.74	6.47	6.26	6.08	5.54	5.25	4.95	4.80	4.64	4.47	4.32
16	16.12	10.97	9.01	7.94	7.27	8.80	6.46	6.19	5.98	5.81	5.27	4.99	4.70	5.54	4.39	4.23	4.07
17	15.72	10.66	8.73	7.68	7.02	6.56	6.22	5.96	5.75	5.58	5.05	4.78	4.48	4.33	4.18	4.02	3.86
18	15.38	10.39	8.49	7.46	6.81	6.35	6.02	5.76	5.56	5.39	4.87	4.59	4.30	4.15	4.00	3.84	3.68
19	15.08	10.16	8.28	7.27	6.62	6.18	5.85	5.59	5.39	5.22	4.70	4.43	4.14	3.99	3.84	3.68	3.52
20	14.82	9.95	8.10	7.10	6.46	6.02	5.69	5.44	5.24	5.08	4.56	4.29	4.00	3.86	3.70	3.54	3.39
21	14.59	9.77	7.94	6.95	3.32	5.88	5.56	5.31	5.11	4.95	4.44	4.17	3.88	3.74	3.58	3.42	3.27
22	14.38	9.61	7.80	6.81	6.19	5.76	5.44	5.19	4.99	4.83	4.33	4.06	3.78	3.63	3.48	3.32	3.16
23	14.20	9.47	7.67	6.70	6.08	5.65	5.33	5.09	4.89	4.73	4.23	3.96	3.68	3.53	3.38	3.22	3.07
24	14.03	9.34	7.55	6.59	5.98	5.55	5.23	4.99	4.80	4.64	4.14	3.87	3.59	3.45	3.29	3.14	2.98
25	13.88	9.22	7.45	6.49	5.89	5.46	5.15	4.91	4.71	4.56	4.06	3.79	3.52	3.37	3.22	3.06	2.90
30	13.29	8.77	7.05	6.12	5.53	5.12	4.82	4.58	4.39	4.24	3.75	3.49	3.22	3.07	2.92	2.76	2.60
40	12.61	8.25	6.59	5.70	5.13	4.73	4.44	4.21	4.02	3.87	3.40	3.14	2.87	2.73	2.57	2.41	2.24
50	12.22	7.96	6.34	5.46	4.90	4.51	4.22	4.00	3.82	3.67	3.20	2.95	2.68	2.53	2.38	2.21	2.04
60	11.97	7.77	6.17	5.31	4.76	4.37	4.09	3.86	3.69	3.54	3.08	2.83	2.55	2.41	2.25	2.08	1.90
120	11.38	7.32	5.78	4.95	4.42	4.04	3.77	3.55	3.38	3.24	2.78	2.53	2.26	2.11	1.95	1.77	1.56
∞	10.86	6.93	5.44	4.64	4.12	3.76	3.49	3.28	3.11	2.97	2.53	2.28	2.01	1.85	1.68	1.47	1.00

[표 3] 스튜던트화 범위의 분위수; $q^{\alpha}_{r,\nu}$

$\alpha = .05$

ν \ r	2	3	4	5	6	7	8	9	10
1	17.97	26.98	32.82	37.08	40.41	43.12	45.40	47.36	49.07
2	6.085	8.331	9.798	10.88	11.74	12.44	13.03	13.54	13.99
3	4.501	5.910	6.825	7.502	8.037	8.478	8.853	9.177	9.462
4	3.927	5.040	5.757	6.287	6.707	7.053	7.347	7.602	7.826
5	3.635	4.602	5.218	5.673	6.033	6.330	6.582	6.802	6.995
6	3.461	4.339	4.896	5.305	5.628	5.895	6.122	6.319	6.493
7	3.344	4.165	4.681	5.060	5.359	5.606	5.815	5.998	6.158
8	3.261	4.041	4.529	4.886	5.167	5.399	5.597	5.767	5.918
9	3.199	3.949	4.415	4.756	5.024	5.244	5.432	5.595	5.739
10	3.151	3.877	4.327	4.654	4.912	5.124	5.305	5.461	5.599
11	3.113	3.820	4.256	4.574	4.823	5.028	5.202	5.353	5.487
12	3.082	3.773	4.199	4.508	4.751	4.950	5.119	5.265	5.395
13	3.055	3.735	4.151	4.453	4.690	4.885	5.049	5.192	5.318
14	3.033	3.702	4.111	4.407	4.639	4.829	4.990	5.131	5.254
15	3.014	3.674	4.076	4.367	4.595	4.782	4.940	5.077	5.198
16	2.998	3.649	4.046	4.333	4.557	4.741	4.897	5.031	5.150
17	2.984	3.628	4.020	4.303	4.524	4.705	4.858	4.991	5.108
18	2.971	3.609	3.997	4.277	4.495	4.673	4.824	4.956	5.071
19	2.960	3.593	3.977	4.253	4.469	4.645	4.794	4.924	5.038
20	2.950	3.578	3.958	4.232	4.445	4.620	4.768	4.896	5.008
24	2.919	3.532	3.901	4.166	4.373	4.541	4.684	4.807	4.915
30	2.888	3.486	3.845	4.102	4.302	4.464	4.602	4.720	4.824
40	2.858	3.442	3.791	4.039	4.232	4.389	4.521	4.635	4.735
60	2.829	3.399	3.737	3.977	4.163	4.314	4.441	4.550	4.646
120	2.800	3.356	3.685	3.917	4.096	4.241	4.363	4.468	4.560
∞	2.772	3.314	3.633	3.858	4.030	4.170	4.286	4.387	4.474

ν \ r	11	12	13	14	15	16	17	18	19
1	50.59	51.96	53.20	54.33	55.36	56.32	57.22	58.04	58.83
2	14.39	14.75	15.08	15.38	15.65	15.91	16.14	16.37	16.57
3	9.717	9.946	10.15	10.35	10.53	10.69	10.84	10.98	11.11
4	8.027	8.208	8.373	8.525	8.664	8.794	8.914	9.028	9.134
5	7.168	7.324	7.466	7.596	7.717	7.828	7.932	8.030	8.122
6	6.649	6.789	6.917	7.034	7.143	7.244	7.338	7.426	7.508
7	6.302	6.431	6.550	6.658	6.759	6.852	6.939	7.020	7.097
8	6.054	6.175	6.287	6.389	6.483	6.571	6.653	6.729	6.802
9	5.867	5.983	6.089	6.186	6.276	6.359	6.437	6.510	6.579
10	5.722	5.833	5.935	6.028	6.114	6.194	6.269	6.339	6.405
11	5.605	5.713	5.811	5.901	5.984	6.062	6.134	6.202	6.265
12	5.511	5.615	5.710	5.798	5.878	5.953	6.023	6.089	6.151
13	5.431	5.533	5.625	5.711	5.789	5.862	5.931	5.995	6.055
14	5.364	5.463	5.554	5.637	5.714	5.786	5.852	5.915	5.974
15	5.306	5.404	5.493	5.574	5.649	5.720	5.785	5.846	5.904
16	5.256	5.352	5.439	5.520	5.593	5.662	5.727	5.786	5.843
17	5.212	5.307	5.392	5.471	5.544	5.612	5.675	5.734	5.790
18	5.174	5.267	5.352	5.429	5.501	5.568	5.630	5.688	5.743
19	5.140	5.231	5.315	5.391	5.462	5.528	5.589	5.647	5.701
20	5.108	5.199	5.282	5.357	5.427	5.493	5.553	5.610	5.663
24	5.012	5.099	5.179	5.251	5.319	5.381	5.439	5.494	5.545
30	4.917	5.001	5.077	5.147	5.211	5.271	5.327	5.379	5.429
40	4.824	4.904	4.977	5.044	5.106	5.163	5.216	5.266	5.313
60	4.732	4.808	4.878	4.942	5.001	5.056	5.107	5.154	5.199
120	4.641	4.714	4.781	4.842	4.898	4.950	4.998	5.044	5.086
∞	4.552	4.622	4.685	4.743	4.796	4.845	4.891	4.934	4.974

[표 3] 스튜던트화 범위의 분위수(계속)

$\alpha = .05$

ν \ r	20	22	24	26	28	30	32	34	36
1	59.56	60.91	62.12	63.22	64.23	65.15	66.01	66.81	67.56
2	16.77	17.13	17.45	17.75	18.02	18.27	18.50	18.72	18.92
3	11.24	11.47	11.68	11.87	12.05	12.21	12.36	12.50	12.63
4	9.233	9.418	9.584	9.736	9.875	10.00	10.12	10.23	10.34
5	8.208	8.368	8.512	8.643	8.764	8.875	8.979	9.075	9.165
6	7.587	7.730	7.861	7.979	8.088	8.189	8.283	8.370	8.452
7	7.170	7.303	7.423	7.533	7.634	7.728	7.814	7.895	7.972
8	6.870	6.995	7.109	7.212	7.307	7.395	7.477	7.554	7.625
9	6.644	6.763	6.871	6.970	7.061	7.145	7.222	7.295	7.363
10	6.487	6.582	6.686	6.781	6.868	6.948	7.023	7.093	7.159
11	6.326	6.436	6.536	6.628	6.712	6.790	6.863	6.930	6.994
12	3.209	6.317	6.414	6.503	6.585	6.660	6.731	6.796	6.858
13	6.112	6.217	6.312	6.398	6.478	6.551	6.620	6.684	6.744
14	6.029	6.132	6.224	6.309	6.387	6.459	6.526	6.588	6.647
15	5.958	6.059	6.149	6.233	6.309	6.379	6.445	6.506	6.564
16	5.897	5.995	6.084	6.166	6.241	6.310	6.374	6.434	6.491
17	5.842	5.940	6.027	6.107	6.181	6.249	6.313	6.372	6.427
18	5.794	9.890	5.977	6.055	6.128	6.195	6.258	6.316	6.371
19	5.752	5.846	5.932	6.009	6.081	6.147	6.209	6.267	6.321
20	5.714	5.807	5.891	5.968	6.039	6.104	6.165	6.222	6.275
24	5.594	5.683	5.764	5.838	5.906	5.968	6.027	6.081	6.132
30	5.475	5.561	5.638	5.709	5.774	5.833	5.889	5.941	5.990
40	5.358	5.439	5.513	5.581	5.642	5.700	5.753	5.803	5.849
60	5.241	5.319	5.389	5.453	5.512	5.566	5.617	5.664	5.708
120	5.126	5.200	5.266	5.327	5.382	5.434	5.481	5.526	5.568
∞	5.012	5.081	5.144	5.201	5.253	5.301	5.346	5.388	5.427

ν \ r	38	40	50	60	70	80	90	100
1	68.26	68.92	71.73	73.97	75.82	77.40	78.77	79.98
2	19.11	19.28	20.05	20.66	21.16	21.59	21.96	22.29
3	12.75	12.87	13.36	13.76	14.08	14.36	14.61	14.82
4	10.44	10.53	10.93	11.24	11.51	11.73	11.92	12.09
5	9.250	9.330	9.674	9.949	10.18	10.38	10.54	10.69
6	8.529	8.601	8.913	9.163	9.370	9.548	9.702	9.839
7	8.043	8.110	8.400	8.632	8.824	8.989	9.133	9.261
8	7.693	7.756	8.029	8.248	8.430	8.586	8.722	8.843
9	7.428	7.488	7.749	7.958	8.132	8.281	8.410	8.526
10	7.220	7.279	7.529	7.730	4.897	8.041	8.166	8.276
11	7.053	7.110	7.352	7.546	7.708	7.847	7.968	8.075
12	6.916	6.970	7.205	7.394	7.552	7.687	7.804	7.909
13	6.800	6.854	7.083	7.267	7.421	7.552	7.667	7.769
14	6.702	6.754	6.979	7.159	7.309	7.438	7.550	7.650
15	6.618	6.659	6.888	7.065	7.212	7.339	7.449	7.546
16	6.544	6.594	6.810	6.984	7.128	7.252	7.360	7.457
17	6.479	6.529	6.741	6.912	7.054	7.176	7.283	7.377
18	6.422	6.471	6.680	6.848	6.989	7.109	7.213	7.307
19	6.371	6.419	6.626	6.792	6.930	7.048	7.152	7.244
20	6.325	6.373	6.576	6.740	6.877	6.994	7.097	7.187
24	6.181	6.226	6.421	6.579	6.710	6.822	6.920	7.008
30	6.037	6.080	6.267	6.417	6.543	6.650	6.744	6.827
40	5.893	5.934	6.112	6.255	6.375	6.477	6.566	6.645
60	5.750	5.789	5.958	6.093	6.206	6.303	6.387	6.462
120	5.607	5.644	5.802	5.929	6.035	6.126	6.205	6.275
∞	5.463	5.498	5.646	5.764	5.863	5.947	6.020	6.085

[표 3] 스튜던트화 범위의 분위수(계속)

$\alpha = .01$

ν \ r	2	3	4	5	6	7	8	9	10
1	90.03	135.0	164.3	185.6	202.2	215.8	227.2	237.0	245.6
2	14.04	19.02	22.29	24.72	26.63	28.20	29.53	30.68	31.69
3	8.261	10.62	12.17	13.33	14.24	15.00	15.64	16.20	16.69
4	6.521	8.120	9.173	9.958	10.58	11.10	11.55	11.93	12.27
5	5.702	6.976	7.804	8.421	8.913	9.321	9.669	9.972	10.24
6	5.243	6.331	7.033	7.556	7.973	8.318	8.613	8.869	9.097
7	4.949	5.919	6.543	7.005	7.373	7.679	7.939	8.166	8.368
8	4.746	5.635	6.204	6.625	6.960	7.237	7.474	7.681	7.863
9	4.596	5.428	5.957	6.348	6.658	6.915	7.134	7.325	7.495
10	4.482	5.270	5.769	6.136	6.428	6.669	6.875	7.055	7.213
11	4.392	5.146	5.621	5.970	6.247	6.476	6.672	6.842	6.992
12	4.320	5.046	5.502	5.836	6.101	6.321	6.507	6.670	6.814
13	4.260	4.964	5.404	5.727	5.981	6.192	6.372	6.528	6.667
14	4.210	4.895	5.322	5.634	5.881	6.085	6.258	6.409	6.543
15	4.168	4.836	5.252	5.556	5.796	5.994	6.162	6.309	6.439
16	4.131	4.786	5.192	5.489	5.722	5.915	6.079	6.222	6.349
17	4.099	4.742	5.140	5.430	5.659	5.847	6.007	6.147	6.270
18	4.071	4.703	5.094	5.379	5.603	5.788	5.944	6.081	6.201
19	4.046	4.670	5.054	5.334	5.554	5.735	5.889	6.022	6.141
20	4.024	4.639	5.018	5.294	5.510	5.688	5.839	5.970	6.087
24	3.956	4.546	4.907	5.168	5.374	5.542	5.685	5.809	5.919
30	3.888	4.455	4.799	5.048	5.242	5.401	5.536	5.653	5.756
40	3.825	4.367	4.696	4.931	5.114	5.265	5.392	5.502	5.599
60	3.762	4.282	4.595	4.818	4.991	5.133	5.253	5.356	5.447
120	3.702	4.200	4.497	4.709	4.872	5.005	5.118	5.214	5.299
∞	3.643	4.120	4.403	4.603	4.757	4.882	4.987	5.078	5.157

ν \ r	11	12	13	14	15	16	17	18	19
1	253.2	260.0	266.2	271.8	277.0	281.8	286.3	290.4	294.3
2	32.59	33.40	34.13	34.81	35.43	36.00	36.53	37.03	37.50
3	17.13	17.53	17.89	18.22	18.52	18.81	19.07	19.32	19.55
4	12.57	12.84	13.09	13.32	13.53	13.73	13.91	14.08	14.24
5	10.48	10.70	10.89	11.08	11.24	11.40	11.55	11.68	11.81
6	9.301	9.485	9.653	9.808	9.951	10.08	10.21	10.32	10.43
7	8.548	8.711	8.860	8.997	9.124	9.242	9.353	9.456	9.554
8	8.027	8.176	8.312	8.436	8.552	8.659	8.760	8.854	8.943
9	7.647	7.784	7.910	8.025	8.132	8.232	8.325	8.412	8.495
10	7.356	7.485	7.603	7.712	7.812	7.906	7.993	8.076	8.153
11	7.128	7.250	7.362	7.465	7.560	7.649	7.732	7.809	7.883
12	6.943	7.060	7.167	7.265	7.356	7.441	7.520	7.594	7.665
13	6.791	6.903	7.006	7.101	7.188	7.269	7.345	7.417	7.485
14	6.664	6.772	6.871	6.962	7.047	7.126	7.199	7.268	7.333
15	6.555	6.660	6.757	6.845	6.927	7.003	7.074	7.142	7.204
16	6.462	6.564	6.658	6.744	6.823	6.898	6.967	7.032	7.093
17	6.381	6.480	6.572	6.656	6.734	6.806	6.873	6.937	6.997
18	6.310	6.407	6.497	6.579	6.655	6.725	6.792	6.854	6.912
19	6.247	6.342	6.430	6.210	6.585	6.654	6.719	6.780	6.837
20	6.191	6.285	6.371	6.250	6.523	6.591	6.654	6.714	6.771
24	6.017	6.106	6.186	5.261	6.330	6.394	6.453	6.510	6.563
30	5.849	5.932	5.008	6.078	6.143	6.203	6.259	6.311	6.361
40	5.686	5.764	5.835	5.900	5.961	6.017	6.069	6.119	6.165
60	5.528	5.601	5.667	5.728	5.785	5.837	5.886	5.931	5.974
120	5.375	5.443	5.505	5.562	5.614	5.662	5.708	5.750	5.790
∞	5.227	5.290	5.348	5.400	5.448	5.493	5.535	5.574	5.611

[표 3] 스튜던트화 범위의 분위수(계속)

$\alpha = .01$

ν \ r	20	22	24	26	28	30	32	34	36
1	298.0	304.7	310.8	316.3	321.3	326.0	330.3	334.3	338.0
2	37.95	38.76	39.49	40.15	40.76	41.32	41.84	42.33	42.78
3	19.77	20.17	20.53	20.86	21.16	21.44	21.70	21.95	22.17
4	14.40	14.68	14.93	15.16	15.37	15.57	15.75	15.92	16.08
5	11.93	12.16	12.36	12.54	12.71	12.87	13.02	13.15	13.28
6	10.54	10.73	10.91	11.06	11.21	11.34	11.47	11.58	11.69
7	9.646	9.815	9.970	10.11	10.24	10.36	10.47	10.58	10.67
8	9.027	9.182	9.322	9.450	9.569	9.678	9.779	9.874	9.964
9	8.573	8.717	8.847	8.966	9.075	9.177	9.271	9.360	9.443
10	8.226	8.361	8.483	8.595	8.698	8.794	8.883	8.966	9.044
11	7.952	8.080	8.196	8.303	8.400	8.491	8.575	8.654	8.728
12	7.731	7.853	7.964	8.066	8.159	8.246	8.327	8.402	8.473
13	7.548	7.665	7.772	7.870	7.960	8.043	8.121	8.193	8.262
14	7.395	7.508	7.611	7.705	7.792	7.873	7.948	8.018	8.084
15	7.264	7.374	7.474	7.566	7.650	7.728	7.800	7.869	7.932
16	7.152	8.258	7.356	7.445	7.527	7.602	7.673	7.739	7.802
17	7.053	7.158	7.253	7.340	7.420	7.493	7.563	7.627	7.687
18	6.968	7.070	7.163	7.247	7.325	7.398	7.465	7.528	7.587
19	6.891	6.992	7.082	7.166	7.242	7.313	7.379	7.440	7.498
20	6.823	6.922	7.011	7.092	7.168	7.237	7.302	7.362	7.419
24	6.612	6.705	6.789	6.865	6.936	7.001	7.062	7.119	7.173
30	6.407	6.494	6.572	6.644	6.710	6.772	6.828	6.881	6.932
40	6.209	6.289	6.362	6.429	6.490	6.547	6.600	6.650	6.697
60	6.015	6.090	6.158	6.220	6.277	6.330	6.378	6.424	6.467
120	5.827	5.897	5.959	6.016	6.069	6.117	6.162	6.204	6.244
∞	5.645	5.709	5.766	5.818	5.866	5.911	5.952	5.990	6.026

ν \ r	38	40	50	60	70	80	90	100
1	341.5	344.8	358.9	370.1	379.4	387.3	394.1	400.1
2	43.21	43.61	45.33	46.70	47.83	48.80	49.64	50.38
3	22.39	22.59	23.45	24.13	24.71	25.19	25.62	25.99
4	16.23	16.37	16.98	17.46	17.86	18.20	18.50	18.77
5	13.40	13.52	14.00	14.39	14.72	14.99	15.23	15.45
6	11.80	11.90	12.31	12.65	12.92	13.16	13.37	13.55
7	10.77	10.85	11.23	11.52	11.77	11.99	12.17	12.34
8	10.05	10.13	10.47	10.75	10.97	11.17	11.34	11.49
9	9.521	9.594	9.912	10.17	10.38	10.57	10.73	10.87
10	9.117	9.187	9.486	9.726	9.927	10.10	10.25	10.39
11	8.798	8.864	9.148	9.377	9.568	9.732	9.875	10.00
12	8.539	8.603	8.875	9.094	9.277	9.434	9.571	9.693
13	8.326	8.387	8.648	8.859	9.035	9.187	9.318	9.436
14	8.146	8.204	8.457	8.661	8.832	8.978	9.106	9.219
15	7.992	8.049	8.295	8.492	8.658	8.800	8.924	9.035
16	7.860	7.916	8.154	8.347	8.507	8.646	8.767	8.874
17	7.745	7.799	8.031	8.219	8.377	8.511	8.630	8.735
18	7.643	7.696	7.924	8.107	8.261	8.393	8.508	8.611
19	7.553	7.605	7.828	8.008	8.159	8.288	8.401	8.502
20	7.473	7.523	7.742	7.919	8.067	8.194	8.305	8.404
24	7.223	7.270	7.476	7.642	7.780	7.900	8.004	8.097
30	6.987	7.023	7.215	7.370	7.500	7.611	7.709	7.796
40	6.740	6.782	6.960	7.104	7.225	7.328	7.419	7.500
60	6.507	6.546	6.710	6.843	6.954	7.050	7.133	7.207
120	6.281	6.316	6.467	6.588	6.689	6.776	6.852	6.919
∞	6.060	6.092	6.228	6.338	6.429	6.507	6.575	6.636

[표 4] Bonferroni t-통계량의 분위수; $t_{\nu}^{\alpha/2k}$

ν \ k	2	3	4	5	6	7	8	9	10	15	20	25	30	35	40	45	50
								$\alpha = .05$									
5	3.17	3.54	3.81	4.04	4.22	4.38	4.53	4.66	4.78	5.25	5.60	5.89	6.15	6.36	6.56	6.70	6.86
7	2.84	3.13	3.34	3.50	3.64	3.76	3.86	3.95	4.03	4.36	4.59	4.78	4.95	5.09	5.21	5.31	5.40
10	2.64	2.87	3.04	3.17	3.28	3.37	3.45	3.52	3.58	3.83	4.01	4.15	4.27	4.37	4.45	4.53	4.59
12	2.56	2.78	2.94	3.06	3.15	3.24	3.31	3.37	3.43	3.65	3.80	3.93	4.04	4.13	4.20	4.26	4.32
15	2.49	2.69	2.84	2.95	3.04	3.11	3.18	3.24	3.29	3.48	3.62	3.74	3.82	3.90	3.97	4.02	4.07
20	2.42	2.61	2.75	2.85	2.93	3.00	3.06	3.11	3.16	3.33	3.46	3.55	3.63	3.70	3.76	3.80	3.85
24	2.39	2.58	2.70	2.80	2.88	2.94	3.00	3.05	3.09	3.26	3.38	3.47	3.54	3.61	3.66	3.70	3.74
30	2.36	2.54	2.66	2.75	2.83	2.89	2.94	2.99	3.03	3.19	3.30	3.39	3.46	3.52	3.57	3.61	3.65
40	2.33	2.50	2.62	2.71	2.78	2.84	2.89	2.93	2.97	3.12	3.23	3.31	3.38	3.43	3.48	3.51	3.55
60	2.30	2.47	2.58	2.66	2.73	2.79	2.84	2.88	2.92	3.06	3.16	3.24	3.30	3.34	3.39	3.42	3.46
120	2.27	2.43	2.54	2.62	2.68	2.74	2.79	2.83	2.86	2.99	3.09	3.16	3.22	3.27	3.31	3.34	3.37
∞	2.24	2.39	2.50	2.58	2.64	2.69	2.74	2.77	2.81	2.94	3.02	3.09	3.15	3.19	3.23	3.26	3.29
								$\alpha = .01$									
5	4.78	5.25	5.60	5.89	6.15	6.36	6.56	6.70	6.86	7.51	8.00	8.37	8.68	8.95	9.19	9.41	9.68
7	4.03	4.36	4.59	4.78	4.95	5.09	5.21	5.31	5.40	5.79	6.08	6.30	6.49	6.67	6.83	6.93	7.06
10	3.58	3.83	4.01	4.15	4.27	4.37	4.45	4.53	4.59	4.86	5.06	5.20	5.33	5.44	5.52	5.60	5.70
12	3.43	3.65	3.80	3.93	4.04	4.13	4.20	4.26	4.32	4.56	4.73	4.86	4.95	5.04	5.12	5.20	5.27
15	3.29	3.48	3.62	3.74	3.82	3.90	3.97	4.02	4.07	4.29	4.42	4.53	4.61	4.71	4.78	4.84	4.90
20	3.16	3.33	3.46	3.55	3.63	3.70	3.76	3.80	3.85	4.03	4.15	4.25	4.33	4.39	4.46	4.52	4.56
24	3.09	3.26	3.38	3.47	3.54	3.61	3.66	3.70	3.74	3.91	4.04	4.1†	4.2†	4.3†	4.3†	4.3†	4.4†
30	3.03	3.19	3.30	3.39	3.46	3.52	3.57	3.61	3.65	3.80	3.90	3.98	4.13	4.26	4.1†	4.2†	4.2†
40	2.97	3.12	3.23	3.31	3.38	3.43	3.48	3.51	3.55	3.70	3.79	3.88	3.93	3.97	4.01	4.1†	4.1†
60	2.92	3.06	3.16	3.24	3.30	3.34	3.39	3.42	3.46	3.59	3.69	3.76	3.81	3.84	3.89	3.93	3.97
120	2.86	2.99	3.09	3.16	3.22	3.27	3.31	3.34	3.37	3.50	3.58	3.64	3.69	3.73	3.77	3.80	3.83
∞	2.81	2.94	3.02	3.09	3.15	3.19	3.23	3.26	3.29	3.40	3.48	3.54	3.59	3.63	3.66	3.69	3.72

† Obtained by graphical interpolation

[표 5] 스튜던트화 최대 절댓값의 분위수; $|m|^{\alpha}_{k,\nu}$

	α = .10										
ν \ k	1	2	3	4	5	6	8	10	12	15	20
3	2.353	2.989	3.369	3.637	3.844	4.011	4.272	4.471	4.631	4.823	5.066
4	2.132	2.662	2.976	3.197	3.368	3.506	3.722	3.887	4.020	4.180	4.398
5	2.015	2.491	2.769	2.965	3.116	3.239	3.430	3.576	3.694	3.837	4.018
6	1.943	2.385	2.642	2.822	2.961	3.074	3.249	3.384	3.493	3.624	3.790
7	1.895	2.314	2.556	2.725	2.856	2.962	3.127	3.253	3.355	3.478	3.635
8	1.860	2.262	2.494	2.656	2.780	2.881	3.038	3.158	3.255	3.373	3.522
9	1.833	2.224	2.447	2.603	2.723	2.819	2.970	3.086	3.179	3.292	3.436
10	1.813	2.193	2.410	2.562	2.678	2.771	2.918	3.029	3.120	3.229	3.368
11	1.796	2.169	2.381	2.529	2.642	2.733	2.875	2.984	3.072	3.178	3.313
12	1.782	2.149	2.357	2.501	2.612	2.701	2.840	2.946	3.032	3.136	3.268
15	1.753	2.107	2.305	2.443	2.548	2.633	2.765	2.865	2.947	3.045	3.170
20	1.725	2.065	2.255	2.386	2.486	2.567	2.691	2.786	2.863	2.956	3.073
25	1.708	2.041	2.226	2.353	2.450	2.528	2.648	2.740	2.814	2.903	3.016
30	1.697	2.025	2.207	2.331	2.426	2.502	2.620	2.709	2.781	2.868	2.978
40	1.684	2.006	2.183	2.305	2.397	2.470	2.585	2.671	2.741	2.825	2.931
60	1.671	1.986	2.160	2.278	2.368	2.439	2.550	2.634	2.701	2.782	2.884
	α = .05										
3	3.183	3.960	4.430	4.764	5.023	5.233	5.562	5.812	6.015	6.259	6.567
4	2.777	3.382	3.745	4.003	4.203	4.366	4.621	4.817	4.975	5.166	5.409
5	2.571	3.091	3.399	3.619	3.789	3.928	4.145	4.312	4.447	4.611	4.819
6	2.447	2.916	3.193	3.389	3.541	3.664	3.858	4.008	4.129	4.275	4.462
7	2.365	2.800	3.056	3.236	3.376	3.489	3.668	3.805	3.916	4.051	4.223
8	2.306	2.718	2.958	3.128	3.258	3.365	3.532	3.660	3.764	3.891	4.052
9	2.262	2.657	2.885	3.046	3.171	3.272	3.430	3.552	3.651	3.770	3.923
10	2.228	2.609	2.829	2.984	3.103	3.199	3.351	3.468	3.562	3.677	3.823
11	2.201	2.571	2.784	2.933	3.048	3.142	3.288	3.400	3.491	3.602	3.743
12	2.179	2.540	2.747	2.892	3.004	3.095	3.236	3.345	3.433	3.541	3.677
15	2.132	2.474	2.669	2.805	2.910	2.994	3.126	3.227	3.309	3.409	3.536
20	2.086	2.411	2.594	2.722	2.819	2.898	3.020	3.114	3.190	3.282	3.399
25	2.060	2.374	2.551	2.673	2.766	2.842	2.959	3.048	3.121	3.208	3.320
30	2.042	2.350	2.522	2.641	2.732	2.805	2.918	3.005	3.075	3.160	3.267
40	2.021	2.321	2.488	2.603	2.690	2.760	2.869	2.952	3.019	3.100	3.203
60	2.000	2.292	2.454	2.564	2.649	2.716	2.821	2.900	2.964	3.041	3.139

[표 5] 스튜던트화 최대 절댓값의 분위수(계속)

$\alpha = .01$											
ν \ k	1	2	3	4	5	6	8	10	12	15	20
3	5.841	7.127	7.914	8.479	8.919	9.277	9.838	10.269	10.616	11.034	11.559
4	4.604	5.462	5.985	6.362	6.656	6.897	7.274	7.565	7.801	8.087	8.451
5	4.032	4.700	5.106	5.398	5.625	5.812	6.106	6.333	6.519	6.744	7.050
6	3.707	4.271	4.611	4.855	5.046	5.202	5.449	5.640	5.796	5.985	6.250
7	3.500	3.998	4.296	4.510	4.677	4.814	5.031	5.198	5.335	5.502	5.716
8	3.355	3.809	4.080	4.273	4.424	4.547	4.742	4.894	5.017	5.168	5.361
9	3.250	3.672	3.922	4.100	4.239	4.353	4.532	4.672	4.785	4.924	5.103
10	3.169	3.567	3.801	3.969	4.098	4.205	4.373	4.503	4.609	4.739	4.905
11	3.106	3.485	3.707	3.865	3.988	4.087	4.247	4.370	4.470	4.593	4.750
12	3.055	3.418	3.631	3.782	3.899	3.995	4.146	4.263	4.359	4.475	4.625
15	2.947	3.279	3.472	3.608	3.714	3.800	3.935	4.040	4.125	4.229	4.363
20	2.845	3.149	3.323	3.446	3.541	3.617	3.738	3.831	3.907	3.999	4.117
25	2.788	3.075	3.239	3.354	3.442	3.514	3.626	3.713	3.783	3.869	3.978
30	2.750	3.027	3.185	3.295	3.379	3.448	3.555	3.637	3.704	3.785	3.889
40	2.705	2.969	3.119	3.223	3.303	3.367	3.468	3.545	3.607	3.683	3.780
60	2.660	2.913	3.055	3.154	3.229	3.290	3.384	3.456	3.515	3.586	3.676

[표 6] Dunnett의 다대일 t–통계량의 분위수(단측); $d^{\alpha}_{k,\nu}$

ν \ k	1	2	3	4	5	6	7	8	9
$\alpha = .05$									
5	2.02	2.44	2.68	2.85	2.98	3.08	3.16	3.24	3.30
6	1.94	2.34	3.56	2.71	2.83	2.92	3.00	3.07	3.12
7	1.89	2.27	3.48	2.62	2.73	2.82	2.89	2.95	3.01
8	1.86	2.22	2.42	2.55	2.66	2.74	2.81	2.87	2.92
9	1.83	2.18	2.37	2.50	2.60	2.68	2.75	2.81	2.86
10	1.81	2.15	2.34	2.47	2.56	2.64	2.70	2.76	2.81
11	1.80	2.13	2.31	2.44	2.53	2.60	2.67	2.72	2.77
12	1.78	2.11	2.29	2.41	2.50	2.58	2.64	2.69	2.74
13	1.77	2.09	2.27	2.39	2.48	2.55	2.61	2.66	2.71
14	1.76	2.08	2.25	2.37	2.46	2.53	2.59	2.64	2.69
15	1.75	2.07	2.24	2.36	2.44	2.51	2.57	2.62	2.67
16	1.75	2.06	2.23	2.34	2.43	2.50	2.56	2.61	2.65
17	1.74	2.05	2.22	2.33	2.42	2.49	2.54	2.59	2.64
18	1.73	2.04	2.21	2.32	2.41	2.48	2.53	2.58	2.62
19	1.73	2.03	2.20	2.31	2.40	2.47	2.52	2.57	2.61
20	1.72	2.03	2.19	2.30	2.39	2.46	2.51	2.56	2.60
24	1.71	2.01	2.17	2.28	2.36	2.43	2.48	2.53	2.57
30	1.70	1.99	2.15	2.25	2.33	2.40	2.45	2.50	2.54
40	1.68	1.97	2.13	2.23	2.31	2.37	2.42	2.47	2.51
60	1.67	1.95	2.10	2.21	2.28	2.35	2.39	2.44	2.48
120	1.66	1.93	2.08	2.18	2.26	2.32	2.37	2.41	2.45
∞	1.64	1.92	2.06	2.16	2.23	2.29	2.34	2.38	2.42
$\alpha = .01$									
5	3.37	3.90	4.21	4.43	4.60	4.73	4.85	4.94	5.03
6	3.14	3.61	3.88	4.07	4.21	4.33	4.43	4.51	4.59
7	3.00	3.42	3.66	3.83	3.96	4.07	4.15	4.23	4.30
8	2.90	3.29	3.51	3.67	3.79	3.88	3.96	4.03	4.09
9	2.82	3.19	2.40	3.55	3.66	3.75	3.82	3.89	3.94
10	2.76	3.11	3.31	3.45	3.56	3.64	3.71	3.78	3.83
11	2.72	3.06	3.25	3.38	3.48	3.56	3.63	3.69	3.74
12	2.68	3.01	3.19	3.32	3.42	3.50	3.56	3.62	3.67
13	2.65	2.97	3.15	3.27	3.37	3.44	3.51	3.56	3.61
14	2.62	2.94	3.11	3.23	3.32	3.40	3.46	3.51	3.56
15	2.60	2.91	3.08	3.20	3.29	3.36	3.42	3.47	3.52
16	2.58	2.88	3.05	3.17	3.26	3.33	3.39	3.44	3.48
17	2.57	2.86	3.03	3.14	3.23	3.30	3.36	3.41	3.45
18	2.55	2.84	3.01	3.12	3.21	3.27	3.33	3.38	3.42
19	2.54	2.83	2.99	3.10	3.18	3.25	3.31	3.36	3.40
20	2.53	2.81	2.97	3.98	3.17	3.23	3.29	3.34	3.38
24	2.49	2.77	2.92	3.03	3.11	3.17	3.22	3.27	3.31
30	2.46	2.72	2.87	2.97	3.05	3.11	3.16	3.21	3.24
40	2.42	2.68	2.82	2.92	2.99	3.05	3.10	3.14	3.18
60	2.39	2.64	2.78	2.87	2.94	3.00	3.04	3.08	3.12
120	2.36	2.60	2.73	2.82	2.89	2.94	2.99	3.03	3.06
∞	2.33	2.56	2.68	2.77	2.84	2.89	2.93	2.97	3.00

[표 6] Dunnett의 다대일 t-통계량의 분위수(양측); $|d|^{\alpha}_{k,\nu}$

ν \ k	1	2	3	4	5	6	7	8	9	10	11	12	15	20
$\alpha=.05$														
5	2.57	3.03	3.29	3.48	3.62	3.73	3.82	3.90	3.97	4.03	4.09	4.14	4.26	4.42
6	2.45	2.86	3.10	3.26	3.39	3.49	3.57	3.64	3.71	3.76	3.81	3.86	3.97	4.11
7	2.36	2.75	2.97	3.12	3.24	3.33	3.41	3.47	3.53	3.58	3.63	3.67	3.78	3.91
8	2.31	2.67	2.88	3.02	3.13	3.22	3.29	3.35	3.41	3.46	3.50	3.54	3.64	3.76
9	2.26	2.61	2.81	2.95	3.05	3.14	3.20	3.26	3.32	3.36	3.40	3.44	3.53	3.65
10	2.23	2.57	2.76	2.89	2.99	3.07	3.14	3.19	3.24	3.29	3.33	3.36	3.45	3.57
11	2.20	2.53	2.72	2.84	2.94	3.02	3.08	3.14	3.19	3.23	3.27	3.30	3.39	3.50
12	2.18	2.50	2.68	2.81	2.90	2.98	3.04	3.09	3.14	3.18	3.22	3.25	3.34	3.45
13	2.16	2.48	2.65	2.78	2.87	2.94	3.00	3.06	3.10	3.14	3.18	3.21	3.29	3.40
14	2.14	2.46	2.63	2.75	2.84	2.91	2.97	3.02	3.07	3.11	3.14	3.18	3.26	3.36
15	2.13	2.44	2.61	2.73	2.82	2.89	2.95	3.00	3.04	3.08	3.12	3.15	3.23	3.33
16	2.12	2.42	2.59	2.71	2.80	2.87	2.92	2.97	3.02	3.06	3.09	3.12	3.20	3.30
17	2.11	2.41	2.58	2.69	2.78	2.85	2.90	2.95	3.00	3.03	3.07	3.10	3.18	3.27
18	2.10	2.40	2.56	2.68	2.76	2.83	2.89	2.94	2.98	3.01	3.05	3.08	3.16	3.25
19	2.09	2.39	2.55	2.66	2.75	2.81	2.87	2.92	2.96	3.00	3.03	3.06	3.14	3.23
20	2.09	2.38	2.54	2.65	2.73	2.80	2.86	2.90	2.95	2.98	3.02	3.05	3.12	3.22
24	2.06	2.35	2.51	2.61	2.70	2.76	2.81	2.86	2.90	2.94	2.97	3.00	3.07	3.16
30	2.04	2.32	2.47	2.58	2.66	2.72	2.77	2.82	2.86	2.89	2.92	2.95	3.02	3.11
40	2.02	2.29	2.44	2.54	2.62	2.68	2.73	2.77	2.81	2.85	2.87	2.90	2.97	3.06
60	2.00	2.27	2.41	2.51	2.58	2.64	2.69	2.73	2.77	2.80	2.83	2.86	2.92	3.00
120	1.98	2.24	2.38	2.47	2.55	2.60	2.65	2.69	2.73	2.76	2.79	2.81	2.87	2.95
∞	1.96	2.21	2.35	2.44	2.51	2.57	2.61	2.65	2.69	2.72	2.74	2.77	2.83	2.91
$\alpha=.01$														
5	4.03	4.63	4.98	5.22	5.41	5.56	5.69	5.80	5.89	5.98	6.05	6.12	6.30	6.52
6	3.71	4.21	4.51	4.71	4.87	5.00	5.10	5.20	5.28	5.35	5.41	5.47	5.62	5.81
7	3.50	3.95	4.21	4.39	4.53	4.64	4.74	4.82	4.89	4.95	5.01	5.06	5.19	5.36
8	3.36	3.77	4.00	4.17	4.29	4.40	4.48	4.56	4.62	4.68	4.73	4.78	4.90	5.05
9	3.25	3.63	3.85	4.01	4.12	4.22	4.30	4.37	4.43	4.48	4.53	4.57	4.68	4.82
10	3.17	3.53	3.74	3.88	3.99	4.08	4.16	4.22	4.28	4.33	4.37	4.42	4.52	4.65
11	3.11	3.45	3.65	3.79	3.89	3.98	4.05	4.11	4.16	4.21	4.25	4.29	4.39	4.52
12	3.05	3.39	3.58	3.71	3.81	3.89	3.96	4.02	4.07	4.12	4.16	4.19	4.29	4.41
13	3.01	3.33	3.52	3.65	3.74	3.82	3.89	3.94	3.99	4.04	4.08	4.11	4.20	4.32
14	2.98	3.29	3.47	3.59	3.69	3.76	3.83	3.88	3.93	3.97	4.01	4.05	4.13	4.24
15	2.95	3.25	3.43	3.55	3.64	3.71	3.78	3.83	3.88	3.92	3.95	3.99	4.07	4.18
16	2.92	3.22	3.39	3.51	3.60	3.67	3.73	3.78	3.83	3.87	3.91	3.94	4.02	4.13
17	2.90	3.19	3.36	3.47	3.56	3.63	3.69	3.74	3.79	3.83	3.86	3.90	3.98	4.08
18	2.88	3.17	3.33	3.44	3.53	3.60	3.66	3.71	3.75	3.79	3.83	3.86	3.94	4.04
19	2.86	3.15	3.31	3.42	3.50	3.57	3.63	3.68	3.72	3.76	3.79	3.83	3.90	4.00
20	2.85	3.13	3.29	3.40	3.48	3.55	3.60	3.65	3.69	3.73	3.77	3.80	3.87	3.97
24	2.80	3.07	3.22	3.32	3.40	3.47	3.52	3.57	3.61	3.64	3.68	3.70	3.78	3.87
30	2.75	3.01	3.15	3.25	3.33	3.39	3.44	3.49	3.52	3.56	3.59	3.62	3.69	3.78
40	2.70	2.95	3.09	3.19	3.26	3.32	3.37	3.41	3.44	3.48	3.51	3.53	3.60	3.68
60	2.66	2.90	3.03	3.12	3.19	3.25	3.29	3.33	3.37	3.40	3.42	3.45	3.51	3.59
120	2.62	2.85	2.97	3.06	3.12	3.18	3.22	3.26	3.29	3.32	3.35	3.37	3.43	3.51
∞	2.58	2.79	2.92	3.00	3.06	3.11	3.15	3.19	3.22	3.25	3.27	3.29	3.35	3.42

[표 7] Duncan의 다중범위검정의 분위수; $q^{\alpha_p}_{p,\nu}$, $\alpha_p = 1-(1-\alpha)^{p-1}$

$\alpha = .05$

ν \ p	2	3	4	5	6	7	8	9	10
1	17.97	17.97	17.97	17.97	17.97	17.97	17.97	17.97	17.97
2	6.085	6.085	6.085	6.085	6.085	6.085	6.085	6.085	6.085
3	4.501	4.516	4.516	4.516	4.516	4.516	4.516	4.516	4.516
4	3.927	4.013	4.033	4.033	4.033	4.033	4.033	4.033	4.033
5	3.635	3.749	3.797	3.814	3.814	3.814	3.814	3.814	3.814
6	3.461	3.587	3.649	3.680	3.694	3.697	3.697	3.697	3.697
7	3.344	3.477	3.548	3.588	3.611	3.622	3.626	3.626	3.626
8	3.261	3.399	3.475	3.521	3.549	3.566	3.575	3.579	3.579
9	3.199	3.339	3.420	3.470	3.502	3.523	3.536	3.544	3.547
10	3.151	3.293	3.376	3.430	3.465	3.489	3.505	3.516	3.522
11	3.113	3.256	3.342	3.397	3.435	3.462	3.480	3.493	3.501
12	3.082	3.225	3.313	3.370	3.410	3.439	3.459	3.474	3.484
13	3.055	3.200	3.289	3.348	3.389	3.419	3.442	3.458	3.470
14	3.033	3.178	3.268	3.329	3.372	3.403	3.426	3.444	3.457
15	3.014	3.160	3.250	3.312	3.356	3.389	3.413	3.432	3.446
16	2.998	3.144	3.235	3.298	3.343	3.376	3.402	3.422	3.437
17	2.984	3.130	3.222	3.285	3.331	3.366	3.392	3.412	3.429
18	2.971	3.118	3.210	3.274	3.321	3.356	3.383	3.405	3.421
19	2.960	3.107	3.199	3.264	3.311	3.347	3.375	3.397	3.415
20	2.950	3.097	3.190	3.255	3.303	3.339	3.368	3.391	3.409
24	2.919	3.066	3.160	3.226	3.276	3.315	3.345	3.370	3.390
30	2.888	3.035	3.131	3.199	3.250	3.290	3.322	3.349	3.371
40	2.858	3.006	3.102	3.171	3.224	3.266	3.300	3.328	3.352
60	2.829	2.976	3.073	3.143	3.198	3.241	3.277	3.307	3.333
120	2.800	2.947	3.045	3.116	3.172	3.217	3.254	3.287	3.314
∞	2.772	2.918	3.017	3.089	3.146	3.193	3.232	3.265	3.294

ν \ p	11	12	13	14	15	16	17	18	19
1	17.97	17.97	17.97	17.97	17.97	17.97	17.97	17.97	17.97
2	6.085	6.085	6.085	6.085	6.085	6.085	6.085	6.085	6.085
3	4.516	4.516	4.516	4.516	4.516	4.516	4.516	4.516	4.516
4	4.033	4.033	4.033	4.033	4.033	4.033	4.033	4.033	4.033
5	3.814	3.814	3.814	3.814	3.814	3.814	3.814	3.814	3.814
6	3.697	3.697	3.697	3.697	3.697	3.697	3.697	3.697	3.697
7	3.626	3.626	3.626	3.626	3.626	3.626	3.626	3.626	3.626
8	3.579	3.579	3.579	3.579	3.579	3.579	3.579	3.579	3.579
9	3.547	3.547	3.547	3.547	3.547	3.547	3.547	3.547	3.547
10	3.525	3.526	3.526	3.526	3.526	3.526	3.526	3.526	3.526
11	3.506	3.509	3.510	3.510	3.510	3.510	3.510	3.510	3.510
12	3.491	3.496	3.498	3.499	3.499	3.499	3.499	3.499	3.499
13	3.478	3.484	3.488	3.490	3.490	3.490	3.490	3.490	3.490
14	3.467	3.474	3.479	3.482	3.484	3.484	3.485	3.485	3.485
15	3.457	3.465	3.471	3.476	3.478	3.480	3.481	3.481	3.481
16	3.449	3.458	3.465	3.470	3.473	3.477	3.478	3.478	3.478
17	3.441	3.451	3.459	3.465	3.469	3.473	3.475	3.476	3.476
18	3.435	3.445	3.454	3.460	3.465	3.470	3.472	3.474	3.474
19	3.429	3.440	3.449	3.456	3.462	3.467	3.470	3.472	3.473
20	3.424	3.436	3.445	3.453	3.459	3.464	3.467	3.470	3.472
24	3.406	3.420	3.432	3.441	3.449	3.456	3.461	3.465	3.469
30	3.389	3.405	3.418	3.430	3.439	3.447	3.454	3.460	3.466
40	3.373	3.390	3.405	3.418	3.429	3.439	3.448	3.456	3.463
60	3.355	3.374	3.391	3.406	3.419	3.431	3.442	3.451	3.460
120	3.337	3.359	3.377	3.394	3.409	3.423	3.435	3.446	3.457
∞	3.320	3.343	3.363	3.382	3.399	3.414	3.428	3.442	3.454

[표 7] Duncan의 다중범위검정의 분위수(계속)

$\alpha = .05$

ν \ p	20	22	24	26	28	30	32	34	36
1	17.97	17.97	17.97	17.97	17.97	17.97	17.97	17.97	17.97
2	6.085	6.085	6.085	6.085	6.085	6.085	6.085	6.085	6.085
3	4.516	4.516	4.516	4.516	4.516	4.516	4.516	4.516	4.516
4	4.033	4.033	4.033	4.033	4.033	4.033	4.033	4.033	4.033
5	3.814	3.814	3.814	3.814	3.814	3.814	3.814	3.814	3.814
6	3.697	3.697	3.697	3.697	3.697	3.697	3.697	3.697	3.697
7	3.626	3.626	3.626	3.626	3.626	3.626	3.626	3.626	2.626
8	3.579	3.579	3.579	3.579	3.579	3.579	3.579	3.579	3.579
9	3.547	3.547	3.547	3.547	3.547	3.547	3.547	3.547	3.547
10	3.526	3.526	3.526	3.526	3.526	3.526	3.526	3.526	3.526
11	3.510	3.510	3.510	3.510	3.510	3.510	3.510	3.510	3.510
12	3.499	3.499	3.499	3.499	3.499	3.499	3.499	3.499	3.499
13	3.490	3.490	3.490	3.490	3.490	3.490	3.490	3.490	3.490
14	3.485	3.485	3.485	3.485	3.485	3.485	3.485	3.485	3.485
15	3.481	3.481	3.471	3.481	3.481	3.481	3.481	3.481	3.481
16	3.478	3.478	3.478	3.478	3.478	3.478	3.478	3.478	3.478
17	3.476	3.476	3.476	3.476	3.476	3.476	3.476	3.476	3.476
18	3.474	3.474	3.474	3.474	3.474	3.474	3.474	3.474	3.474
19	3.474	3.474	3.474	3.474	3.474	3.474	3.474	3.474	3.474
20	3.473	3.474	3.474	3.474	3.474	3.474	3.474	3.474	3.474
24	3.471	3.475	3.477	3.477	3.477	3.477	3.477	3.477	3.477
30	3.470	4.477	3.481	3.484	3.486	3.486	3.486	3.486	3.486
40	3.469	4.479	3.486	3.492	3.497	3.500	3.503	3.504	3.504
60	3.467	4.481	3.492	3.501	3.509	3.515	3.521	3.525	3.529
120	3.466	4.483	3.498	3.511	3.522	3.532	3.541	3.548	3.555
∞	3.466	4.486	3.505	3.522	3.536	3.550	3.562	3.574	3.584

ν \ p	38	40	50	60	70	80	90	100
1	17.97	17.97	17.97	17.97	17.94	17.97	17.97	17.97
2	6.085	6.085	6.085	6.085	6.085	6.085	6.085	6.085
3	4.516	4.516	4.516	4.516	4.516	4.516	4.516	4.516
4	4.033	4.033	4.033	4.033	4.033	4.033	4.033	4.033
5	3.814	3.814	3.814	3.814	3.814	3.814	3.814	3.814
6	3.697	3.697	3.697	3.697	3.694	3.694	3.697	3.697
7	3.626	3.626	3.626	3.626	3.626	3.626	3.626	3.626
8	3.579	3.579	3.579	3.579	3.579	3.579	3.579	3.579
9	3.547	3.547	3.547	3.547	3.547	3.547	3.547	3.547
10	3.526	3.526	3.526	3.526	3.526	3.526	3.526	3.526
11	3.510	3.510	3.510	3.510	3.510	3.510	3.510	3.510
12	3.499	3.499	3.499	3.499	3.499	3.499	3.499	3.499
13	3.490	3.490	3.490	3.490	3.490	3.490	3.490	3.490
14	3.485	3.485	3.485	3.485	3.485	3.485	3.485	3.485
15	3.481	3.481	3.481	3.481	3.481	3.481	3.481	3.481
16	3.478	3.478	3.478	3.478	3.478	3.478	3.478	3.478
17	3.476	3.476	3.476	3.476	3.476	3.476	3.476	3.476
18	3.474	3.474	3.474	3.474	3.474	3.474	3.474	3.474
19	3.474	3.474	3.474	3.474	3.474	3.474	3.474	3.474
20	3.474	3.474	3.474	3.474	3.474	3.474	3.474	3.474
24	3.477	3.477	3.477	3.477	3.477	3.477	3.477	3.477
30	3.486	4.486	3.486	3.486	3.486	3.486	3.486	3.486
40	3.504	4.504	3.504	3.504	3.504	3.504	3.504	3.504
60	3.531	3.534	3.537	3.537	3.537	3.537	3.537	3.537
120	3.561	3.566	3.585	3.596	3.600	3.601	3.601	3.601
∞	3.594	3.603	3.640	3.668	3.690	3.708	3.722	3.735

[표 7] Duncan의 다중범위검정의 분위수(계속)

$\alpha = .01$

ν \ p	2	3	4	5	6	7	8	9	10
1	90.03	90.03	90.03	90.03	90.03	90.03	90.03	90.03	90.03
2	14.04	14.04	14.04	14.04	14.04	14.04	14.04	14.04	14.04
3	8.261	8.321	8.321	8.321	8.321	8.321	8.321	8.321	8.321
4	6.512	6.677	6.740	6.756	6.756	6.756	6.756	6.756	6.756
5	5.702	5.893	5.989	6.040	6.065	6.074	6.074	6.074	6.074
6	5.243	5.439	5.549	5.614	5.655	5.680	5.694	5.701	5.703
7	4.949	5.145	5.260	5.334	5.383	5.416	5.439	5.454	5.464
8	4.746	4.939	5.057	5.135	5.189	5.227	5.256	5.276	5.291
9	4.596	4.787	4.906	4.986	5.043	5.086	5.118	5.142	5.160
10	4.482	4.671	4.790	4.871	4.931	4.975	5.010	5.037	5.058
11	4.392	4.579	4.697	4.780	4.841	4.887	4.924	4.952	4.975
12	4.320	4.504	4.622	4.706	4.767	4.815	4.852	4.883	4.907
13	4.260	4.442	4.560	4.644	4.706	4.755	4.793	4.824	4.850
14	4.210	4.391	4.508	4.591	4.654	4.704	4.743	4.775	4.802
15	4.168	4.347	4.463	4.547	4.610	4.660	4.700	4.733	4.760
16	4.131	4.309	4.425	4.509	4.572	4.622	4.663	4.696	4.724
17	4.099	4.275	4.391	4.475	4.539	4.589	4.630	4.664	4.693
18	4.071	4.246	4.362	4.445	4.509	4.560	4.601	4.635	4.664
19	4.046	4.220	4.335	4.419	4.483	4.534	4.575	4.610	4.639
20	4.024	4.197	4.312	4.395	4.459	4.510	4.552	4.587	4.617
24	3.956	4.126	4.239	4.322	4.386	4.437	4.480	4.516	4.546
30	3.889	4.056	4.168	4.250	4.314	4.366	4.409	4.445	4.477
40	3.825	3.988	4.098	4.180	4.244	4.296	4.339	4.376	4.408
60	3.762	3.922	4.031	4.111	4.174	4.226	4.270	4.307	4.340
120	3.702	3.858	3.965	4.044	4.107	4.158	4.202	4.239	4.272
∞	3.643	3.796	3.900	4.978	4.040	4.091	4.135	4.172	4.205

ν \ p	11	12	13	14	15	16	17	18	19
1	90.03	90.03	90.03	90.03	90.03	90.03	90.03	90.03	90.03
2	14.04	14.04	14.04	14.04	14.04	14.04	14.04	14.04	14.04
3	8.321	8.321	8.321	8.321	8.321	8.321	8.321	8.321	8.321
4	6.756	6.756	6.756	6.756	6.756	6.756	6.756	6.756	6.756
5	6.074	6.074	6.074	6.074	6.074	6.074	6.074	6.074	6.074
6	5.703	5.703	5.703	5.703	5.703	5.703	5.703	5.703	5.703
7	5.470	5.472	5.472	5.472	5.472	5.472	5.472	5.472	5.472
8	5.302	5.309	5.314	5.316	5.317	5.317	5.317	5.317	5.317
9	5.174	5.185	5.193	5.199	5.203	5.205	5.206	5.206	5.206
10	5.074	5.088	5.098	5.106	5.112	5.117	5.120	5.122	5.124
11	4.994	5.009	5.021	5.031	5.039	5.045	5.050	5.054	5.057
12	4.927	4.944	4.958	4.969	4.978	4.986	4.993	4.998	5.002
13	4.872	4.889	4.904	4.917	4.928	4.937	4.944	4.950	4.956
14	4.824	4.843	4.859	4.872	4.884	4.894	4.902	4.910	4.916
15	4.783	4.803	4.820	4.834	4.846	4.857	4.866	4.874	4.881
16	4.748	4.768	4.786	4.800	4.813	4.825	4.835	4.844	4.851
17	4.717	4.738	4.756	4.771	4.785	4.797	4.807	4.816	4.824
18	4.689	4.711	4.729	4.745	4.759	4.772	4.783	4.792	4.801
19	4.665	4.686	4.705	4.722	4.736	4.749	4.761	4.771	4.780
20	4.642	4.664	4.684	4.701	4.716	4.729	4.741	4.751	4.761
24	4.573	4.596	4.616	4.634	4.651	4.665	4.678	4.690	4.700
30	4.504	4.528	4.550	4.569	4.586	4.601	4.615	4.628	4.640
40	4.436	4.461	4.483	4.503	4.521	4.537	4.553	4.566	4.579
60	4.368	4.394	4.417	4.438	4.456	4.474	4.490	4.504	4.518
120	4.301	4.327	4.351	4.372	4.392	4.410	4.426	4.442	4.456
∞	4.235	4.261	4.285	4.307	4.327	4.345	4.363	4.379	4.394

[표 7] Duncan의 다중범위검정의 분위수(계속)

$\alpha = .01$

ν \ p	20	22	24	26	28	30	32	34	36
1	90.03	90.03	90.03	90.03	90.03	90.03	90.03	90.03	90.03
2	14.04	14.04	14.04	14.04	14.04	14.04	14.04	14.04	14.04
3	8.321	8.321	8.321	8.321	8.321	8.321	8.321	8.321	8.321
4	6.756	6.756	6.756	6.756	6.756	6.756	6.756	6.756	6.756
5	6.074	6.074	6.074	6.074	6.074	6.074	6.074	6.074	6.074
6	5.703	5.703	5.703	5.703	5.703	5.703	5.703	5.703	5.703
7	5.472	5.472	5.472	5.472	5.472	5.472	5.472	5.472	5.472
8	5.317	5.317	5.317	5.317	5.317	5.317	5.317	5.317	5.317
9	5.206	5.206	5.206	5.206	5.206	5.206	5.206	5.206	5.206
10	5.124	5.124	5.124	5.124	5.124	5.124	5.124	5.124	5.124
11	5.059	5.061	5.061	5.061	5.061	5.061	5.061	5.061	5.061
12	5.006	5.010	5.011	5.011	5.011	5.011	5.011	5.011	5.011
13	4.960	4.966	4.970	4.972	4.972	4.972	4.972	4.972	4.972
14	4.921	4.929	4.935	4.938	4.940	4.940	4.940	4.940	4.940
15	4.887	4.897	4.904	4.909	4.912	4.914	4.914	4.914	4.914
16	4.858	4.869	4.877	4.883	4.887	4.890	4.892	4.892	4.892
17	4.832	4.844	4.853	4.860	4.865	4.869	4.872	4.873	4.874
18	4.808	4.821	4.832	4.839	4.846	4.850	4.854	4.856	4.857
19	4.788	4.802	4.812	4.821	4.828	4.833	4.838	4.841	4.843
20	4.769	4.784	4.795	4.805	4.813	4.818	4.823	4.827	4.830
24	4.710	4.727	4.741	4.752	4.762	4.770	4.777	4.783	4.788
30	4.650	4.669	4.685	4.699	4.711	4.721	4.730	4.738	4.744
40	4.591	4.611	4.630	4.645	4.659	4.671	4.682	4.692	4.700
60	4.530	4.553	4.573	4.591	4.607	4.620	4.633	4.645	4.655
120	4.469	4.494	4.516	4.535	4.552	4.568	4.583	4.596	4.609
∞	4.408	4.434	4.457	4.478	4.497	4.514	4.530	4.545	4.559

ν \ p	38	40	50	60	70	80	90	100
1	90.03	90.03	90.03	90.03	90.03	90.03	90.03	90.03
2	14.04	14.04	14.04	14.04	14.04	14.04	14.04	14.04
3	8.321	8.321	8.321	8.321	8.321	8.321	8.321	8.321
4	6.756	6.756	6.756	6.756	6.756	6.756	6.756	6.756
5	6.074	6.074	6.074	6.074	6.074	6.074	6.074	6.074
6	5.703	5.703	5.703	5.703	5.703	5.703	5.703	5.703
7	5.472	5.472	5.472	5.472	5.472	5.472	5.472	5.472
8	5.317	5.317	5.317	5.317	5.317	5.317	5.317	5.317
9	5.206	5.206	5.206	5.206	5.206	5.206	5.206	5.206
10	5.124	5.124	5.124	5.124	5.124	5.124	5.124	5.124
11	5.061	5.061	5.061	5.061	5.061	5.061	5.061	5.061
12	5.011	5.011	5.011	5.011	5.011	5.011	5.011	5.011
13	4.972	4.972	4.972	4.972	4.972	4.972	4.972	4.972
14	4.940	4.940	4.940	4.940	4.940	4.940	4.940	4.940
15	4.914	4.914	4.914	4.914	4.914	4.914	4.914	4.914
16	4.892	4.892	4.892	4.892	4.892	4.892	4.892	4.892
17	4.874	4.874	4.874	4.874	4.874	4.874	4.874	4.874
18	4.858	4.858	4.858	4.858	4.858	4.858	4.858	4.858
19	4.844	4.845	4.845	4.845	4.845	4.845	4.845	4.845
20	4.832	4.833	4.833	4.833	4.833	4.833	4.833	4.833
24	4.791	4.794	4.802	4.802	4.802	4.802	4.802	4.802
30	4.750	4.755	4.772	4.777	4.777	4.777	4.777	4.777
40	4.708	4.715	4.740	4.754	4.761	4.764	4.764	4.764
60	4.665	4.673	4.707	4.730	4.745	4.755	4.761	4.765
120	4.619	4.630	4.673	4.703	4.727	4.745	4.759	4.770
∞	4.572	4.584	4.635	4.675	4.707	4.734	4.756	4.776

[표 8] Waller–Duncan k–비 검정의 t_c값: (a) $k=100$인 경우

	df_2												
df_1	6	8	10	12	14	16	18	20	24	30	40	60	120
$F=1.2(a=.913, b=2.449)$													
2–6	*	*	*	*	*	*	*	*	*	*	*	*	*
8	2.91	2.94	2.96	2.97	2.98	2.99	2.99	2.99	3.00	3.00	3.00	3.00	3.00
10	2.93	2.98	3.01	3.04	3.05	3.06	3.07	3.08	3.09	3.10	3.10	3.11	3.12
12	2.95	3.01	3.05	3.08	3.10	3.12	3.13	3.14	3.16	3.17	3.19	3.20	3.21
14	2.96	3.03	3.08	3.12	3.14	3.16	3.18	3.19	3.21	3.23	3.25	3.27	3.29
16	2.97	3.05	3.11	3.15	3.18	3.20	3.22	3.24	3.26	3.28	3.31	3.33	3.36
20	2.99	3.08	3.14	3.19	3.23	3.26	3.28	3.30	3.33	3.37	3.40	3.44	3.47
40	3.02	3.13	3.22	3.29	3.35	3.39	3.43	3.47	3.52	3.58	3.64	3.72	3.79
100	3.04	3.17	3.28	3.36	3.44	3.50	3.55	3.59	3.67	3.76	3.86	3.98	4.11
∞	3.05	3.20	3.32	3.42	3.50	3.58	3.64	3.70	3.80	3.91	4.06	4.24	4.45
$F=1.4(a=.845, b=1.871)$													
2–4	*	*	*	*	*	*	*	*	*	*	*	*	*
6	2.85	2.84	2.83	2.82	2.82	2.81	2.80	2.80	2.79	2.78	2.77	2.75	2.74
8	2.88	2.89	2.90	2.90	2.90	2.89	2.89	2.89	2.88	2.88	2.87	2.86	2.85
10	2.90	2.93	2.94	2.95	2.95	2.96	2.96	2.96	2.95	2.95	2.95	2.94	2.93
12	2.92	2.95	2.98	2.99	3.00	3.00	3.01	3.01	3.01	3.01	3.01	3.00	2.99
14	2.93	2.97	3.00	3.02	3.03	3.04	3.04	3.05	3.05	3.06	3.06	3.05	3.05
16	2.94	2.99	3.02	3.04	3.06	3.07	3.08	3.08	3.09	3.09	3.10	3.10	3.09
20	2.95	3.01	3.05	3.08	3.10	3.11	3.12	3.13	3.14	3.15	3.16	3.16	3.16
40	2.98	3.06	3.12	3.16	3.19	3.22	3.24	3.25	3.28	3.30	3.31	3.32	3.32
100	2.99	3.09	3.16	3.22	3.26	3.29	3.32	3.34	3.38	3.41	3.43	3.45	3.42
∞	3.01	3.12	3.20	3.26	3.31	3.35	3.39	3.42	3.46	3.50	3.53	3.54	3.46
$F=1.7(a=.767, b=1.558)$													
2	*	*	*	*	*	*	*	*	*	*	*	*	*
4	*	*	*	*	*	2.61	2.59	2.58	2.56	2.54	2.52	2.50	2.48
6	2.82	2.79	2.76	2.74	2.72	2.71	2.70	2.69	2.67	2.65	2.63	2.61	2.58
8	2.84	2.83	2.81	2.80	2.78	2.77	2.76	2.75	2.74	2.72	2.70	2.68	2.65
10	2.86	2.86	2.85	2.84	2.83	2.82	2.81	2.80	2.79	2.77	2.75	2.73	2.70
12	2.87	2.88	2.88	2.87	2.86	2.85	2.84	2.84	2.82	2.81	2.79	2.76	2.73
14	2.88	2.90	2.90	2.89	2.89	2.88	2.87	2.86	2.85	2.83	2.81	2.79	2.75
16	2.89	2.91	2.91	2.91	2.90	2.90	2.89	2.89	2.87	2.86	2.84	2.81	2.77
20	2.90	2.93	2.93	2.94	2.93	2.93	2.92	2.92	2.91	2.89	2.87	2.84	2.80
40	2.93	2.97	2.99	3.00	3.00	3.00	3.00	2.99	2.98	2.97	2.94	2.89	2.83
100	2.94	2.99	3.02	3.04	3.05	3.05	3.05	3.05	3.04	3.02	2.98	2.92	2.83
∞	2.95	3.01	3.05	3.07	3.08	3.09	3.09	3.08	3.07	3.05	3.01	2.93	2.81

[표 8] Waller-Duncan k-비 검정의 t_c값: (a) $k=100$인 경우(계속)

	df_2												
df_1	6	8	10	12	14	16	18	20	24	30	40	60	120
$F=2.0(a=.707, b=1.414)$													
2	*	*	*	*	*	*	*	*	*	*	*	*	*
4	2.74	2.67	2.63	2.59	2.56	2.54	2.52	2.51	2.49	2.46	2.44	2.41	2.39
6	2.79	2.74	2.70	2.67	2.64	2.62	2.60	2.59	2.57	2.54	2.52	2.49	2.46
8	2.81	2.77	2.74	2.71	2.69	2.67	2.65	2.64	2.62	2.59	2.56	2.53	2.49
10	2.83	2.80	2.77	2.74	2.72	2.70	2.69	2.67	2.65	2.62	2.59	2.56	2.52
12	2.84	2.82	2.79	2.77	2.75	2.73	2.71	2.70	2.67	2.64	2.61	2.57	2.53
14	2.85	2.83	2.81	2.79	2.77	2.75	2.73	2.72	2.69	2.66	2.63	2.59	2.54
16	2.85	2.84	2.82	2.80	2.78	2.76	2.74	2.73	2.70	2.67	2.64	2.59	2.54
20	2.86	2.85	2.84	2.82	2.80	2.78	2.77	2.75	2.72	2.69	2.65	2.61	2.55
40	2.88	2.89	2.88	2.86	2.85	2.83	2.81	2.80	2.77	2.73	2.68	2.62	2.55
100	2.89	2.91	2.90	2.89	2.88	2.86	2.84	2.82	2.79	2.75	2.69	2.62	2.53
∞	2.90	2.92	2.92	2.91	2.90	2.88	2.86	2.85	2.81	2.76	2.69	2.61	2.52
$F=2.4(a=.645, b=1.309)$													
2	*	*	*	*	*	*	*	*	*	*	*	*	2.18
4	2.71	2.63	2.57	2.53	2.49	2.47	2.44	2.43	2.40	2.37	2.34	2.31	2.28
6	2.75	2.68	2.63	2.58	2.55	2.52	2.50	2.48	2.46	2.42	2.39	2.36	2.32
8	2.77	2.71	2.66	2.62	2.59	2.56	2.54	2.52	2.49	2.45	2.42	2.38	2.34
10	2.79	2.73	2.68	2.64	2.61	2.58	2.56	2.54	2.50	2.47	2.43	2.39	2.34
12	2.79	2.74	2.70	2.66	2.62	2.60	2.57	2.55	2.52	2.48	2.44	2.39	2.35
14	2.80	2.75	2.71	2.67	2.64	2.61	2.58	2.56	2.53	2.49	2.44	2.40	2.35
16	2.81	2.76	2.72	2.68	2.65	2.62	2.59	2.57	2.53	2.49	2.45	2.40	2.34
20	2.82	2.77	2.73	2.69	2.66	2.63	2.60	2.58	2.54	2.50	2.45	2.40	2.34
40	2.83	2.80	2.76	2.72	2.69	2.66	2.63	2.60	2.56	2.51	2.46	2.39	2.33
100	2.84	2.81	2.78	2.74	2.71	2.67	2.64	2.62	2.57	2.51	2.45	2.39	2.32
∞	2.85	2.83	2.79	2.76	2.72	2.68	2.65	2.62	2.57	2.51	2.45	2.38	2.31
$F=3.0(a=.577, b=1.225)$													
2	*	*	2.41	2.36	2.32	2.29	2.27	2.25	2.22	2.20	2.17	2.14	2.11
4	2.68	2.57	2.50	2.45	2.41	2.38	2.35	2.33	2.30	2.27	2.24	2.20	2.17
6	2.71	2.61	2.54	2.49	2.44	2.41	2.39	2.36	2.33	2.29	2.26	2.22	2.18
8	2.72	2.63	2.56	2.51	2.47	2.43	2.40	2.38	2.34	2.31	2.27	2.22	2.18
10	2.74	2.65	2.58	2.52	2.48	2.44	2.41	2.39	2.35	2.31	2.27	2.22	2.18
12	2.74	2.66	2.59	2.53	2.49	2.45	2.42	2.40	2.36	2.31	2.27	2.22	2.18
14	2.75	2.66	2.60	2.54	2.49	2.46	2.43	3.40	2.36	2.32	2.27	2.22	2.17
16	2.75	2.67	2.60	2.55	2.50	2.46	2.43	3.40	2.36	2.32	2.27	2.22	2.17
20	2.76	2.68	2.61	2.55	2.51	2.47	2.43	3.41	2.36	2.32	2.27	2.22	2.17
40	2.77	2.70	2.63	2.57	2.52	2.48	2.44	3.41	2.37	2.32	2.26	2.21	2.16
100	2.78	2.71	2.64	2.58	2.53	2.49	2.45	3.42	2.37	2.31	2.26	2.21	2.16
∞	2.79	2.71	2.65	2.59	2.53	2.49	2.45	3.42	2.37	2.31	2.26	2.20	2.15

[표 8] Waller–Duncan k–비 검정의 t_c값: (a) $k=100$인 경우(계속)

	df_2												
df_1	6	8	10	12	14	16	18	20	24	30	40	60	120
$F=4.0(a=.500, b=1.155)$													
2	2.58	2.44	2.35	2.29	2.25	2.22	2.20	2.18	2.15	2.12	2.09	2.06	2.03
4	2.63	2.50	2.41	2.35	2.30	2.27	2.24	2.22	2.18	2.15	2.12	2.08	2.05
6	2.65	2.52	2.43	2.37	2.32	2.28	2.25	2.23	2.19	2.16	2.12	2.08	2.04
10	2.67	2.55	2.46	2.39	2.34	2.30	2.26	2.24	2.20	2.16	2.12	2.08	2.04
20	2.69	2.57	2.47	2.40	2.35	2.30	2.27	2.24	2.20	2.15	2.11	2.07	2.03
∞	2.71	2.59	2.49	2.42	2.36	2.31	2.27	2.24	2.19	2.15	2.11	2.06	2.02
$F=6.0(a=.408, b=1.095)$													
2	2.53	2.37	2.27	2.21	2.16	2.13	2.10	2.08	2.05	2.02	1.99	1.96	1.93
4	2.56	2.40	2.30	2.23	2.18	2.14	2.12	2.09	2.06	2.02	1.99	1.96	1.93
6	2.58	2.42	2.31	2.24	2.19	2.15	2.12	2.09	2.06	2.02	1.99	1.95	1.92
10	2.59	2.43	2.32	2.24	2.19	2.15	2.12	2.09	2.06	2.02	1.99	1.95	1.92
20	2.60	2.44	2.32	2.25	2.19	2.15	2.12	2.09	2.05	2.02	1.98	1.95	1.92
∞	2.61	2.44	2.33	2.25	2.19	2.15	2.12	2.09	2.05	2.02	1.98	1.95	1.92
$F=10.0(a=.316, b=1.054)$													
2	2.48	2.30	2.19	2.12	2.07	2.04	2.01	1.99	1.96	1.93	1.90	1.87	1.85
4	2.49	2.31	2.20	2.13	2.08	2.04	2.01	1.99	1.96	1.93	1.90	1.87	1.84
6	2.50	2.31	2.20	2.13	2.08	2.04	2.01	1.99	1.96	1.93	1.90	1.87	1.84
≥ 10	2.51	2.32	2.20	2.13	2.08	2.04	2.01	1.99	1.96	1.93	1.90	1.87	1.84
$F=25.0(a=.200, b=1.021)$													
2–4	2.40	2.20	2.10	2.03	1.99	1.95	1.93	1.91	1.88	1.86	1.83	1.80	1.78
≥ 6	2.41	2.21	2.10	2.03	1.99	1.95	1.93	1.91	1.88	1.86	1.83	1.80	1.78
$F=\infty(a=0, b=1)$													
≥ 2	2.33	2.13	2.03	1.97	1.93	1.90	1.88	1.86	1.84	1.81	1.79	1.76	1.74

* All differences not significant. $a=1/F^{1/2}$; $b=[F/(F-1)]^{1/2}$.

[표 8] Waller-Duncan k-비 검정의 t_c값: (b) $k=500$인 경우

	df_2												
df_1	6	8	10	12	14	16	18	20	24	30	40	60	120
$F=1.2(a=.913, b=2.449)$													
2−16	*	*	*	*	*	*	*	*	*	*	*	*	*
20	4.70	4.82	4.89	*	*	*	*	*	*	*	*	*	*
40	4.75	4.91	5.03	5.12	5.20	5.25	5.30	5.34	5.41	5.48	5.55	5.61	5.67
100	4.79	4.98	5.13	5.25	5.34	5.43	5.50	5.56	5.65	5.76	5.89	6.02	6.13
∞	4.81	5.03	5.20	5.34	5.46	5.56	5.65	5.73	5.86	6.02	6.20	6.41	6.56
$F=1.4(a=.845, b=1.871)$													
2−14	*	*	*	*	*	*	*	*	*	*	*	*	*
16	4.61	4.66	4.68	4.69	4.69	4.69	4.69	4.68	4.67	4.65	4.62	4.58	4.53
20	4.64	4.70	4.73	4.75	4.76	4.77	4.77	4.76	4.76	4.74	4.72	4.68	4.62
40	4.68	4.78	4.85	4.89	4.92	4.94	4.96	4.96	4.97	4.97	4.95	4.90	4.81
∞	4.74	4.88	4.99	5.06	5.12	5.17	5.20	5.23	5.26	5.28	5.26	5.16	4.82
$F=1.7(a=.767, b=1.558)$													
2−8	*	*	*	*	*	*	*	*	*	*	*	*	*
10	*	*	*	*	*	*	*	*	*	4.08	4.02	3.95	3.87
12	4.50	4.46	4.42	4.38	4.34	4.30	4.27	4.24	4.19	4.14	4.07	3.99	3.90
20	4.55	4.54	4.52	4.49	4.36	4.43	4.40	4.37	4.32	4.26	4.18	4.08	3.95
40	4.59	4.61	4.61	4.60	4.57	4.55	4.52	4.49	4.44	4.36	4.26	4.12	3.93
∞	4.64	4.69	4.71	4.72	4.71	4.69	4.66	4.63	4.57	4.46	4.31	4.07	3.76
$F=2.0(a=.707, b=1.414)$													
2−6	*	*	*	*	*	*	*	*	*	*	*	*	*
8	*	*	*	*	*	3.98	3.93	3.89	3.83	3.76	3.69	3.60	3.51
10	4.41	4.31	4.22	4.15	4.08	4.03	3.98	3.94	3.88	3.80	3.72	3.63	3.53
20	4.48	4.41	4.34	4.27	4.21	4.16	4.10	4.06	2.98	3.89	3.78	3.65	3.51
40	4.51	4.47	4.41	4.35	4.29	4.23	4.17	4.12	4.03	3.92	3.78	3.62	3.44
∞	4.55	4.53	4.49	4.43	4.37	4.31	4.25	4.19	4.07	3.93	3.75	3.54	3.33
$F=2.4(a=.645, b=1.309)$													
2−8	*	*	*	*	*	*	*	*	*	*	*	*	*
6	*	*	*	*	3.77	3.71	3.65	3.61	3.54	3.47	3.39	3.30	3.22
8	4.31	4.14	4.01	3.91	3.83	3.76	3.70	3.66	3.58	3.50	3.41	3.32	3.22
10	4.33	4.18	4.05	3.95	3.87	3.79	3.73	3.68	3.60	3.51	3.42	3.31	3.21
20	4.39	4.26	4.14	4.04	3.95	3.87	3.80	3.74	3.64	3.53	3.41	3.28	3.15
∞	4.45	4.35	4.25	4.14	4.03	3.94	3.85	3.78	3.64	3.50	3.34	2.18	3.04

[표 8] Waller–Duncan k–비 검정의 t_c값: (b) $k=500$인 경우(계속)

	df_2												
df_1	6	8	10	12	14	16	18	20	24	30	40	60	120
$F=3.0(a=.577, b=1.225)$													
2	*	*	*	*	*	*	*	*	*	*	*	*	*
4	*	*	*	*	*	3.43	3.38	3.33	3.26	3.19	3.12	3.04	2.97
6	4.19	3.95	3.79	3.66	3.56	3.49	3.43	3.37	3.30	3.21	3.13	3.04	2.95
10	4.24	4.02	3.85	3.72	3.62	3.53	3.46	3.40	3.31	3.21	3.12	3.02	2.92
20	4.28	4.08	3.91	3.77	3.65	3.56	3.48	3.41	3.31	3.20	3.09	2.98	2.87
∞	4.33	4.15	3.97	3.82	3.69	3.57	3.48	3.40	3.28	3.15	3.03	2.92	2.82
$F=4.0(a=.500, b=1.155)$													
2	*	*	*	*	*	*	*	*	*	*	*	2.81	2.75
4	*	3.74	3.54	3.40	3.30	3.22	3.16	3.11	3.04	2.96	2.89	2.81	2.74
6	4.08	3.78	3.58	3.43	3.32	3.24	3.17	3.12	3.04	2.95	2.87	2.79	2.71
10	4.12	3.83	3.62	3.46	3.34	3.25	3.17	3.11	3.03	2.94	2.85	2.77	2.69
20	4.15	3.86	3.64	3.48	3.35	3.25	3.17	3.10	3.01	2.92	2.83	2.74	2.66
∞	4.19	3.90	3.67	3.49	3.35	3.24	3.15	3.09	2.99	2.89	2.80	2.72	2.65
$F=6.0(a=.408, b=1.095)$													
2	*	*	3.28	3.14	3.04	2.97	2.91	2.87	2.81	2.74	2.68	2.62	2.56
4	3.90	3.54	3.32	3.17	3.06	2.98	2.92	2.87	2.80	2.73	2.66	2.60	2.53
6	3.93	3.57	3.33	3.18	3.06	2.98	2.91	2.86	2.79	2.72	2.65	2.58	2.52
10	3.95	3.59	3.34	3.18	3.06	2.97	2.91	2.85	2.78	2.71	2.64	2.57	2.51
20	3.97	3.60	3.35	3.18	3.06	2.97	2.90	2.84	2.77	2.70	2.63	2.56	2.51
∞	3.99	3.62	3.36	3.18	3.05	2.96	2.89	2.83	2.76	2.69	2.62	2.56	2.50
$F=10.0(a=.316, b=1.054)$													
2	3.72	3.33	3.10	2.96	2.86	2.79	2.74	2.70	2.64	2.58	2.52	2.47	2.42
4	3.75	3.35	3.11	2.96	2.86	2.79	2.73	2.69	2.63	2.57	2.51	2.46	2.41
10	3.78	3.36	3.11	2.96	2.85	2.78	2.72	2.68	2.62	2.56	2.50	2.45	2.40
20	3.79	3.36	3.11	2.96	2.85	2.78	2.72	2.68	2.62	2.56	2.50	2.45	2.40
∞	3.80	3.37	3.11	2.95	2.85	2.77	2.72	2.67	2.61	2.56	2.50	2.45	2.40
$F=25.0(a=.200, b=1.021)$													
2	3.55	3.14	2.92	2.79	2.70	2.64	2.59	2.56	2.51	2.46	2.41	2.36	2.32
10	3.57	3.14	2.92	2.79	2.70	2.64	2.59	2.55	2.50	2.45	2.41	2.36	2.32
∞	3.57	3.14	2.92	2.78	2.70	2.63	2.59	2.55	2.50	2.45	2.41	2.36	2.32
$F=\infty(a=0, b=1)$													
≥ 2	3.39	3.00	2.80	2.69	2.61	2.55	2.51	2.48	2.44	2.39	2.35	2.31	2.27

* All differences not significant. $a=1/F^{1/2}$; $b=[F/(F-1)]^{1/2}$.

찾아보기